Viaggio nella fisica moderna

Carmine Granata

Viaggio nella fisica moderna

Da Einstein alle nuove tecnologie quantistiche

 Springer

Carmine Granata
Institute of Applied Sciences and Intelligent Systems
National Research Council (CNR)
Pozzuoli, Italy

ISBN 978-3-031-81608-6   ISBN 978-3-031-81609-3 (eBook)
https://doi.org/10.1007/978-3-031-81609-3

© The Editor(s) (if applicable) and The Author(s), under exclusive license to Springer Nature Switzerland AG 2025
Translation from the English language edition: "A Journey into Modern Physics" by Carmine Granata, © The Editor(s) (if applicable) and The Author(s), under exclusive license to Springer Nature Switzerland AG 2025. Published by Springer Nature Switzerland. All Rights Reserved.

This work is subject to copyright. All rights are solely and exclusively licensed by the Publisher, whether the whole or part of the material is concerned, specifically the rights of translation, reprinting, reuse of illustrations, recitation, broadcasting, reproduction on microfilms or in any other physical way, and transmission or information storage and retrieval, electronic adaptation, computer software, or by similar or dissimilar methodology now known or hereafter developed.
The use of general descriptive names, registered names, trademarks, service marks, etc. in this publication does not imply, even in the absence of a specific statement, that such names are exempt from the relevant protective laws and regulations and therefore free for general use.
The publisher, the authors and the editors are safe to assume that the advice and information in this book are believed to be true and accurate at the date of publication. Neither the publisher nor the authors or the editors give a warranty, expressed or implied, with respect to the material contained herein or for any errors or omissions that may have been made. The publisher remains neutral with regard to jurisdictional claims in published maps and institutional affiliations.

This Springer imprint is published by the registered company Springer Nature Switzerland AG
The registered company address is: Gewerbestrasse 11, 6330 Cham, Switzerland

If disposing of this product, please recycle the paper.

A mio padre

Introduzione

La fisica quantistica e la teoria della Relatività di Albert Einstein hanno completamente cambiato il modo di guardare il mondo introducendo dei concetti completamente contro-intuitivi e in netto contrasto con il senso comune. Le suddette teorie, a cui ci si riferisce anche con il termine di *fisica moderna*, hanno inoltre consentito una vera e propria rivoluzione tecnologica entrando in maniera capillare nella vita di tutti.

Lo scopo del presente libro è quello di fornire una panoramica delle basi e i principi sui quali poggia la fisica moderna, nonché delle maggiori applicazioni, il cui impatto tecnologico è stato davvero notevole. Si vuole inoltre accennare a quella branca della fisica contemporanea nota come *seconda rivoluzione quantistica* e alle relative applicazioni presenti e future denominate *tecnologie quantistiche*.

Al fine di capire meglio lo spirito con cui è stato scritto questo libro, è opportuno fare alcune riflessioni sulla comunicazione e divulgazione scientifica.

Nella società moderna le conoscenze in tutti i settori dello scibile umano crescono ad un ritmo sempre più veloce e conseguentemente il progresso tecnologico avanza di pari passo. D'altro canto, risulta sempre più difficile comunicare e divulgare i risultati scientifici con una conseguente diffidenza delle persone nei confronti della scienza, ma è indiscutibile l'importanza di comunicare e divulgare i progressi della scienza al grande pubblico. Detto ciò, è altrettanto evidente che il modo con cui si cerca si divulgare un argomento scientifico è di fondamentale importanza. Molte volte si tende ad essere molto tecnici allontanando quasi immediatamente l'interesse delle persone che non hanno quelle conoscenze tecniche, altre volte si va nell'estremo opposto rischiando di travisare e/o mistificare completamente i concetti. Forse una via di mezzo potrebbe essere la strada migliore, ossia pur mantenendo un linguaggio comprensibile a molti, cercare di non perdere quel rigore scientifico necessario a non alterare il contenuto dell'argomento. È evidente che non è facile e che dietro alla buona divulgazione, sia televisiva che su riviste e libri, c'è tantissimo lavoro e talento.

Nel caso particolare della fisica moderna (teoria della Relatività e meccanica quantistica) ci sono ulteriori criticità legate all'impossibilità, con un pubblico non specialistico, di utilizzare il linguaggio matematico avanzato. A questo si aggiunge la necessità di esporre concetti completamente contro-intuitivi e fuori dal senso comune, tipici della fisica moderna, e in alcuni casi le eventuali metafore sono solo fuorvianti. Lo stesso insegnamento di questi argomenti a livello universitario non ha un consolidato protocollo didattico, come accade per la fisica classica. Nel caso particolare della meccanica quantistica, a volte viene preferito un approccio storico cronologico degli argomenti che però prevede un inizio particolarmente difficile (spettro di corpo nero), in altri casi si preferisce un'impostazione assiomatica molto simile ad una pura teoria matematica. Personalmente ritengo che sia a livello divulgativo che di insegnamento l'approccio storico sia più efficace in quanto aiuta a creare un'apparente filo logico che aiuta la comprensione. Ed è proprio in questa ottica che è stato scritto questo libro.

Il primo capitolo è dedicato ad una delle più belle teorie della fisica, la Relatività ristretta e generale di Albert Einstein, sottolineando le implicazioni che la teoria ha avuto anche in astrofisica e cosmologia (buchi neri, espansione dell'Universo, onde gravitazionali).

Il secondo capitolo illustra le basi e i principi della meccanica quantistica partendo dalle prime ipotesi ad hoc che contemplavano il carattere quantistico della natura per spiegare alcuni fenomeni inspiegabili con le conoscenze fisiche di fine Ottocento. Si arriva quindi alla formulazione della teoria quantistica e alla sua equazione fondamentale (l'equazione di Schrödinger). Vengono poi discussi i fondamenti della versione relativistica della meccanica quantistica e le sue implicazioni nel mondo dell'infinitamente piccolo e delle forze fondamentali.

Nel terzo capitolo si passa dall'infinitamente piccolo al mondo macroscopico, evidenziando come la meccanica quantistica sia in grado di spiegare fenomeni che riguardano la materia condensata. Nello stesso capitolo viene riportata una panoramica delle maggiori e più importanti applicazioni della meccanica quantistica da cui si evince l'enorme impatto di questa bizzarra teoria nella vita di tutti i giorni.

Nell'ultimo capitolo vengono esposti i fondamenti concettuali e i paradossi della meccanica quantistica che sono stati alla base delle celebri controversie tra Albert Einstein e Niels Bohr ma che al contempo hanno ispirato teorie e straordinari esperimenti, portando allo sviluppo di nuove tecnologie quantistiche che molto probabilmente in un prossimo futuro entreranno nella vita quotidiana al pari dei laser, dell'elettronica, delle lampadine LED e della medicina nucleare. Alle nuove tecnologie quantistiche sono dedicati alcuni paragrafi finali in cui vengono illustrati le potenzialità del computer quantistico, della crittografia e teletrasporto quantistico e di altre tecnologie quantistiche.

A differenza della maggior parte dei libri divulgativi di fisica moderna, in questo libro si è deciso di destinare un ragionevole spazio alle applicazioni della fisica quantistica al fine di trasmettere al lettore anche l'importanza applicativa e non solo quella concettuale. Il rovescio della medaglia di tale scelta è il rischio di risultare un po' tecnici ma il vantaggio è la consapevolezza che il lettore non si faccia la fatidica domanda: ma tutto ciò nella pratica a cosa serve?

Altra importante differenza è lo spazio dedicato alla fisica della materia che, oltre ad essere alla base della maggior parte delle applicazioni di fisica quantistica, rappresenta un argomento molto affascinante che di solito viene trascurato nei libri di fisica divulgativi.

Grazie ai suddetti aspetti e all'ultimo capitolo sulle tecnologie quantistiche, il presente volume fornisce una panoramica completa della fisica moderna ponendo l'accento sulle applicazioni di routine e quelle più avveniristiche legate alle nuove tecnologie quantistiche. Il lettore avrà modo di incontrare gli argomenti più importanti della fisica moderna: dalla teoria della Relatività con le sue innumerevoli implicazioni, alla fisica quantistica con le sue applicazioni alla fisica delle particelle elementari e alla fisica della materia condensata fino al computer quantistico. Il tutto è descritto facendo numerosi riferimenti ad importanti e fondamentali scoperte sia storiche che contemporanee. Quindi si forniscono anche aggiornamenti ed avanzamenti attuali della ricerca in molti dei campi trattati.

Le illustrazioni, molte delle quali elaborate in maniera originale dall'autore, aiutano a comprendere i concetti di fisica nonché i principi di funzionamento delle diverse applicazioni riportate.

Il libro ha un carattere essenzialmente divulgativo, senza fare uso di formule complicate o particolari tecnicismi; pertanto, non si richiedono conoscenze approfondite di fisica o matematica; le conoscenze acquisite nelle scuole medie superiori sono sufficienti a capire gli argomenti trattati. Si consiglia una lettura sistematica a partire dall'inizio, poiché alcuni concetti e definizioni sono poi successivamente richiamati.

Prima di intraprendere il nostro viaggio nello straordinario mondo della fisica moderna, vorrei ricordare che il 2023 è coinciso con il centenario della fondazione del Consiglio Nazionale delle Ricerche (CNR), il più grande ente pubblico di ricerca italiano. Con i suoi sette Dipartimenti, 88 Istituti di ricerca e circa 8500 dipendenti tra ricercatori, tecnologi, tecnici e personale amministrativo, il CNR porta avanti ricerche avanzate in quasi tutti i settori scientifici contribuendo alla crescita di uno dei beni più preziosi dell'umanità, *la conoscenza*. Tra i suoi presidenti ricordiamo personaggi di elevatissima statura scientifica come il suo fondatore e primo presidente Vito Volterra (matematico, fisico e politico) e il grande inventore e politico Guglielmo Marconi, premio Nobel per la fisica nel 1909 per lo sviluppo della telegrafia senza fili.

Ringraziamenti

Desidero esprimere i miei ringraziamenti alle amiche e colleghe Francesca Alesse (filosofa, dirigente di Ricerca del CNR) e Carmela Bonavolontà (fisica, ricercatrice CNR), per i loro preziosi suggerimenti al fine di rendere il testo più chiaro e leggibile.

Indice

1 La teoria della Relatività di Albert Einstein: una nuova visione del mondo 1
   1.1 La teoria della Relatività ristretta: una nuova concezione del tempo e dello spazio 1
   1.2 Energia dalla Massa 13
   1.3 Relatività generale: la geometrizzazione della gravità 17
   1.4 Previsioni, verifiche sperimentali e implicazioni cosmologiche 27

2 La Meccanica Quantistica: il bizzarro mondo atomico e subatomico 47
   2.1 Una nuova fisica per il mondo microscopico 47
   2.2 La nascita della meccanica quantistica 64
   2.3 La meccanica quantistica incontra la Relatività ristretta . . . 69
   2.4 L'infinitamente piccolo e le forze fondamentali 77

3 Materia condensata e l'impatto tecnologico della prima rivoluzione quantistica 97
   3.1 La meccanica quantistica e la materia condensata 97
   3.2 Materiali quantistici: le straordinarie manifestazioni della fisica quantistica a livello macroscopico 103
   3.3 La meccanica quantistica nella vita di tutti i giorni: l'impatto tecnologico della fisica quantistica 114

4 La seconda rivoluzione quantistica e le tecnologie quantistiche 143
4.1 L'interpretazione di Copenaghen e i paradossi del gatto di Schrödinger e della freccia quantistica di Zenone 143
4.2 Paradosso EPR, "entanglement" e interpretazioni alternative della meccanica quantistica 152
4.3 Disuguaglianza di Bell ed esperimenti di Aspect 157
4.4 Tecnologie Quantistiche 163
4.4.1 Computer quantistico 163
4.4.2 Crittografia e teletrasporto quantistico 173
4.4.3 Altre tecnologie quantistiche 179
4.4.4 Il settore strategico delle tecnologie quantistiche 181

Riferimenti bibliografici 185

Indice analitico 189

1

La teoria della Relatività di Albert Einstein: una nuova visione del mondo

Nel settembre del 1900, uno dei più autorevoli fisici dell'epoca, William Thomson, meglio noto come Lord Kelvin, all'assemblea della British Association for the Advancement of Science, a Bradford, pronunciò la seguente frase: "Ormai in fisica non c'è più nulla di nuovo da scoprire. Tutto ciò che rimane da realizzare sono misure sempre più precise". Ed è proprio da alcune delle misure a cui faceva riferimento Kelvin che nacquero le teorie della Relatività e della fisica quantistica che insieme al calcolo infinitesimale sviluppato da Isaac Newton e Gottfried Leibniz circa due secoli prima, possono essere considerate tra le vette più alte conquistate dall'intelletto umano. Questo capitolo è dedicato alla teoria della Relatività di Einstein, ritenuta uno dei più grandi capolavori della fisica.

1.1 La teoria della Relatività ristretta: una nuova concezione del tempo e dello spazio

La teoria della Relatività ristretta o speciale di Einstein è una generalizzazione delle leggi della meccanica sviluppata alcuni secoli prima da Galileo Galilei e Isaac Newton con particolare riferimento ai sistemi in moto relativo con velocità costante ed implica un nuovo e rivoluzionario concetto di spazio e di tempo. La teoria manifesta i suoi effetti per velocità molto elevate ovvero non trascurabili rispetto alla velocità della luce (circa 300.000 km/s) e si riduce alla teoria classica per velocità molto più piccole della velocità della luce. In quest'ultimo regime i moti relativi sono ben descritti dalle leggi della Relatività classica sviluppate da Galileo nel suo famoso libro "Dialogo sopra i due massimi sistemi del mondo", libro per il quale lo scienziato padovano, nel 1633, fu accusato dal tribunale d'Inquisizione di eresia per le sue dichiarate posizioni a favore del sistema copernicano eliocentrico. Il principio di Relatività galileiana sostiene che le leggi della meccanica devono avere la stessa forma in qualsiasi sistema di riferimento inerziale ossia un sistema che si muove con velocità costante. Un sistema di riferimento è un sistema rispetto al quale viene osservato e misurato un certo fenomeno fisico o un oggetto. Esempi di sistemi di riferimento possono essere il Sole, la Terra, una stanza del nostro appartamento, una nave, un treno, un'auto o addirittura un corpo. Per spiegare il principio di Relatività, Galileo porta l'esempio di una nave che viaggia su un mare calmo e piatto e sostiene che qualsiasi osservazione o esperimento faccia un osservatore nella stiva della nave ottiene esattamente gli stessi risultati ottenuti da uno sperimentatore fermo al porto. Si tratta in effetti di un principio che sperimentiamo quasi ogni giorno: se viaggiamo in un treno o in un'auto che si muovono lungo un percorso rettilineo a velocità costante e facciamo saltellare nella nostra mano una moneta oppure lanciamo qualcosa all'interno del treno o dell'auto, osserviamo lo stesso comportamento che avremmo osservato da una stanza di casa nostra. Oppure, per usare un esempio simile a quello di Galileo, il volo di una mosca rinchiusa nella nostra auto è esattamente uguale a quello che osserviamo quando siamo fermi. Quindi le leggi della meccanica e le relative equazioni devono avere la stessa forma, devono essere *invarianti* nel passare da un sistema di riferimento (treno) all'altro (stazione). Ma per passare da un sistema di riferimento ad un altro bisogna effettuare delle trasformazioni delle velocità e delle coordinate spaziali che nel caso di sistemi inerziali sono semplici e facilmente intuibili. Consideriamo un caso semplice: se un uomo su un treno lancia una palla in direzione orizzontale ad una velocita di 40 km/h e il treno si muove nella stessa direzione e nello stesso verso ad una velocità di 30 km/h, per un osservatore fermo nella stazione ferroviaria la velocità della palla sarà data dalla somma della velocità della palla rispetto al treno e della velocità del treno ossia 70 km/h. Quindi la trasformazione della velocità sarà $v_p = v_T + v'_p$ dove v_p è la velocità della palla rispetto alla stazione, v_T è la velocità del treno e v'_p è la velocità della palla rispetto al treno. Se consideriamo due sistemi di assi cartesiani (Fig. 1.1), uno solidale con il treno e l'altro con la stazione è facile trovare la legge di trasformazione delle coordinate spaziali. Semplicemente la distanza percorsa dalla palla ad un certo tempo t (coordinata x) nel sistema solidale alla stazione sarà data dalla somma della distanza percorsa dalla palla rispetto al treno (coordinata x') e della distanza percorsa dal treno rispetto alla stazione che è uguale alla velocita del treno moltiplicata il tempo t. Quindi in definitiva avremo: $x = x' + v_T t$.

1 La teoria della Relatività di Albert Einstein: una nuova visione del mondo

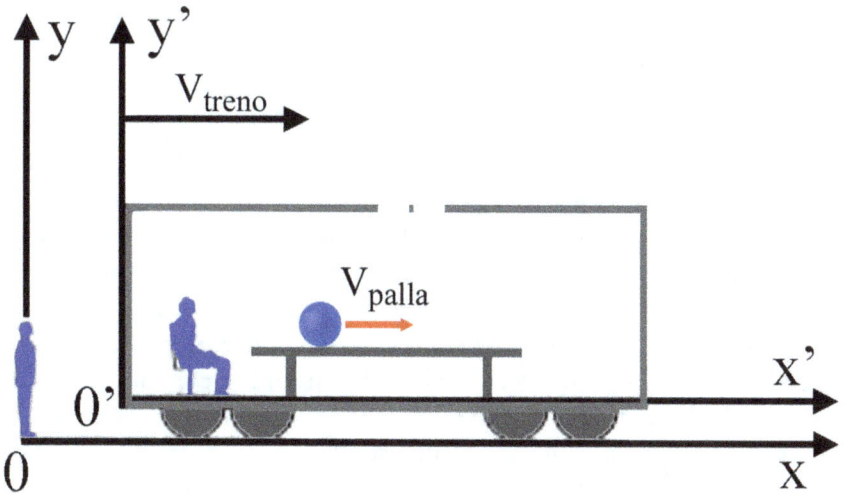

Figura 1.1 Rappresentazione schematica di due sistemi di riferimenti in moto relativo. Per l'osservatore fermo, la velocità della palla sarà uguale alla somma della velocità del treno e di quella della palla rispetto al treno. Nella teoria della Relatività ristretta, questa ovvia legge di composizione delle velocità non è valida

Questa trasformazione delle velocità e delle coordinate spaziali (*trasformazioni di Galileo*) cosi ovvie e ragionevoli, nel caso in cui la velocità del treno fosse molto elevata o più precisamente non trascurabile rispetto alla velocità della luce non valgono più e vanno, come vedremo in seguito, sostituite con trasformazioni più generali che si riducono a quelle di Galileo quando le velocità in gioco sono piccole rispetto a quella della luce.

Riepilogando, secondo la Relatività galileiana le leggi della meccanica sono invarianti per trasformazioni di Galileo. In fisica quando si verificano queste condizioni, si parla anche di simmetria rispetto a certe trasformazioni.

È inverosimile che Einstein decidesse di punto in bianco di elaborare una nuova teoria della meccanica senza avere dei validi presupposti, anche perché la meccanica galileiana e newtoniana era ben consolidata e ha permesso nel corso degli anni di fare previsioni molto accurate nonché applicazioni di grande rilievo come la balistica, la meccanica celeste o l'astrodinamica. Attualmente la progettazione di voli spaziali, la guida di sonde spaziali, il calcolo delle rotte degli aerei si basano sulle leggi della dinamica newtoniana. Di solito quando si mettono in discussione le basi di una teoria consolidata, si parte da problemi attuali di natura apparentemente diversa la cui risoluzione porta a rivedere e ad estendere una teoria esistente. Pertanto, per capire la genesi della teoria della Relatività, è opportuno fare un breve stato dell'arte della fisica a fine Ottocento.

Il XIX secolo è sicuramente stato caratterizzato per lo studio dei fenomeni elettrici e magnetici. Nel 1785 Charles Coulomb formula la legge secondo la quale due cariche elettriche si attraggono se di segno opposto o si respingono se dello stesso segno con una forza che è direttamente proporzionale al prodotto delle cariche ed inversamente proporzionale al quadrato della loro distanza. Nel 1820 Hans Ørsted scopre che l'ago magnetico della bussola cambia direzione quando è posto vicino ad un filo attraversato da una corrente elettrica, evidenziando le prime connessioni tra fenomeni elettrici e magnetici. Nel 1831 il fisico britannico Michael Faraday e indipendentemente il fisico statunitense Joseph Henry scoprono che una variazione repentina della posizione di un magnete produce una corrente elettrica in un filo conduttore presente nelle immediate vicinanze e viceversa: se lo stesso filo è in moto in prossimità di un magnete, viene attraversato da una corrente elettrica. Scoprono, così, il fenomeno dell'induzione elettromagnetica che è alla base delle centrali elettriche, motori elettrici e i trasformatori elettrici. Una scoperta epocale che ha cambiato completamente il nostro modo di vivere.

Nel 1864 il fisico scozzese James Clerk Maxwell presentò alla Royal Society di Londra le famose quattro equazioni note come equazioni di Maxwell, che sintetizzano e formalizzano egregiamente la teoria dei fenomeni elettrici e magnetici e prevedono l'esistenza di onde elettromagnetiche le quali si propagano ad una velocità costante ossia la velocità della luce. A valle della verifica sperimentale dell'esistenza delle onde elettromagnetiche ad opera di Frederick Hertz nel 1886, sembrò naturale alla comunità scientifica ipotizzare un mezzo (*etere*) attraverso il quale le nuove onde si propagassero e poiché la velocità che compariva nelle equazioni di Maxwell era una costante, si ipotizzò che il sistema di riferimento solidale con l'etere fosse un sistema assoluto ed immobile. C'era inoltre un altro punto abbastanza importante: se si effettuava una trasformazione di Galileo, cioè si passava da un sistema di riferimento inerziale ad un altro, le equazioni di Maxwell cambiavano la forma, non erano quindi invarianti per trasformazioni di Galileo.

L'ipotesi più accreditata dalla comunità scientifica dell'epoca era la seguente: il principio di Relatività di Galileo è valido solo per la meccanica e i fenomeni elettromagnetici sono descrivibili solo in un riferimento privilegiato, quello dell'etere. L'altra possibilità, contemplata da pochi scienziati tra cui Einstein, prevedeva la validità del principio di Relatività anche per i fenomeni elettromagnetici, ma le trasformazioni di Galileo non erano corrette ed andavano sostituite da altre trasformazioni più generali. A questo punto era necessario un esperimento per far luce su questi dubbi fondamentali.

In uno degli esperimenti più importanti della fisica, due fisici sperimentali statunitensi, Albert Michelson e Edward Morley nel 1887 dimostrarono l'inesistenza dell'etere, mezzo attraverso il quale si sarebbero dovute propagare le onde elettromagnetiche e quindi anche la luce, gettando le basi sperimentali della Relatività speciale o ristretta. Quindi, il famoso esperimento di Michelson e Moreley mandò in crisi l'ipotesi dell'etere, largamente diffusa ed accettata nella comunità scientifica del tardo Ottocento e primo Novecento. Ancora oggi, riferendosi a trasmissioni televisive a volte si utilizza il termine *via etere*.

Qui entra in scena uno sconosciuto giovane fisico impiegato all'ufficio brevetti di Berna, di nome Albert Einstein che nel 1905 scrive tre articoli scientifici destinati a diventare delle pietre miliari della fisica moderna. In uno di questi "Sull'elettrodinamica dei mezzi in movimento", Einstein espone la sua teoria della Relatività ristretta o speciale. Nell'introduzione Einstein esprime subito la sua posizione nettamente contraria all'esistenza dell'etere e di un sistema di riferimento assoluto: "L'introduzione di un *etere luminoso* si dimostra fin qui come superflua, in quanto secondo l'interpretazione sviluppata non si introduce uno *spazio assoluto in quiete* dotato di proprietà speciali...". Inoltre, sottolinea come l'interpretazione dell'elettromagnetismo soprattutto quando si considerano corpi in movimento (da qui il titolo del famoso articolo) porti a delle asimmetrie che lui mal sopportava. In particolare, ci sono alcuni fenomeni elettromagnetici, quali l'interazione tra un magnete e un conduttore, che secondo Einstein dipendono solo dal loro moto relativo, invece a seconda che il magnete o il conduttore sia in moto o fermo sono considerati fenomeni distinti secondo l'interpretazione della fisica classica.

Einstein, parte da due ipotesi che eleva a principi o postulati:

1) Tutte le leggi della fisica incluse quelle dell'elettromagnetismo devono conservare la loro forma quando si passa da un sistema di riferimento che si muove di moto rettilineo a velocità costante (sistema inerziale) ad un altro;
2) La velocità della luce è sempre la stessa indipendentemente dalla sorgente che l'ha emessa. Inoltre, la velocità della luce è una velocità limite: niente può viaggiare più veloce della luce.

Il primo principio della Relatività einsteiniana sembra molto simile a quello di Galileo, ma in realtà, oltre a considerare tutte le leggi della fisica incluse quelle relative ai fenomeni elettromagnetici, assume un carattere più generale e meno empirico. Einstein lo considera un principio di simmetria di fondamentale importanza. In questo caso la simmetria non è rispetto alle trasformazioni di Galileo ma ad altre trasformazioni più generali. Einstein mirava a teorie generali che unificassero ed inglobassero le teorie esistenti; per oltre 30 anni e fino alla morte ha provato a cercare un'unica teoria che unificasse tutte le forze esistenti in natura, in particolare il suo obiettivo era la formulazione di una teoria che unificasse la meccanica quantistica e la Relatività generale. Dopo circa 70 anni dalla sua morte, non si è ancora riusciti in questa titanica impresa. Insomma, era un grande unificatore, e come tale riteneva i principi di simmetria di fondamentale importanza. In realtà non si sbagliava, infatti le simmetrie giocheranno un ruolo fondamentale per lo sviluppo delle teorie per spiegare il mondo delle particelle elementari e le interazioni fondamentali.

Il secondo principio è in evidente contrapposizione con le trasformazioni di Galileo e con il senso comune: se da un razzo che viaggia verso la Terra ad una certa velocità v viene emesso un raggio di luce, la velocità rispetto ad un osservatore fermo sulla Terra non è uguale alla somma della velocità della luce più quella del razzo, come le trasformazioni di Galileo e l'esperienza quotidiana ci sembrerebbero suggerire, ma è sempre uguale alla velocità c della luce. Ma se ciò è vero, ed è vero, il concetto di tempo va rivisto e le trasformazioni di Galileo vanno sostituite con trasformazioni più generali che non prevedono più un tempo assoluto per tutti i sistemi di riferimento ma un tempo che dipende dal sistema di riferimento in cui è misurato.

Il concetto di tempo è stato sempre oggetto di profonde riflessioni filosofiche, in quanto è difficile darne una definizione esauriente. Il famoso aforisma di Sant'Agostino nella sua opera più celebre "Le confessioni" rende bene l'idea di quanto appena affermato: "Che cosa è, allora, il tempo? Se nessuno me lo chiede, lo so; se dovessi spiegarlo a chi me ne chiede, non lo so". Tuttavia, nessuno prima di Einstein aveva messo in dubbio il carattere assoluto del tempo. È naturale pensare che due orologi sincronizzati indicheranno sempre la stessa ora a prescindere dal loro stato di moto e dall'osservatore. Invece, secondo la teoria della Relatività il tempo scorre in maniera diversa a seconda del sistema di riferimento in cui ci troviamo, introducendo una caratteristica del tempo completamente anti-intuitiva e fuori dal senso comune.

Sfruttando questi due principi, Einstein arriva a delle nuove trasformazioni delle variabili spazio-temporali nelle quali il tempo non è più assoluto ma dipende anche dallo spazio e soprattutto dalla velocità con cui si muovono i due sistemi di riferimento inerziali. Il concetto di spazio si fonde quindi con quello di tempo e si parla di spazio-tempo a quattro dimensioni in cui alle tre dimensioni spaziali si aggiunge quella temporale. La formalizzazione da un punto di vista matematico del continuo spazio-tempo venne elaborata dal matematico tedesco Hermann Minkowski, professore di matematica di Einstein al politecnico di Zurigo. Durante l'assemblea degli scienziati della natura e dei medici tedeschi (21 settembre 1908), Minkowski tenne una conferenza su questo argomento il cui prologo recitava: "I concetti di spazio e di tempo che desidero esporvi traggono origine dal terreno della fisica sperimentale, e in ciò risiede la loro forza. D'ora in avanti lo spazio singolarmente inteso ed il tempo singolarmente inteso, sono destinati a svanire in nient'altro che ombre, e solo una connessione dei due potrà preservare una realtà indipendente". La conferenza riassumeva i risultati pubblicati da Minkowski in un articolo dello stesso anno, nel quale riformulava il lavoro di Einstein del 1905 introducendo una geometria non euclidea a quattro dimensioni nella quale veniva definito uno spazio-tempo in cui le tre coordinate spaziali e quella temporale erano equivalenti (spazio-tempo di Minkowski), e a cui inizialmente Einstein non diede molta attenzione, dicendo: "Poiché i matematici hanno invaso la teoria della Relatività, io stesso non la capisco più". In seguito, però, quando si ritrovò di fronte ai problemi matematici della Relatività generale riconobbe l'indispensabilità dello schema quadridimensionale di Minkowski. Infatti, nell'introduzione dell'articolo sulla Relatività generale del 1916, Einstein riporta: "La generalizzazione della teoria della Relatività è assai facilitata dalla forma che è stata data alla teoria della Relatività speciale da Minkowski, il matematico che ha per primo riconosciuto chiaramente l'equivalenza formale delle coordinate spaziali e di quella temporale, e l'ha resa utilizzabile per la costruzione della teoria".

Ritornando alle trasformazioni tra due sistemi di riferimento inerziali (note come trasformazioni di Lorentz), esse furono introdotte ad hoc nel 1904 dal fisico olandese Hendrik Antoon Lorentz come artificio matematico, con l'intento di rendere le equazioni di Maxwell invarianti e per spiegare l'esperimento nullo di Michelson e Morley. Lorentz credeva all'esistenza dell'etere, quindi anche se le trasformazioni erano corrette, l'interpretazione non lo era. Einstein invece le ricavò a partire dai due principi della Relatività.

Una diretta conseguenza delle trasformazioni di Lorentz è la dilatazione dei tempi e la contrazione dello spazio: se in un sistema di riferimento si osserva un orologio in moto rettilineo uniforme, esso risulta più lento di un orologio solidale (fermo) rispetto al sistema di riferimento, così come, se si osserva un oggetto in moto esso risulta più corto rispetto allo stesso oggetto fermo nel sistema di riferimento. A partire dalle trasformazioni di Lorentz si possono poi ricavare le leggi di trasformazioni delle velocità e delle accelerazioni tra due sistemi di riferimento in moto relativo tra loro a velocità costante. Rispetto a quelle di Galileo, si tratta di trasformazioni più complesse nelle quali le velocità non si sommano banalmente come fatto nell'esempio riportato in Fig. 1.1 dal momento che la velocità della luce è un limite invalicabile.

Benché il procedimento utilizzato per ricavare formalmente le trasformazioni di Lorentz non impieghi un formalismo matematico particolarmente complicato, esso esula dallo scopo di questo libro. Tuttavia, possiamo ricavare la dilatazione cinematica dei tempi in maniera semplice utilizzando il noto teorema di Pitagora e naturalmente i principi della Relatività ristretta succitati.

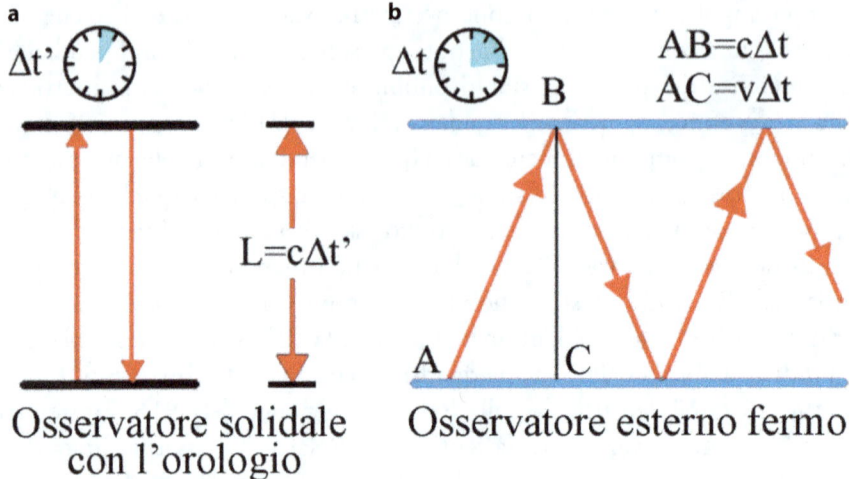

Figura 1.2 Schema dell'orologio a luce di Einstein. Il tempo è scandito dal percorso di andata e ritorno del fascio di luce. Per l'osservatore solidale con l'orologio, il tempo scorre più lentamente (a). Per un osservatore esterno fermo, la luce percorre un tragitto più lungo e quindi il tempo scorre più velocemente (b)

Si consideri quindi un orologio a luce, ossia un orologio formato da due specchi posti ad una certa distanza L e un dispositivo che genera un raggio di luce che si riflette nei due specchi; l'unità di tempo è data dal tempo impiegato dal raggio per percorrere la distanza tra i due specchi sia in andata che in ritorno. Poiché la distanza tra i due specchi è fissata e la velocità della luce è costante, il suddetto tempo è sempre lo stesso per un osservatore solidale con l'orologio e vale $\Delta t' = L/c$. Se adesso, immaginiamo che l'orologio si muova a velocità costante (Fig. 1.2), l'osservatore fermo vedrà il raggio di luce percorrere un percorso obliquo, in particolare per andare dallo specchio superiore a quello inferiore e tornare indietro seguirà una traiettoria triangolare. Con riferimento al triangolo rettangolo ABC nella Fig. 1.2 e applicando il teorema di Pitagora si ha: $AB^2 = BC^2 + AC^2$, ma BC è uguale a $L = c\Delta t'$ ossia al prodotto della velocità della luce per l'intervallo di tempo $\Delta t'$ necessario alla luce per andare da B a C e misurato dall'osservatore solidale con l'orologio, $AB = c\Delta t$ ossia alla velocità della luce per l'intervallo di tempo Δt necessario alla luce per andare da A a B e misurato dall'osservatore fermo e infine $AC = v\Delta t$ ossia alla velocità con cui si muove l'orologio per l'intervallo di tempo Δt, ossia il tratto percorso dall'orologio durante il tragitto della luce da A a B. Possiamo allora scrivere $c^2\Delta t^2 = c^2\Delta t'^2 + v^2\Delta t^2$, da cui si ricava facilmente che:

$$\Delta t = \Delta t'/(1 - v^2/c^2)^{1/2} \text{ o anche } \Delta t/\Delta t' = 1/(1 - v^2/c^2)^{1/2}$$

Ricordiamo che l'apice 1/2 indica la radice quadrata. Questa relazione prende il nome di dilatazione del tempo cinematica, per distinguerla dalla dilatazione del tempo gravitazionale di cui parleremo in seguito.

Si noti che in base al secondo principio della Relatività abbiamo considerato la velocità costante sia nel sistema di riferimento solidale all'orologio che in quello fermo. La relazione appena ricavata ci dice che il tempo misurato dai due osservatori è diverso, in particolare quello misurato dall'osservatore solidale all'orologio ($\Delta t'$) e quindi in moto è più piccolo di quello misurato dall'osservatore fermo (Δt), dal momento che la radice quadrata che compare al denominatore è sempre minore di 1 in quanto $v/c < 1$.

Si ha quindi una dilatazione del tempo cioè, per l'osservatore in moto il tempo scorre più lentamente. Il tempo misurato in un sistema di riferimento solidale all'orologio si chiama *tempo proprio* ed è sempre il tempo più piccolo che si misura.

Osserviamo che se la velocità con cui si muove l'orologio è trascurabile rispetto a quella della luce, il rapporto v/c è praticamente zero e gli intervalli di tempo coincidono. Nella vita quotidiana siamo sempre in quest'ultima ipotesi, infatti se volessimo osservare una differenza di un solo secondo in un'ora, utilizzando la relazione appena ricavata della dilatazione del tempo, dovremmo viaggiare per un'ora all'incredibile velocità di circa 7000 km/s, si pensi che l'oggetto più veloce realizzato dall'uomo è la sonda Parker solare che nello spazio è riuscita a raggiungere una velocità pari a 95 km/s.

Ciononostante, gli impercettibili effetti della dilatazione del tempo sono stati ampiamente verificati anche a livello macroscopico. Uno degli esperimenti più importanti è stato eseguito nel 1971 da Joseph Hafele e Richard Keating, i quali, utilizzando orologi atomici al cesio posti a terra e su un aereo che circumnavigava il globo verso est, misurarono, dopo un tempo effettivo di volo di 41 ore, un ritardo dell'orologio atomico posto sull'aereo di circa 60 miliardesimi di secondi (60 ns) rispetto a quello a terra in eccellente accordo con le previsioni teoriche (40 ns). Tale valore nettamente maggiore dell'accuratezza degli orologi atomici pari a pochi ns, teneva conto anche della dilatazione dei tempi gravitazionali senza la quale il valore sarebbe stato di circa 190 ns. Questo esperimento ci porta a dedurre che anche il concetto di sincronizzazione di orologi perde di significato. Se si hanno a disposizione degli orologi ultra-precisi, quali quelli atomici di ultima generazione con un errore inferiore a 100 millisecondi in un tempo di circa 14 miliardi di anni (pari all'età dell'Universo), sembra naturale poter effettuare una sincronizzazione tra di essi e affermare che essi riporteranno sempre la stessa ora a prescindere dalla loro posizione o dal loro moto. Ebbene, l'esperimento di Hafele e Keating riportato sopra ci dice che non è così, infatti lo scorrere del tempo dipende dal sistema di riferimento in cui ci si trova: due o più orologi si possono sincronizzare solo se sono in un sistema di riferimento in cui essi sono fermi cioè non c'è moto relativo tra loro.

Tuttavia, al netto degli esperimenti sofisticati che utilizzano orologi atomici estremamente precisi, nel mondo macroscopico gli effetti della Relatività ristretta non sono osservabili, ma in quello microscopico in cui le particelle elementari possono viaggiare a velocità prossime a quelle della luce soprattutto nei grandi acceleratori di particelle, gli effetti relativistici sono molto evidenti e bisogna tenerne conto. A tal proposito, proviamo a considerare il caso di velocità molto prossime a quella della luce o a limite proprio uguale, vediamo che il valore della radice quadrata che compare al denominatore nella formula della dilatazione dei tempi diventa sempre più piccola e quindi il rapporto ($\Delta t/\Delta t'$) tra le variazioni di tempo per l'osservatore fermo e quello in movimento è sempre più grande, questo significa che pochi attimi per uno possono corrispondere anche ad anni o secoli per l'altro e se consideriamo il caso limite in cui ci si muova a velocità della luce, il tempo si ferma completamente. In altre parole, se immaginassimo, come faceva Einstein, di viaggiare a cavallo di un raggio di luce il tempo si fermerebbe: un attimo equivarrebbe a tutta la vita dell'Universo. Naturalmente nessun oggetto dotato di massa, anche piccolissima, può viaggiare alla velocità della luce e inoltre i casi limiti in cui compaiono gli infiniti, come quello in cui poniamo $v = c$ nella formula della dilatazione dei tempi riportata sopra, sono sempre molto delicati, difficili da interpretare e in taluni casi sono da rimuovere in maniera artificiosa come avviene nel caso dell'elettrodinamica quantistica di cui parleremo nel prossimo capitolo (Cap. 2).

La dilatazione dei tempi ci rassicura rispetto alla possibilità in futuro di effettuare viaggi interstellari anche di alcune centinaia di anni luce in tempi ragionevoli paragonati alla vita dell'uomo. Se consideriamo ad esempio, il pianeta simile alla Terra (TOI 700 d) scoperto recentemente dal telescopio TESS e distante circa 100 anni luce, un viaggio di ricognizione su tale pianeta durerebbe almeno 200 anni per gli abitanti della Terra, ma viaggiando a velocità relativistiche potrebbe durare anche pochi anni per gli astronauti con la controindicazione non banale di trovare con buona probabilità il pianeta Terra dopo due secoli completamente cambiato e non necessariamente in meglio!

Quest'ultima considerazione ci introduce ad uno dei paradossi più famosi della teoria della Relatività ristretta, ossia il "paradosso dei due gemelli".

1 La teoria della Relatività di Albert Einstein: una nuova visione del mondo

Il primo principio della Relatività ristretta ci dice che non esiste un sistema di riferimento assoluto ma tutti i sistemi di riferimento inerziali, cioè, che si muovono di moto rettilineo e a velocità costante sono equivalenti. È quindi evidente che nell'esperimento mentale degli orologi a luce (Fig. 1.2), un osservatore solidale all'orologio ossia che è in quiete nel sistema di riferimento dell'orologio, vede l'altro osservatore muoversi ed allontanarsi da lui con una velocità v; pertanto, se ci mettiamo nel sistema di riferimento in moto possiamo dire che noi siamo fermi e l'osservatore che prima era considerato fermo ora è in moto. Quindi possiamo invertire il discorso e dire che il tempo è dilatato per l'osservatore che prima consideravamo fermo. Ciò è indiscutibilmente vero e rappresenta la base concettuale della Relatività. Tuttavia, da queste considerazioni nasce l'apparente paradosso dei due gemelli: uno dei due gemelli parte per un viaggio interstellare a velocità relativistica e l'altro gemello resta sulla Terra, al ritorno del suo viaggio il gemello astronauta trova, per effetto della dilatazione del tempo, il fratello gemello invecchiato. Il paradosso sta nel fatto che per le considerazioni appena fatte, potremmo invertire il discorso e pensare che dal punto di vista dell'astronave la Terra non è ferma ma si muove alla stessa velocità dell'astronave ma con verso opposto ed è l'astronave ad essere ferma. Pertanto, il gemello astronauta dovrebbe ritrovarsi invecchiato rispetto al fratello che è rimasto sulla Terra. Il paradosso si risolve considerando che, nel momento in cui l'astronave ritorna indietro sulla Terra deve decelerare ed invertire la rotta e non può essere considerato più un sistema di riferimento inerziale, quindi non vale il primo principio della Relatività e il gemello che invecchierà più velocemente è quello rimasto sulla Terra.

Da un punto di vista cinematico, oltre alla dilatazione del tempo un'altra conseguenza sbalorditiva della Relatività ristretta ed in particolare delle trasformazioni di Lorentz è la contrazione dello spazio.

Sopponiamo di stare a bordo di un'astronave che viaggia ad una certa velocità v verso la stella Sirio che dista 8,6 anni luce dalla Terra (Fig. 1.3) e che misuriamo tale distanza sia dall'astronave che dalla Terra. Per un osservatore sulla Terra, sia Sirio che la Terra sono in quiete mentre l'astronave si muove con una velocità pari a v, pertanto se Δt è il tempo impiegato dall'astronave per arrivare sulla stella, la distanza sarà $D = v\Delta T$. Dal punto di vista dell'astronauta, Sirio va incontro all'astronave con una velocità pari a v e quindi $D' = v\Delta t'$; se facciamo il rapporto tra D' e D si trova $D'/D = \Delta t'/\Delta t$. Considerando la relazione della dilatazione dei tempi $\Delta t'/\Delta t = (1-v^2/c^2)^{1/2}$, otteniamo per semplice sostituzione che $D'/D = (1-v^2/c^2)^{1/2}$, cioè $D' = D(1-v^2/c^2)^{1/2}$. Poiché l'espressione sotto la radice quadrata è sempre minore di 1, gli oggetti risultano contratti lungo la

a

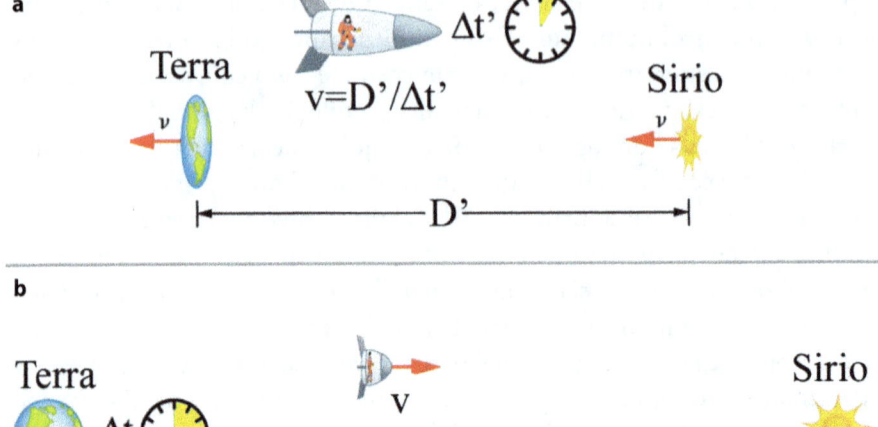

b

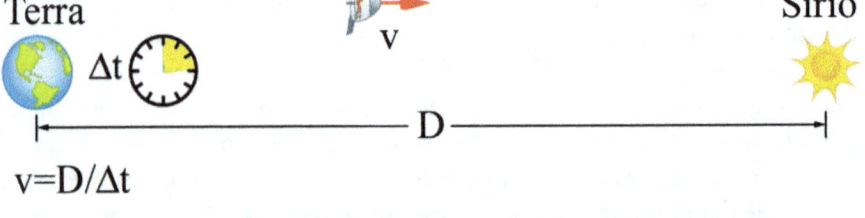

Figura 1.3 Rappresentazione della contrazione dello spazio. Dal punto di vista dell'astronauta, Sirio e la Terra si avvicinano e si allontanano rispettivamente a velocita v e la distanza Sirio-Terra si contrae (**a**), mentre per un osservatore solidale alla Terra è l'astronave che si contrae (**b**). (Credit: Paul Peter Urone, Roger Hinrichs, OpenStax, College Physics, 2012 Texas [licensed under CC BY 4.0])

direzione del moto e la contrazione dipende dalla velocità. In altre parole, un oggetto in moto si contrae rispetto alla sua lunghezza da fermo.

Anche in questo caso difficilmente vedremo nella vita quotidiana auto, treni o aerei che si contraggono in quanto le velocità sono molto più piccole di quelle della luce e gli effetti di contrazione non sono apprezzabili.

Se consideriamo ad esempio un aereo di crociera che viaggia a 900 km/h, la contrazione misurata da un osservatore a Terra sarebbe di appena 53×10^{-12} m ossia una lunghezza dell'ordine delle dimensioni di un atomo di idrogeno! La conferma sperimentale diretta della contrazione dello spazio è evidentemente molto difficile da realizzare in quanto le variazioni di lunghezze da misurare sono estremamente piccole, almeno alle velocità che siamo capaci di raggiungere con oggetti macroscopici. Esistono tuttavia conferme indirette come, ad esempio, la collisione ad alta energia di ioni pesanti negli acceleratori di particelle. In tal caso alcune osservazioni sperimentali si possono spiegare solo considerando un incremento di densità elettrica dovuto alla contrazione delle lunghezze: infatti, se le lunghezze si contraggono, il volume diminuisce ed essendo la carica sempre la stessa, si ha un aumento della densità di carica definita come il rapporto tra la carica totale ed il volume.

Come per il tempo, la misura di lunghezza che si effettua nel proprio sistema di riferimento si chiama *lunghezza propria* ed è sempre la lunghezza più grande che si misura.

Per concludere gli aspetti della cinematica relativistica è doveroso citare un concetto che assume un altro significato anzi sarebbe più corretto dire che perde di significato nell'ambito della teoria della Relatività: la simultaneità. Due eventi si definiscono simultanei se accadono nello stesso istante. Se immaginiamo di stare al centro di una cabina di un treno che viaggia ad una velocità costante e contemporaneamente facciamo partire due fasci luminosi, questi per un osservatore solidale alla cabina, arriveranno simultaneamente all'inizio e alla fine della cabina. Si può quindi affermare che in un sistema di riferimento sia esso in quiete o in moto rettilineo uniforme possiamo definire la simultaneità tra due eventi. Tuttavia, per un osservatore fermo alla stazione gli eventi non sono simultanei, in quanto essendo la velocità della luce uguale in tutti i sistemi di riferimento, dalla stazione si vedono i due raggi di luce che viaggiano in direzioni opposte, ma poiché il treno è in moto (supponiamo verso destra), il fascio di luce che viaggia verso sinistra incontrerà qualche attimo prima la fine della cabina rispetto al fascio che viaggia verso destra. Quindi per l'osservatore fermo alla stazione gli eventi non sono simultanei. La simultaneità al pari del tempo e dello spazio assume un carattere relativo ossia dipende dal sistema di riferimento. Ovviamente l'effetto dipende dalla velocità con cui si muovono i sistemi di riferimento tra di loro e, in questo caso particolare, anche dalla distanza spaziale in cui accadono i due eventi, nel caso dell'esempio del treno, questa distanza è la lunghezza della cabina.

1.2 Energia dalla Massa

Molto probabilmente gli aspetti più dirompenti della teoria della Relatività ristretta, soprattutto da un punto di vista delle applicazioni, sono quelli legati alla dinamica ovvero allo studio delle cause che determinano il moto dei corpi.

Nel 1687, Isac Newton, considerato al pari di Einstein uno dei grandi geni della fisica, pubblica un trattato in tre libri intitolato *Philosophiae Naturalis Principia Mathematica* (I principi matematici della filosofia naturale), che, a detta di molti, è una delle più importanti opere scientifiche. Nel primo libro, *De Motu Corporum* (Sul movimento dei Corpi), Newton introduce i tre principi della dinamica sui quali si basa tutta la meccanica classica. Il primo principio noto anche come principio di inerzia afferma essenzialmente che lo stato naturale di un corpo è la quiete o il moto rettilineo uniforme (a velocità costante) completamente in antitesi con il concetto di moto di Aristotele secondo il quale il moto di un corpo è sempre determinato da un motore a contatto con il corpo. Il secondo principio, tipicamente espresso con la famosa formula $F = ma$, afferma che se si applica una forza costante su un corpo, quest'ultimo si muove con un'accelerazione che è direttamente proporzionale alla forza ed inversamente proporzionale alla sua inerzia quantificata da una caratteristica intrinseca del corpo, ossia la sua massa. Infine, il terzo principio, noto come principio di azione e reazione, afferma che in un sistema in cui non agiscono forze esterne, la forza che un corpo esercita su un secondo corpo è uguale ed opposta alla forza che il secondo corpo esercita sul primo.

Per ognuno di questi principi varrebbe la pena dilungarsi per apprezzarne l'importanza, tuttavia limitiamoci ad alcune osservazioni sul secondo principio: in linea di principio se si applica una forza ad un corpo e possiamo trascurare l'attrito e la resistenza dell'aria (si può immaginare un corpo in uno spazio interstellare), il corpo inizia a muoversi con una accelerazione costante e di conseguenza poiché l'accelerazione non è altro che l'incremento della velocità nell'unità di tempo, ne segue che la velocità aumenta linearmente con il tempo. Quindi dopo un certo tempo che si può calcolare facilmente, il corpo avrà raggiunto la velocità della luce e nell'istante successivo l'avrà superata, il che non è possibile in base al secondo principio della teoria della Relatività ristretta che pone come limite alla velocità massima di un corpo la velocità della luce. È pertanto evidente che la formula che esprime il secondo principio di Newton va cambiata con una più generale che tenga conto del secondo principio della Relatività ristretta. Un discorso analogo va fatto per le altre quantità fondamentali della dinamica: l'energia cinetica e la quantità di moto nelle cui espressioni compare esplicitamente la velocità. Nel caso dell'energia cinetica ($E_c = 1/2 mv^2$), che è una misura dell'energia di un corpo legato al suo movimento, essa è proporzionale alla massa m e al quadrato della velocità v, implicando che un incremento del 40% della velocità comporta un aumento dell'energia cinetica pari al doppio. Anche in questo caso, è possibile da un punto di vista della meccanica classica fornire ad un corpo un'energia tale da superare la velocita della luce. Discorso analogo per l'altra quantità fondamentale della dinamica, la quantità di moto pari a $P = mv$. Alla luce di questa considerazione, apparve chiaro ad Einstein che fosse necessario riformulare la dinamica newtoniana trovando delle espressioni per la forza, l'energia e la quantità di moto più generali che si riducessero a quelle classiche per velocità molto più piccole di quella della luce.

Dopo pochi mesi dal primo articolo sulla teoria delle Relatività, Einstein pubblica un altro articolo intitolato "L'inerzia di un corpo dipende dal suo contenuto di energia?", che possiamo considerare una sorta di addendum alla teoria della Relatività ristretta in cui, utilizzando i principi della teoria e le note leggi della meccanica classica, arriva alla formula più famosa della fisica, che nella sua forma semplificata (sistema di riferimento in cui il corpo è fermo) assume l'espressione $E = mc^2$, dove m è la massa del corpo e c è la velocità della luce. Ecco l'altro concetto rivoluzionario della teoria della Relatività sia da un punto di vista teorico che applicativo: la massa non è più una quantità indipendente ed assoluta ma è una forma di energia; pertanto, è possibile convertire la massa in energia e viceversa. Pertanto, i principi di conservazione della massa e dell'energia vanno fusi in un unico principio di conservazione più generale ossia quello di massa-energia. Il famoso principio del grande scienziato francese Antoine Lavoisier secondo il quale in una reazione chimica la somma delle masse dei reagenti è uguale alla somma delle masse dei prodotti è vero solo nell'approssimazione in cui possiamo trascurare la massa che si trasforma in energia.

Ma se la massa è una forma di energia e vale la famosa formula scritta sopra, la trasformazione in energia anche di una piccolissima massa può produrre una quantità di energia enorme: la trasformazione integrale di un grammo di materia produrrebbe un'energia pari a circa 10^{14} Joule equivalente all'energia elettrica consumata da una famiglia in circa 1000 anni!

La famosa formula di Einstein ha avuto un impatto scientifico e tecnologico di enorme portata. L'enorme quantità di energia liberata nei processi di fissione e fusione nucleare si basano appunto sulla trasformazione della massa in energia. Nella fissione nucleare un atomo radioattivo (tipicamente uranio o plutonio) in seguito ad un urto con un neutrone si scinde in due atomi più leggeri la cui massa totale è inferiore a quella dell'atomo di partenza; la differenza di massa nota anche con il nome di *difetto di massa* si trasforma in energia acquisita dai prodotti delle reazioni (atomi e neutroni). Se la quantità di materiale fissile supera una certa massa critica, i neutroni di scarto possono indurre altre fissioni di atomi di uranio o plutonio innescando un processo a catena. Questo è il fenomeno sul quale si basano le centrali nucleari in cui la reazione a catena viene controllata tramite delle barre di moderazione (tipicamente in grafite) che, catturando i neutroni, riescono ad evitare surriscaldamento del reattore e soprattutto che la reazione a catena diventi esplosiva come avviene nelle bombe nucleari. Oltre ad eventuali rischi di esplosioni, il problema delle centrali nucleari è costituito dalle scorie radioattive il cui esaurimento può durare un tempo che va dai 20 ai 300 anni. Nel processo inverso, la fusione nucleare, due atomi leggeri, deuterio e trizio (atomi di idrogeno con uno e due neutroni rispettivamente), si fondono e formano un atomo di elio e un neutrone. Ancora una volta la somma delle masse dei prodotti della reazione è inferiore a quella della somma delle masse degli atomi di partenza e la differenza di massa si trasforma in energia. A differenza della fissione non ci sono scarti radioattivi né il pericolo di una reazione a catena incontrollata; tuttavia, la tecnologia per costruire una centrale a fusione nucleare è molto più complessa. Affinché avvenga un processo di fusione sono necessarie temperature di circa 150 milioni di gradi ed enormi pressioni, in quanto i nuclei atomici essendo carichi positivamente si respingono con una forza (forza di Coulomb) che aumenta sempre di più man mano che i nuclei si avvicinano; solo quando la distanza tra di essi è estremamente piccola (dell'ordine di 10^{-13} m) la forza di repulsione è compensata da una forza attrattiva di intensità maggiore, la forza nucleare forte, che consente ai protoni e neutroni di stare vicino nei nuclei atomici senza respingersi. Le ricerche attualmente in corso per realizzare la fusione termonucleare sono essenzialmente di due tipi: il confinamento inerziale in cui potenti fasci laser riscaldano e comprimono la miscela di trizio e deuterio con una pressione tale da indurre il processo di fusione oppure il confinamento magnetico in cui dei potentissimi campi magnetici generati da magneti superconduttori confinano il plasma di trizio e deuterio in una geometria toroidale e il riscaldamento del plasma fino alla temperatura utile per la fusione avviene tramite una corrente indotta da bobine esterne. Dopo 50 anni di enormi sforzi rivolti a questo strategico campo di ricerca, il 13 dicembre 2022 il dipartimento dell'energia degli Stati Uniti ha annunciato un risultato straordinario che lascia ben sperare per il futuro dell'intero pianeta. Per la prima volta l'energia prodotta da una reazione di fusione nucleare basata sul confinamento inerziale è stata maggiore dell'energia necessaria per produrre la reazione stessa. In particolare, a fronte di circa 2 milioni di Joule di energia utilizzata dai laser per produrre la fusione nucleare, si sono ottenuti circa 3 milioni di Joule, ossia un guadagno di circa il 50%. Risultati lusinghieri nel campo della fusione nucleare sono stati ottenuti anche con la tecnica del confinamento magnetico. Infatti, nel 2023, il reattore *tokamak* giapponese (JT-60SA) è riuscito per la prima volta ad ottenere del plasma confinato magneticamente all'interno della sua camera toroidale. Questo risultato è molto importante in vista della realizzazione del mega reattore *ITER* (acronimo di International Thermonuclear Experimental Reactor) in costruzione in Francia e frutto di una collaborazione internazionale in cui l'Italia gioca un ruolo di notevole importanza.

Il Sole e le altre stelle possono essere considerate delle grandi centrali termonucleari che trasformano la massa in energia permettendo la vita sulla Terra e probabilmente su qualche altro pianeta dell'Universo. In particolare, nel Sole avvengono principalmente reazioni di fusione di atomi di idrogeno in elio. Se la massa si trasforma in energia, il Sole e le altre stelle perdono massa e quindi sono destinate a consumarsi? In realtà la morte di una stella avviene molto prima che si consumi completatamene per la trasformazione della massa in energia. Nel caso particolare del Sole, la potenza media irradiata è di 4×10^{26} W il che corrisponde ad una diminuzione di massa di $4,4 \times 10^9$ kg ogni secondo; essendo la massa del Sole pari a circa 10^{30} kg, occorrerebbero oltre 1000 miliardi di anni per trasformare il 10% della massa del Sole in energia. La nostra stella, che secondo le ultime stime dell'European Space Agency (ESA), ha un'età pari a 4,6 miliardi di anni e sta a metà della sua vita, morirà quindi molto prima che il 10% della sua massa sia trasformata in energia. In realtà, una volta che l'idrogeno all'interno del nucleo del Sole si esaurirà, tra circa 5 miliardi di anni, le reazioni di fusione nucleare coinvolgeranno atomi più pesanti che fondendosi produrranno carbonio e ossigeno. A questa fase corrisponde una forte instabilità che porterà ad una grande espansione del Sole diventando una *gigante rossa* con un diametro pari all'intero sistema solare. Terminati i processi di fusione ci sarà un forte ridimensionamento fino a diventare una *nana bianca*, molto densa e poco luminosa e con un diametro inferiore a quello della Terra. Quale sarà il destino della Terra? Durante la fase di espansione del Sole a gigante rossa, essa verrà ridotta ad un enorme sasso bruciato e privo di qualsiasi forma di vita, ma molto probabilmente per quella data la vita sulla Terra si sarà estinta per altri motivi.

La celebre formula di Einstein e più in generale la teoria della Relatività ristretta, come vedremo in seguito, riveste un ruolo fondamentale anche nella fisica quantistica ed in particolare nelle teorie delle particelle elementari e interazioni fondamentali.

1.3 Relatività generale: la geometrizzazione della gravità

La somma opera di Einstein che lo colloca tra i più grandi geni dell'umanità è senza ombra di dubbio la teoria della Relatività generale ossia la nuova teoria della gravitazione. La teoria della Relatività ristretta, anche senza Einstein, molto probabilmente sarebbe nata lo stesso, c'erano troppi indizi sperimentali che portavano in quella direzione. La teoria della Relatività generale è invece frutto di una visione geniale che non aveva nessun indizio sperimentale che ne richiedesse l'esistenza, tranne una piccolissima deviazione della precessione del perielio di mercurio che non si riusciva a spiegare nell'ambito della meccanica newtoniana.

Prima di proseguire con la teoria più bella della fisica, come considerata da molti scienziati, dobbiamo soffermarci su un concetto che sarà presente anche nel resto del libro, ovvero il concetto di *campo*.

Più che dare una definizione formale di campo, riporteremo degli esempi che aiutano a capire in modo efficace quest'importante concetto della fisica. Supponiamo di stare in una stanza in inverno con delle sorgenti di calore per riscaldarci (stufe elettriche o termosifoni) e di misurare in tutti i punti della stanza la temperatura. Ovviamente ci aspettiamo che la temperatura non sia uguale dovunque, in particolare vicino alla sorgente di calore è più alta e man mano che ci allontaniamo è più bassa. Possiamo quindi dire che ogni punto della stanza, incluse le pareti e il pavimento, è caratterizzato da un preciso valore della temperatura, ovvero nella stanza è presente un campo di temperature. In questo caso, si parla di campo scalare in quanto la temperatura è una grandezza *scalare* cioè, necessita di un solo valore (l'intensità) per essere completamente definita. Supponiamo adesso di essere in grado di misurare la forza gravitazionale che esercita la Terra su una massa campione di 1 kg nell'atmosfera terrestre. Se riuscissimo a fare questa misura negli infiniti punti dell'atmosfera osserveremmo un valore pressoché costante. Tuttavia, se superassimo l'atmosfera e ripetessimo la misura a qualche migliaia di km dalla superficie della Terra, osserveremmo che il valore della forza di gravità diminuisce man mano che ci allontaniamo dalla Terra. Quindi anche in questo caso possiamo affermare che tutto lo spazio che circonda la Terra è sede di un campo delle forze gravitazionali ma in questo caso si parla di campo *vettoriale* dal momento che una forza è completamente definita se forniamo l'intensità, la direzione e il verso. In altre parole, per definire una forza abbiamo bisogno di un'entità geometrica nota come *vettore*, ossia un segmento orientato nello spazio la cui lunghezza ci fornisce l'intensità della quantità fisica che rappresenta. Lo stesso discorso può essere ripetuto con qualsiasi altra forza come quella elettrica, magnetica o nucleare. In definitiva, possiamo affermare che un campo è una proprietà dello spazio o, meglio ancora, dello spazio-tempo, ovvero ogni punto è caratterizzato da una o più grandezze fisiche che definiscono i vari campi. Quanto detto ci porta inevitabilmente a dedurre che lo spazio che ci circonda è sempre sede di vari campi (gravitazionale, elettromagnetico, termico, ecc ...). Come vedremo nel prossimo capitolo (Cap. 2) anche negli spazi intergalattici in cui apparentemente c'è il vuoto assoluto, esistono particelle e campi.

Ritorniamo adesso alla teoria della Relatività generale provando a capire le motivazioni che spinsero il genio tedesco ad elaborare una teoria più generale e in che modo entrava in gioco la gravità.

Einstein era allergico per indole ad accettare qualsiasi dogma sia che venisse dagli uomini o apparentemente dalla natura. L'idea che esistessero sistemi di riferimenti privilegiati come quelli studiati nella Relatività ristretta lo turbava non poco. Lui riteneva che le leggi della fisica dovessero conservare la propria forma in tutti i sistemi di riferimenti inclusi quelli non inerziali, ovvero sistemi che si muovono di moto arbitrario (velocità costante, accelerazione costante o variabile), generalizzando quindi il primo principio della Relatività ristretta. Come si legge nell'articolo di Einstein sulla Relatività generale del 1916: "Le leggi della fisica devono essere di natura tale da valere rispetto a un sistema di riferimento in moto arbitrario. Giungiamo per questa via ad un allargamento del postulato della Relatività."

Spinto quindi dall'esigenza di generalizzare la sua teoria della Relatività anche al caso in cui i sistemi di riferimento non fossero inerziali, nel 1907 Einstein intuì quello che lui stesso definì "il pensiero più felice della mia vita" ossia che un corpo in caduta libera non sente il proprio peso o in forma equivalente che non c'è nessuna differenza tra un campo gravitazionale e un sistema accelerato (principio di equivalenza). Durante la conferenza di Kyoto del 1922, Einstein ricorda: "Stavo seduto in poltrona nell'ufficio brevetti a Berna quando all'improvviso mi ritrovai a pensare: Se una persona cade liberamente, non avverte il proprio peso. Rimasi stupefatto. Questo pensiero, così semplice, mi colpì profondamente, e ne venni sospinto verso una teoria della gravitazione".

Per provare a comprendere il significato del principio di equivalenza, immaginiamo di stare in una cabina di un'astronave priva di finestre, completamente insonorizzata e nella quale abbiamo allestito una camera con un tavolo, delle sedie ed altri oggetti in maniera del tutto uguale ad una camera di un appartamento sulla Terra. Se l'astronave inizia a muoversi con un'accelerazione verso l'alto pari all'accelerazione di gravità terrestre g, le persone, il tavolo, le sedie e tutti gli oggetti della camera sono sottoposti ad una accelerazione uguale e contraria a quella dell'astronave e quindi rivolta verso il basso. Una situazione analoga la osserviamo quando l'auto o il treno accelerano, o ancora di più quando l'aereo è in fase di decollo, si sente una forza che ci spinge verso lo schienale del sediolino.

Questi fenomeni sono ampiamente noti in fisica classica e le forze che determinano questi fenomeni prendono il nome di *forze apparenti o forze fittizie* e sono dovute alle accelerazioni dei sistemi di riferimento.

Ritornando all'astronave, quando quest'ultima si è sufficientemente allontanata dalla Terra in modo da poter trascurare la forza di attrazione gravitazionale, nella stanza allestita ci sarà la sola accelerazione uguale e contraria a quella dell'astronave, esiste cioè un'accelerazione diretta verso il pavimento della stanza pari a g, ragion per cui qualsiasi cosa si faccia (lanciare una palla, spostare il tavolo e le sedie, saltellare nella stanza o far cadere una mela) si ha l'impressione di stare sulla Terra in quanto tutto è attratto verso il pavimento così come accade sulla Terra (Fig. 1.4).

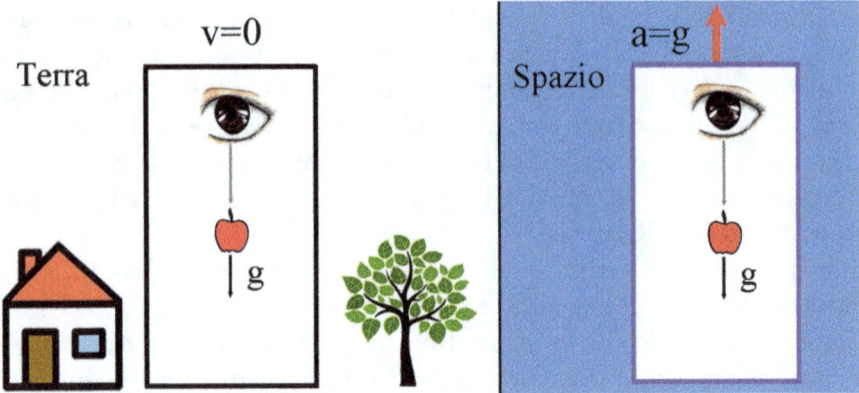

Figura 1.4 Principio di equivalenza. Un osservatore sulla Terra vede cadere una mela con l'accelerazione di gravita terrestre (9,81 m/s^2). Un osservatore in un'astronave che si muove con un'accelerazione pari a quella gravitazionale terrestre, vede cadere la mela esattamente come l'osservatore sulla Terra

Detto in altri termini non c'è nessun modo per accorgersene se si è su un pianeta in una camera senza finestre oppure su una astronave senza finestre che viaggia con una accelerazione costante pari all'accelerazione gravitazionale del pianeta. Una forza inerziale, dovuta all'accelerazione del sistema di riferimento, può quindi simulare una forza gravitazionale.

Il principio di equivalenza ci dice anche che un corpo in caduta libera non sente il proprio peso, il cui senso può essere compreso con il famoso esperimento mentale dell'ascensore di Einstein. Si immagini di stare in un ascensore e che, malauguratamente per la persona al suo interno, improvvisamente si rompa il cavo dell'ascensore, durante la caduta il passeggero inizia a fluttuare nel vuoto come un astronauta, dal momento che la forza fittizia, dovuta all'accelerazione verso il basso dell'ascensore, è diretta verso l'alto ed essendo uguale ed opposta alla forza di attrazione gravitazionale l'annulla, conferendo l'assenza di peso a tutti gli oggetti presenti nell'ascensore. In questo caso una forza inerziale dovuta all'accelerazione del sistema di riferimento può cancellare localmente una forza gravitazionale. Einstein capì quindi che la generalizzazione della Relatività avrebbe implicato un nuovo concetto di gravità.

Facciamo un passo indietro per capire quale fosse la concezione della gravità prima di Einstein. Nei suoi "Dialoghi sui due massimi sistemi del mondo", Galileo aveva discusso la caduta dei gravi, evidenziando che l'accelerazione con cui cadono i corpi è la stessa indipendentemente dalla loro massa, a differenza della teoria della gravità di Aristotele, secondo la quale gli oggetti cadono con velocità proporzionale alla loro massa. Si dice che Galileo avrebbe verificato la sua ipotesi con i famosi esperimenti effettuati dalla Torre di Pisa, ma molto probabilmente quello della Torre di Pisa fu solo un esperimento mentale. In effetti una piuma e una biglia di piombo se lasciati cadere da una certa altezza toccano il suolo nello stesso istante, purché si elimini la resistenza dell'aria. Nella realtà, la biglia di piombo tocca il suolo decisamente prima della piuma, in quanto il fluido gassoso in cui siamo immersi, l'atmosfera, offre una notevole resistenza ai corpi che cadono e tale resistenza dipende esclusivamente dalla forma aereodinamica dei corpi. Ma per renderci conto facilmente della correttezza dell'ipotesi di Galileo, possiamo fare un banale esperimento. Prendiamo un foglio di carta A4 e un libro abbastanza pesante avente le dimensioni simili a quello del foglio A4 (29×21 cm), se prendiamo con una mano il foglio e con l'altra il libro e li lasciamo cadere a terra nello stesso istante, notiamo che il foglio inizia a svolazzare e tocca il suolo dopo il libro. Questo perché la resistenza dell'aria influisce di più sul foglio di carta che ha una massa molto più piccola del libro. Se adesso poniamo il foglio di carta sopra al libro e lasciamo cadere il libro con il foglio appoggiato sopra, osserviamo che i due oggetti raggiungono il suolo nello stesso istante. Ciò è dovuto al fatto che il libro davanti al foglio riduce notevolmente la resistenza dell'aria sul foglio.

Prove sperimentali accurate per la verifica della caduta dei gravi ne sono state fatte tantissime confermando quanto ipotizzato da Galileo con estrema precisione. Uno dei più scenografici esperimenti effettuati fu quello eseguito durante la missione Apollo 15 sulla luna nel 1971. L'astronauta David Scott lasciò cadere dalle sue mani un martello di oltre 3 chili e una piuma di circa 3 grammi osservando, come testimoniato anche dalle storiche riprese fatte dall'altro astronauta James Irwin, che i due corpi cadevano con la stessa velocità e toccavano suolo contemporaneamente. Sulla luna non c'è atmosfera e quindi nemmeno la resistenza dell'aria; pertanto, è il posto ideale per verificare in maniera diretta la legge della caduta dei gravi.

I risultati di Galileo sono stati fondamentali e hanno permesso di fare un enorme passo avanti nella comprensione di questa forza con cui abbiamo a che fare tutti i giorni, ma la formalizzazione anche in termini matematici della teoria della gravitazione venne sviluppata circa 100 anni dopo ad opera di Newton il quale intuì che la stessa forza che fa cadere la famosa mela dall'albero fa anche girare la luna attorno alla Terra e tutti i pianeti attorno al Sole. Newton nel terzo libro dei *Philosophiae Naturalis Principia Mathematica*, enuncia la famosa legge di gravitazione universale secondo la quale due corpi si attraggono con una forza che è proporzionale al prodotto delle masse ed inversamente proporzionale al quadrato della loro distanza. Poiché la costante di proporzionalità è molto bassa, tipicamente non osserviamo che il tavolo nel nostro salotto attira le sedie in quanto le forze di attrito in gioco sono decisamente più intense della debole interazione gravitazionale. Gli effetti dell'attrazione tra i corpi si vedono solo quando le masse in gioco sono molto grandi come quella della Terra o del Sole. La legge di gravitazione universale e il secondo principio della dinamica spiegano anche la legge della caduta dei gravi di Galileo purché si assuma che la massa gravitazionale, ossia quella sensibile alla forza di gravità, sia uguale a quella inerziale ossia alla massa che si oppone al moto quando esercitiamo su esso una forza. Questa assunzione è nota come principio di equivalenza tra massa inerziale e gravitazionale ed è verificata sperimentalmente con una precisione altissima.

Nonostante la straordinaria capacità predittiva della legge universale della gravitazione, soprattutto nel campo della meccanica celeste, Einstein mal digeriva l'azione istantanea prevista dalla famosa legge di Newton. Il secondo principio della Relatività prevedeva una velocità limite (quella della luce), mentre secondo la teoria di Newton della gravitazione l'attrazione tra due corpi è istantanea anche se essi si trovano molto lontano tra di loro. Insomma, per Einstein era assurdo immaginare che, se il Sole scomparisse, immediatamente la Terra uscirebbe fuori orbita, ma era plausibile immaginare che lo avrebbe fatto dopo non meno di 9 minuti, ovvero il tempo che la luce impiega per raggiungere la Terra dal Sole.

Ritorniamo agli esperimenti mentali di Einstein e consideriamo un osservatore in un ascensore diretto verso l'alto con una accelerazione abbastanza elevata; se dall'esterno viene inviato in direzione orizzontale un raggio luminoso all'interno dell'ascensore tramite un opportuno foro, l'osservatore all'interno dell'ascensore vedrà il raggio di luce incurvarsi verso il basso dal momento che, mentre il raggio percorre il vano dell'ascensore in maniera orizzontale percorrendo un tratto proporzionale al tempo, l'ascensore sale, percorrendo un tratto verticale che è proporzionale al quadrato del tempo trascorso (Fig. 1.5). Poiché un raggio di luce appare incurvato se osservato da un osservatore solidale al sistema accelerato, per il principio di equivalenza, Einstein dedusse che i campi gravitazionali generati dai pianeti e dalle stelle, al pari dei sistemi accelerati, dovessero incurvare i raggi di luce nelle loro vicinanze, cioè la gravità fa incurvare i raggi di luce.

Ma se la luce in prossimità di grandi masse si incurva, allora lo spazio percorso dalla luce è curvo, pertanto la gravità produce un'incurvatura dello spazio-tempo.

Si passa quindi da una visione di una forza a distanza (la legge di gravitazione universale di Newton) a una nuova rivoluzionaria visione che prevede la geometrizzazione della gravità: le masse incurvano lo spazio-tempo permettendo ad altre masse o alla luce di scivolare in questi avvallamenti dello spazio-tempo (Fig. 1.6). Si può quindi immaginare lo spazio-tempo come

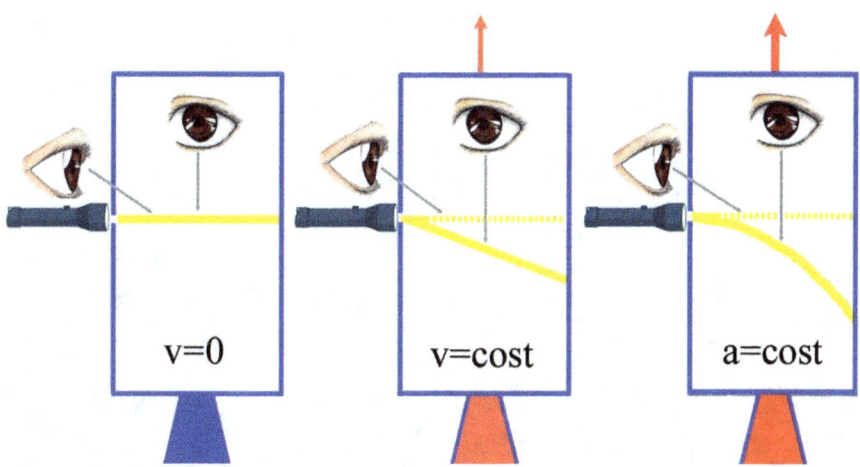

Figura 1.5 Un fascio di luce viene immesso nel razzo da un osservatore esterno, il quale vede la luce procedere in maniera rettilinea e orizzontale (linea tratteggiata). La traiettoria della luce (linea continua) è quella vista dall'osservatore interno al razzo. Per grandi accelerazioni la luce percorre un tragitto curvo e per il principio di equivalenza si comporta nello stesso modo in presenza di grandi masse

un telo teso, se mettiamo un'enorme biglia di piombo il telo si deformerà assumendo una forma ad imbuto ed un eventuale altro corpo in prossimità della biglia di piombo seguirà l'avvallamento del telo e si muoverà verso l'enorme biglia di piombo. Quindi gli oggetti si muovono lungo il cammino più breve in uno spazio-tempo curvo; pertanto, la linea più breve che congiunge due punti (*geodetica*) non è più un tratto di linea retta, come avviene nello spazio piatto euclideo, ma una linea curva che cambia a seconda della curvatura dello spazio-tempo. Maggiore è la massa del corpo e più pronunciata è la deformazione del tessuto spazio-temporale (Fig. 1.6). Come disse l'astrofisico statunitense John Archibald Wheeler: "la materia dice allo spazio come curvarsi, lo spazio dice alla materia come muoversi". Tuttavia, la teoria della Relatività generale ci dice che la curvatura dello spazio-tempo è proporzionale alla densità della materia e al rapporto tra la costante universale della gravitazione ($G = 6,7 \times 10^{-11}$ Nm^2/kg^2) e la velocità della luce al quadrato ($c = 3 \times 10^8$ m/s), pertanto, essendo il suddetto rapporto estremamente piccolo (circa 7×10^{-28} m/kg), gli effetti di curvatura dello spazio sono apprezzabili solo in caso di masse molto grandi (stelle, galassie).

In sostanza la gravità non è altro che una proprietà dello spazio-tempo e la forza di attrazione gravitazionale è dovuta ad una sua deformazione prodotta dai corpi massivi.

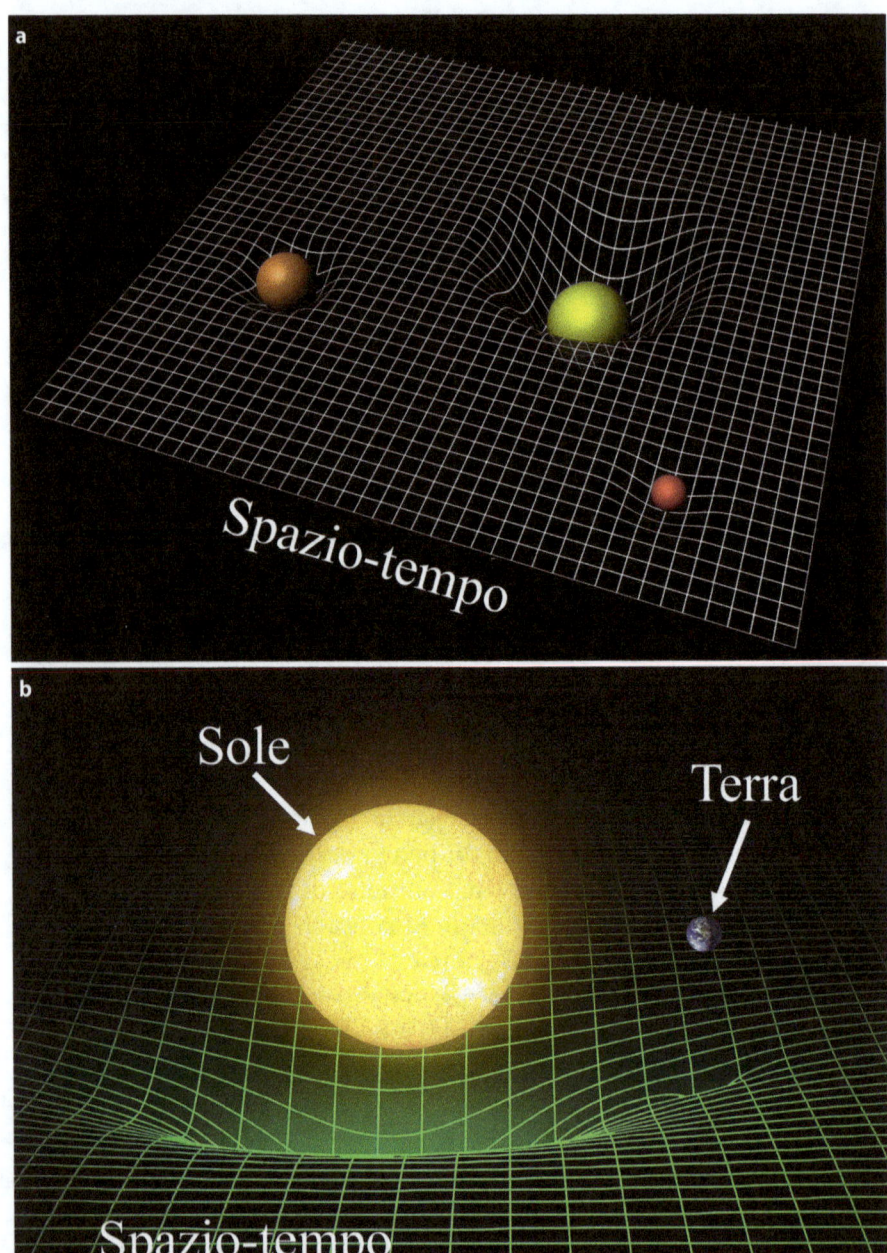

Figura 1.6 Illustrazione artistica della deformazione della spazio-tempo in presenza di corpi massivi. **a** Ad una maggiore massa corrisponde una maggiore deformazione del tessuto spazio-temporale. **b** Illustrazione dell'orbita della Terra attorno al Sole. Il nostro pianeta segue la deformazione dello spazio-tempo prodotta dal Sole, così come la Luna segue la deformazione del tessuto spazio-temporale prodotta dalla Terra. (Credit: **a** ESA – C; **b** CarreauCaltech/MIT/LIGO Lab/[T. Pyle])

In termini più formali la *metrica*, che determina la distanza tra due punti nello spazio-tempo non è altro che il potenziale gravitazionale. In uno spazio piatto euclideo, ossia lo spazio con cui essenzialmente ci confrontiamo ogni giorno, la metrica è quella pitagorica e la distanza tra due punti è semplicemente il tratto di retta che congiunge i due punti e si calcola applicando il teorema di Pitagora. È facile immaginare che nel caso di uno spazio curvo anche la distanza tra due punti non è così semplice da calcolare.

L'intuizione della natura geometrica della gravità avvenuta nel 1912 fu un ulteriore e forse più importante passo verso la teoria della Relatività generale. Tuttavia, queste incredibili intuizioni andavano concretizzate in una teoria fisica che andava scritta nel linguaggio naturale della fisica ovvero quello matematico e confermata da esperimenti. Trattando con spazi curvi, l'apparato matematico diventava molto più complicato. Occorreva la geometria non Euclidea sviluppata da Carl Friedrich Gauss e Bernhard Riemann e soprattutto il calcolo differenziale sulle superfici curve. Einstein non aveva quelle conoscenze di matematica avanzata e si rese conto che il cammino era difficile, lungo e faticoso, e chiese allora aiuto al suo amico Marcel Grossman (matematico e collega di Einstein all'università di Zurigo); la sua disperazione è ben descritta dall'appello al suo caro amico del 1912 "Grossman aiutami sennò divento pazzo". Grossman lo indirizzò agli studi sul "calcolo differenziale assoluto" condotto da grandi matematici italiani e in particolare da Luigi Bianchi, Gregorio Ricci Curbastro e Tullio Levi Civita. Impadronitosi del formalismo matematico, Einstein riesce subito a scrivere l'equazione del moto di un corpo (equazione delle geodetiche) in un dato campo gravitazionale o equivalentemente in un dato spazio-tempo, la cui soluzione non è più una traiettoria rettilinea, ma una curva e nel caso di campi deboli, l'equazione si riduce all'equazione di Newton. Ma l'aspetto più arduo della teoria era senz'altro capire come una determinata distribuzione di massa-energia determinasse le caratteristiche dello spazio-tempo e quindi della gravità. Inizia quindi l'ultimo passo finalizzato alla elaborazione di un'equazione generale che contenesse le formidabili intuizioni dei precedenti passi e al tempo stesso includesse come caso limite la teoria di Newton.

A valle di un lungo periodo di studi disperati con dedizione e perseveranza, il genio tedesco, in quattro lezioni tenute all'Accademia Prussiana delle scienze di Berlino nel mese di novembre del 1915, espose la teoria della Relatività generale, che in sostanza sostituiva ed inglobava la teoria della gravitazione universale di Newton. I risultati furono poi pubblicati il 2 dicembre del 1915 e in una versione più estesa nel marzo del 1916 in un articolo intitolato "La base della Relatività generale" in cui l'equazione fondamentale prende il nome di *equazione di campo* e consente di calcolare la geometria dello spazio una

Figura 1.7 Equazione di campo di Einstein dipinta su una locomotiva di un treno abbandonata nel deserto di Atacama in Cile

volta nota la distribuzione delle masse e dell'energia. Si noti che non parliamo solo di distribuzione di massa ma anche di energia in quanto, come visto nel paragrafo precedente, massa ed energia sono equivalenti.

Anche se la descrizione dei dettagli matematici e formali esula dagli scopi di questo libro, essendo l'equazione di campo di Einstein una delle più importanti e belle equazioni della fisica, vale la pena riportarla, senza alcuna intenzione di addentrarci in formalismi tecnici adatti a corsi universitari avanzati. Per non appesantire il lettore, la riportiamo in maniera abbastanza singolare, ovvero dipinta da uno sconosciuto appassionato di fisica su una locomotiva abbandonata nel deserto di Atacama in Cile (Fig. 1.7).

I simboli con i pedici greci sono oggetti matematici che si chiamano *tensori del secondo ordine*, gli indici greci possono assumere 4 valori (0, 1, 2, 3), ossia le quattro dimensioni dello spazio-tempo. I tensori $R_{\mu\nu}$, $g_{\mu\nu}$ che compaiono al primo membro dell'equazione sono il tensore di Ricci e quello metrico rispettivamente e tengono conto della deformazione dello spazio-tempo mentre quello al secondo membro ($T_{\mu\nu}$) è il tensore energia-massa che tiene conto della distribuzione di massa ed energia che deforma lo spazio-tempo. Al primo membro troviamo inoltre la *curvatura scalare R* anch'essa legata alla curvatura dello spazio-tempo. Infine, G è la costante di gravitazione universale e c è la velocità della luce. Poiché gli indici possono variare da 0 a 3, ci sono sedici possibilità di combinarli che si riducono a dieci in quanto i tensori sono simmetrici ($R_{10} = R_{01}$, $R_{12} = R_{21}$, ...; $g_{10} = g_{01}$, $g_{12} = g_{21}$, ...; $T_{10} = T_{01}$, $T_{12} = T_{21}$, ...).

Quindi in realtà si tratta di dieci equazioni differenziali scritte in maniera compatta la cui risoluzione esatta, come si può facilmente intuire, non è per niente facile. Naturalmente Einstein, come prima cosa, dimostra che nel caso di campi deboli, cioè nei casi in cui lo spazio è quasi piatto, l'equazione di campo si riduce a quella classica di Newton.

Il percorso che porta all'equazione di campo e quindi al concepimento della teoria finale dura otto anni durante i quali si susseguirono vari tentativi e nella parte finale del difficile cammino Einstein temette la competizione con uno dei più grandi matematici dell'epoca, David Hilbert, il quale, dopo aver invitato Einstein a tenere una serie di conferenze a Gottinga sulla Relatività generale tra il 1913 e il 1914, aveva iniziato ad occuparsi del problema ed essendo un grande matematico era un temibile competitor per Einstein.

Fu quello uno dei periodi più stressanti dal punto di vista piscologico per Einstein. Infatti, Hilbert pubblicò nel dicembre del 1915, quasi contemporaneamente a Einstein (per alcuni addirittura prima), un articolo con le equazioni corrette di campo ma riconobbe nel suo articolo la paternità della teoria ad Einstein: "Le equazioni differenziali della gravitazione ottenute mi sembrano in accordo con la magnifica teoria della Relatività generale enunciata da Einstein nel suo ultimo articolo". Durante le interlocuzioni con Hilbert, Einstein esprimeva le sue perplessità anche legate alle difficoltà matematiche ed Hilbert sosteneva che "La fisica è troppo difficile per i fisici", volendo sottolineare la difficoltà nell'uso della matematica avanzata.

1.4 Previsioni, verifiche sperimentali e implicazioni cosmologiche

La teoria della Relatività generale esposta nel primo articolo del 1916 riusciva a tener conto della piccola deviazione della precessione del perielio di Mercurio e soprattutto prevedeva in maniera quantitativa di quanto il Sole defletteva un raggio luminoso. Per Einstein la predizione esatta della precessione del perielio di Mercurio era molto importante in quanto dimostrava che la teoria funzionava ed infatti era molto contento di questo primo risultato confermato dai dati sperimentali. Per precessione del perielio dell'orbita di Mercurio si intende la rotazione (precessione) del punto più vicino al Sole (perielio) dell'orbita del pianeta Mercurio. Tra tutti i pianeti del sistema solare, Mercurio è quello che presenta la precessione del perielio più accentuata, essendo il più vicino al Sole. In altre parole, il punto dell'orbita più vicino al Sole non rimane fermo ma ruota in maniera estremamente lenta, in particolare si sposta di 5600" (secondi d'arco) ogni secolo, cioè circa 1,5 gradi per secolo. Si ricordi che un grado vale 60 primi d'arco e un primo 60 secondi d'arco.

Nel 1859, il famoso matematico e astronomo francese Urbain Jean Joseph Le Verrier, sulla base dell'interazione newtoniana tra Mercurio e gli altri pianeti previde uno spostamento di 5557" per secolo con uno scarto di 43". Le Verrier aveva una profonda conoscenza della meccanica celeste, ed era famoso soprattutto per il suo contributo alla scoperta di Nettuno, usando solo calcoli matematici e osservazioni astronomiche precedenti. Le differenze tra l'orbita osservata di Urano e quella prevista dalle leggi di Keplero e Newton potevano essere spiegate solo se si ipotizzava l'esistenza di un altro pianeta (Nettuno), scoperto da Johann Galle nel 1846. Allo stesso modo il grande astronomo ritenne che quello scarto di 43" poteva essere spiegato ipotizzando l'esistenza di un altro pianeta, a cui fu dato il nome Vulcano in attesa della sua scoperta. In realtà il pianeta Vulcano non fu mai scoperto e nel 1915 Einstein annunciò che la teoria della Relatività generale prevedeva una precessione delle orbite dei pianeti che andava aggiunta a quella dovuta all'interazione tra di essi e che l'entità di questa precessione per Mercurio corrispondeva esattamente allo scarto osservato e quindi non era necessario ipotizzare l'esistenza di un altro pianeta.

Ma la previsione più importante della teoria della Relatività generale fu la deviazione dei raggi luminosi da parte del Sole (Fig. 1.8), secondo i calcoli effettuati da Einstein tale deviazione ammontava a 1,75" secondi d'arco (meno di un millesimo di grado). Un esperimento che avesse confermato questo dato avrebbe tolto ogni dubbio sulla validità della teoria. Ovviamente per poter osservare un raggio di luce deviato dal Sole era necessario un'ecclissi solare altrimenti i raggi del Sole avrebbero coperto abbondantemente i deboli raggi luminosi provenienti da altre stelle e debolmente deviati dal Sole. Il grande successo arrivò nel maggio 1919, quando l'astronomo inglese Sir Arthur Eddington, durante l'ecclissi solare riuscì a misurare da due punti diversi del globo terrestre la deviazione da parte del Sole della luce emessa dalle stelle. In particolare, Eddington guidò due spedizioni: una all'isola di Principe, nei pressi del golfo della Guinea nell'Africa equatoriale e l'altra a Sobral, un comune brasiliano situato nella parte nord-orientale del paese.

Quel giorno, il Sole splendeva nella costellazione del Toro, fra le stelle delle Iadi, un ampio ammasso stellare che forniva lo sfondo ideale all'ecclissi e distanti circa 150 anni luce dalla Terra. La spedizione di Eddington misurò un'effettiva deviazione dei raggi luminosi provenienti dalle Iadi, in particolare

1 La teoria della Relatività di Albert Einstein: una nuova visione del mondo

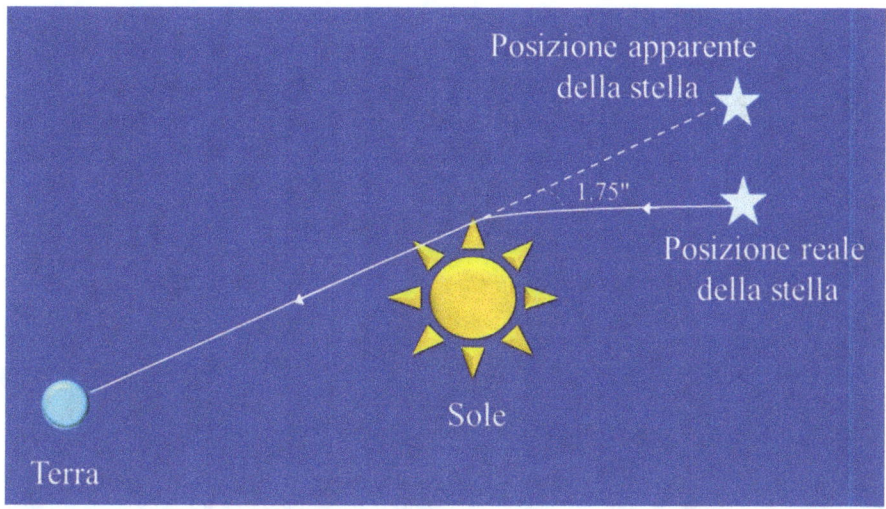

Figura 1.8 Deviazione dei raggi di luce provenienti dalle stelle da parte del Sole. L'angolo di deviazione è di 1,75 secondi d'arco cioè meno di un millesimo di un grado. Al fine di rendere visibile l'effetto curvatura dei raggi di luce, in figura è riportato un angolo di deviazione di circa 30°

fu osservata una deviazione di 1,61″ da Principe e 1,98″ da Sobral in ottimo accordo con le previsioni della Relatività generale (1,75″). La misura è stata ripetuta nel 1922 e nel 1973 con risultati concordanti con quelli di Eddington.

Dopo questo esperimento Einstein divenne un personaggio famoso, una icona pop ante litteram, i più importanti giornali del mondo parlavano dello scienziato tedesco e della sua rivoluzione scientifica. La rivista Time nel 1999 gli dedica la copertina e lo considera "person of century" (l'uomo del secolo).

Se le grosse masse producono una deviazione dei raggi luminosi, è possibile osservare su scala cosmologica effetti simili a quello che succede quando un raggio luminoso attraversa una lente ottica (ingrandimento o duplicazione di un'immagine)? In altri termini esistono le condizioni per osservare un effetto di lente gravitazionale meglio noto come *gravitational lensing*?

Su questo aspetto Einstein fu stimolato dal suo amico, Rudi W. Mandl, ingegnere ed appassionato di fisica, che nel 1936 gli chiese di valutare la possibilità di una vistosa deflessione della luce tale da osservare il gravitational lensing. Einstein era molto scettico in quanto tendeva ad essere abbastanza conservatore sulle conseguenze della sua teoria. Inoltre, già nel 1912 aveva preso in considerazione questa possibilità e aveva concluso che gli effetti erano trascurabili; tuttavia, rifece i conti e pubblicò i risultati in una breve nota sulla rivista *Science*, in cui essenzialmente escludeva la possibilità di osservare

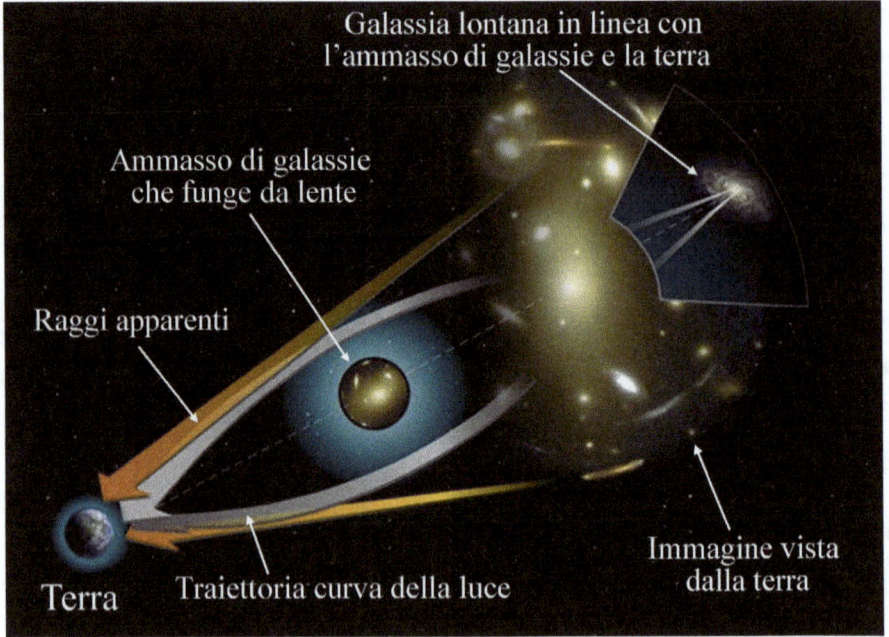

Figura 1.9 Rappresentazione di una lente gravitazionale. Un ammasso di galassie può produrre una deflessione di raggi di luce tale da produrre un effetto di ingrandimento o duplicazioni delle immagini

deflessioni della luce tali da produrre un'immagine con gli stessi effetti di una lente ottica. Ma nel 1937, l'astronomo svizzero Fritz Zwicky in due articoli sostenne che l'effetto di lente gravitazionale può essere visto se si utilizzano le galassie la cui massa è molto più grande delle singole stelle a cui si riferiva Einstein nel suo articolo. Quindi, se un corpo celeste si trova nelle vicinanze di una enorme distribuzione di materia, come un buco nero o una galassia, la luce da esso emessa viene deviata come accade con una lente ottica (Fig. 1.9). La deflessione prodotta è proporzionale alla massa del corpo che agisce da lente ed è inversamente proporzionale alla distanza minima alla quale il raggio luminoso passa dalla lente stessa.

In effetti Zwicky non si sbagliava, ma per vedere le prime immagini generate da una lente gravitazionale si dovette aspettare più di quaranta anni. Nel 1979, D. Walsh, R. F. Carswell e R. J. Weyman, utilizzando un telescopio istallato in un osservatorio nel deserto dell'Arizona, visualizzarono un'immagine di due quasar (nucleo di una galassia molto luminoso) distanti solo 6 secondi d'arco. In realtà si trattava dello stesso oggetto celeste la cui immagine era stata sdoppiata per effetto della lente gravitazionale dovuta alla galassia interposta tra la Terra e il quasar.

Il *gravitational lensing* è diventato un prezioso strumento in ambito astrofisico e cosmologico.

Viene ad esempio utilizzato per determinare le caratteristiche, quali la massa e la distanza, degli oggetti celesti che fungono da lenti e/o delle sorgenti luminose, permettendo di individuare oggetti molto lontani, tipicamente galassie, che altrimenti non sarebbero intercettabili in altro modo. Nel 2021 il telescopio spaziale Hubble ha individuato, grazie al *gravitational lensing*, una lontana galassia distante 10 miliardi anni luce dalla Terra. Altra importante applicazione del *gravitational lensing* è lo studio della materia/energia oscura che rappresenta oltre il 90% della materia del nostro Universo e che non si riesce a vedere in quanto non emette e non riflette radiazione elettromagnetica, ma si osservano in maniera inequivocabili i suoi effetti gravitazionali. La materia oscura deflette la luce proveniente da galassie lontane, provocando una piccola deformazione delle immagini delle galassie, in base alla quale si può risalire alla distribuzione di materia oscura in quella particolare zona dell'Universo sotto osservazione. A tal proposito, in uno studio pubblicato su Science nel 2020 e principalmente condotto da un team di astrofisici dell'Istituto Nazionale di Astrofisica, sono stati raccolti dati dal telescopio spaziale Hubble e dal Very Large Telescope dell'European Southern Observatory in Cile. Utilizzando il *gravitational lensing* è stato evidenziato che la materia oscura sembra avere un effetto gravitazionale almeno dieci volte più intenso di quello previsto.

Nel primo paragrafo abbiamo visto che una delle conseguenze più importanti della relatività ristretta è la dilatazione dei tempi. È quindi naturale chiedersi: cosa succede al tempo nell'ambito della teoria della Relatività generale? La gravità ha effetto sul tempo? Per capirlo in maniera rigorosa dovremmo fare delle considerazioni matematiche sull'equazione di campo che esulano dallo scopo di questo libro. Tuttavia, se consideriamo la Fig. 1.6, è immediato rendersi conto che la deformazione spazio-temporale dipende dal punto in cui viene valutata: in prossimità della massa è maggiore e man mano che ci si allontana diventa sempre meno pronunciata fino a scomparire quasi del tutto a grandi distanze dalla massa che ha prodotto la deformazione. Questo implica che gli eventi temporali, che possono essere considerati casi particolari di geodetica tra due punti dello spazio-tempo in cui la coordinata spaziale è la stessa, dipendono dal punto in cui vengono considerati e questo comporta che i tempi misurati da osservatori posti in punti diversi dello spazio-tempo sono diversi. Esiste quindi una dilatazione temporale di tipo gravitazionale ed in particolare il tempo scorre più lentamente nei punti in cui la deformazione è maggiore ossia in prossimità di grandi masse. Detto in altri termini, il tempo scorre più lento dove la gravità è più intensa, si parla di dilatazione temporale gravitazionale per distinguerla da quella cinematica vista nel primo paragrafo. Quindi il tempo sulla Terra scorre più lentamente di quello su un'astronave in orbita. Anche in questo caso gli effetti sono impercettibili e dipendono dalla massa del pianeta in cui ci troviamo; ad esempio, un'astronauta in orbita a 400 km di altezza per 6 mesi e ad una velocità di 8 km/s, invecchia di un miliardesimo di secondo in più rispetto agli abitanti sulla Terra!

Numerosi esperimenti hanno mostrato la dilatazione temporale gravitazionale; oltre al già citato esperimento di Hafele e Keating, nel 1976 Luigi Briatore e Sigfrido Leschiutta misurarono con orologi al cesio atomici una differenza di 30 miliardesimi di secondo al giorno tra l'orologio posto sulla sommità del Plateau Rosa a 3500 metri sul livello del mare e uno posto a Torino a 250 metri sul livello del mare. Ciò implica che, vivendo un'intera vita (80 anni) sul Plateau Rosa si invecchierebbe di circa 1 decimillesimo di secondo in più rispetto a Torino! In uno straordinario esperimento del 2010 pubblicato su Science, il rallentamento gravitazionale è stato misurato addirittura su un dislivello di appena 50 centimetri. Gli attuali orologi atomici all'itterbio con una precisione di una parte su 10^{18} (equivalente ad un errore di circa un decimo di secondo su 14 miliardi di anni), sarebbero in grado di apprezzare il rallentamento gravitazionale anche di pochi centimetri di dislivello o quello cinematico di pochi m/s.

Anche se questi effetti sono davvero piccoli da indurci a pensare che non avranno mai nessun effetto sulla vita di tutti i gironi, in realtà non è proprio così. Con l'avvento del Global Position System (GPS), è possibile raggiugere una destinazione con una precisione di pochi metri ed è oramai uno strumento di navigazione disponibile sugli smartphone e largamente utilizzato nella vita di tutti i giorni. Il GPS è un sistema di posizionamento basato sui satelliti in orbita, in grado di fornire la posizione e l'ora esatta a qualsiasi dispositivo dotato di un apposito ricevitore. I satelliti orbitano intorno alla Terra ad una altezza di circa 20.000 km e ad una velocita di circa 4 km/s; quindi, accumulano un ritardo dovuto alla dilatazione temporale cinematica di circa 7 milionesimi di secondo al giorno ed un anticipo di circa 46 milionesimi di secondi al giorno a causa della dilatazione temporale gravitazionale, ossia un anticipo complessivo di 39 milionesimi di secondo al giorno. Considerando che i segnali emessi dai satelliti per la localizzazione viaggiano alla velocità della luce, l'errore di localizzazione è semplicemente dato dalla velocità della luce per l'anticipo temporale ovvero circa 12 km in un giorno! È necessario, pertanto, effettuare le dovute correzioni altrimenti in un viaggio di circa 6 ore potremmo trovarci in un posto che dista 3 km dalla meta impostata. In pratica

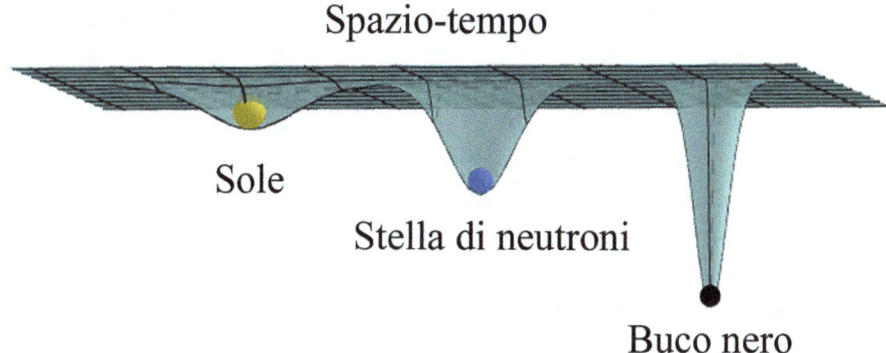

Figura 1.10 Nel caso di corpi con densità di massa molto elevate, la deformazione dello spazio-tempo è tale che niente può sfuggire, neanche la luce

la correzione si fa rallentando gli orologi di bordo, la frequenza nominale di 10,23 MHz viene modificata in 10,22999999545 MHz.

Al di là di questa utile ed importante applicazione, è ragionevole immaginare, per quello che è stato detto finora, che le implicazioni più importanti e notevoli della teoria della Relatività generale siano in campo astrofisico e cosmologico.

Agli inizi del 1916 il matematico e astrofisico tedesco Karl Schwarzschild presentò la prima soluzione esatta dell'equazione di campo di Einstein per oggetti sferici massivi non rotanti e non carichi. I suoi risultati erano sbalorditivi: se la densità del corpo è abbastanza elevata la deformazione dello spazio-tempo è così elevata che può essere considerata una sorta di pozzo senza fine (Fig. 1.10).

In sostanza la soluzione di Schwarzschild prevedeva l'esistenza di *buchi neri* (nome dato alla fine degli anni '60 da John Wheeler), regioni di spazio-tempo con campo gravitazionale così intenso che nulla può sfuggire all'esterno, nemmeno la luce. Esiste quindi una superficie immaginaria che circonda ogni buco nero (orizzonte degli eventi), caratterizzata dal fatto che in ogni suo punto la *velocità di fuga* equivale a quella della luce; superato l'orizzonte degli eventi nemmeno la luce può sfuggire. La velocità di fuga è la velocità necessaria per sfuggire ad un campo gravitazionale e si calcola facilmente con un minimo di conoscenza di fisica generale. Nel caso della Terra la velocità di fuga è uguale a circa 11 km/s in assenza di attriti e resistenza dell'aria. La velocità di fuga dipende dalla massa del pianeta e dal suo raggio. Considerando la massa di un pianeta o di una stella, se si impone che la velocità di fuga sia uguale a quella della luce si può calcolare quale dovrebbe essere il raggio (noto come raggio di Schwarzschild) di un oggetto celeste affinché si trasformi in un buco nero. Per il Sole tale raggio è pari a 3 km e per la Terra e di soli 9 mm. Questo significa che per trasformarsi in un buco nero tutta la massa della Terra dovrebbe essere contenuta in una sfera avente un raggio di 9 mm!

Einstein non era molto entusiasta dei risultati di Schwarzschild, in quanto non credeva molto alle soluzioni estreme che implicavano infiniti e quella del buco nero si basava appunto su una soluzione delle equazioni che presentava delle singolarità ossia punti in cui le soluzioni diventavano infinite. In realtà non si trattava di singolarità fisiche in quanto potevano essere eliminate con un'opportuna scelta delle coordinate.

In base a quanto detto sulla dilatazione del tempo gravitazionale, il tempo all'interno di un buco nero sarebbe così rallentato da apparire fermo ad un osservatore esterno e viceversa un osservatore interno al buco nero vedrebbe intorno a sé gli eventi procedere ad una velocità enorme. Ovviamente è altamente improbabile che un osservatore umano possa varcare l'orizzonte degli eventi per poter raccontare ai suoi pronipoti molto più vecchi di lui, l'incredibile esperienza di vedere attorno a sé gli oggetti muoversi a velocità strabilianti! Negli anni successivi, il concetto di buco nero fu accettato dalla maggior parte degli astrofisici e considerato come ultimo stadio dell'evoluzione di una stella avente una massa grande, pari ad almeno 10 volte quella del Sole.

A ciò hanno sicuramente contribuito i lavori teorici pioneristici di J. Robert Oppenheimer ed in particolare quello pubblicato nel 1939 sulla prestigiosa rivista "Physical Review", dal titolo: *On Continued Gravitational Contraction* (sulla contrazione gravitazionale continua). Oppenheimer e il suo studente Harland Snyder, partendo dalle equazioni di campo di Einstein, ipotizzarono l'evoluzione di una stella in un buco nero. In estrema sintesi, quando le trasformazioni nucleari all'interno di una stella grande si esauriscono, diminuisce la pressione che tende a compensare la forza di gravitazione e la stella inizia a collassare su se stessa fino a raggiungere una densità tale che la deformazione spazio-temporale non consente a niente di fuoriuscire nemmeno la luce. All'inizio degli anni '60 John Archibald Wheeler verificò i calcoli di Oppenheimer e qualche anno dopo coniò il termine buco nero. Oppenheimer è conosciuto al grande pubblico come il padre della bomba atomica e la sua vita è stata raccontata nel libro vincitore del premio Pulizer nel 2006 di Kai Bird e Martin J. Sherwin (Oppenheimer – trionfo e caduta dell'inventore della bomba atomica) e dal quale è stato tratto il film di Christopher Nolan vincitore di 4 premi Oscar nel 2023. Tuttavia prima di essere coinvolto come direttore del progetto Manhattan (1942–1946) per la costruzione della bomba atomica, Oppenheimer si è occupato di fisica teorica e grazie al brillante intuito di cui era dotato ha dato alcuni importanti contributi in astrofisica (stelle di neutroni e buchi neri) e in fisica della materia condensata (approssimazione di Bohr-Oppenheimer per lo studio quantistico delle molecole).

Un altro contributo teorico fondamentale fu quello del matematico e cosmologo inglese Roger Penrose (Premio Nobel nel 2020), il quale nel 1965 dimostrò che la Relatività generale implicava l'esistenza dei buchi neri utilizzando dei procedimenti matematici molto innovativi grazie ai quali si riuscivano a capire anche molte proprietà.

Le caratteristiche dei buchi neri li rendono oggetti molto difficili da osservare dal momento che neanche la luce sfugge alla loro intensa attrazione gravitazionale. I primi indizi della loro esistenza risalgono alla metà degli anni sessanta quando furono osservati i primi sistemi binari formati da due oggetti celesti che ruotano l'uno attorno all'altro ed in cui uno dei due oggetti può essere un buco nero. In questo caso si osserva una radiazione X particolarmente intensa a causa dell'elevata accelerazione dei gas attratti e inghiottiti dal compagno (buco nero) e che possono raggiungere anche una temperatura di un milione di gradi emettendo radiazione X molto brillante. La prima sorgente brillante di raggi X individuata nel 1964 fu Cygnus X−1 situata nella costellazione del Cigno. Queste prime prove indirette sfatarono lo scetticismo di molti scienziati secondo i quali i buchi neri erano solo stravaganti soluzioni matematiche delle equazioni di campo di Einstein e che non avevano nessuna attinenza con il mondo reale.

La prima osservazione diretta di un buco nero è avvenuta solo nel 2019, per la prima volta è stato fotografato un buco nero supermassiccio (M 87) con una massa pari a 6 miliardi e mezzo quella del Sole, distante 55 milioni di anni luce e situato al centro della galassia Virgo A.

Nel 2022 è stato invece fotografato un buco nero al centro della nostra galassia, la Via Lattea, distante 27.000 anni luce dalla Terra e avente una massa pari a 4 milioni quella del Sole (Fig. 1.11). L'anello incandescente e luminoso che circonda il buco nero è prodotto dalla luce dei fotoni vicini all'orizzonte degli eventi la cui traiettoria viene curvata dall'attrazione gravitazionale del buco nero. Il suddetto buco nero fu indentificato per la prima volta da Andrea Ghez e Reinhard Genzel, vincitori insieme a Roger Penrose del premio Nobel per la fisica nel 2020.

Ma oltre ad essere osservato, il buco nero è stato visto anche in azione mentre divorava una stella. Infatti, grazie al sensibile telescopio spaziale Hubble, nel 2022 gli astronomi hanno osservato un evento estremamente luminoso a quasi 300 milioni di anni luce di distanza, denominato *evento transiente di distruzione mareale* (*TDE-Tidal Dispruption Event*) legato allo straordinario e fatale incontro di una stella con un enorme buco nero.

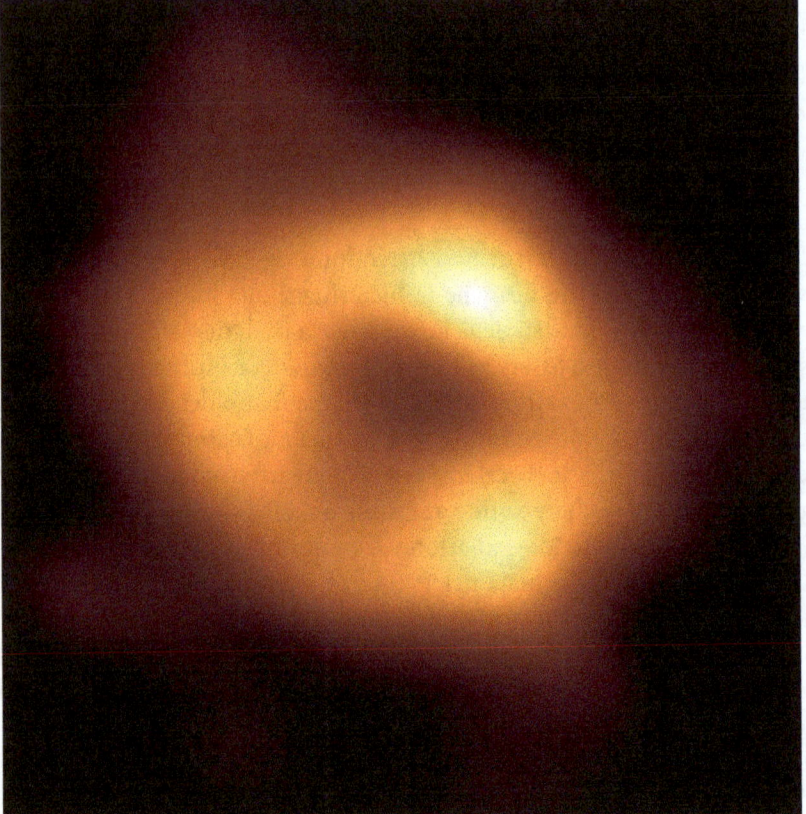

Figura 1.11 Foto del buco nero al centro della nostra galassia (Via Lattea) avente una massa pari a 4 milioni di volte quella del Sole e distante 27.000 anni luce dalla Terra. (Credit: EHT Collaboration)

Perché distruzione mareale? Immaginiamo una stella come una sfera molto grande composta di gas e plasma che si avvicina ad un buco nero, la parte più vicina ad esso risente maggiormente della forza di gravità rispetto a quella più lontana dando lungo ad un effetto marea proprio uguale a quella che si osserva sui mari della Terra a causa dell'attrazione gravitazionale della Luna.

Nel caso in questione, l'effetto mareale è stato così forte che la deformazione prodotta è stata tale da rendere la stella prima filiforme e poi da strapparla letteralmente. I resti della stella si sono avvolti attorno al buco nero come gli spaghetti attorno alla forchetta, non a caso si parla anche di *spaghettizzazione della stella,* formando quindi una sorta di gomitolo attorno al buco nero a forma di ciambella (toroide) avente una dimensione pari al sistema solare

1 La teoria della Relatività di Albert Einstein: una nuova visione del mondo

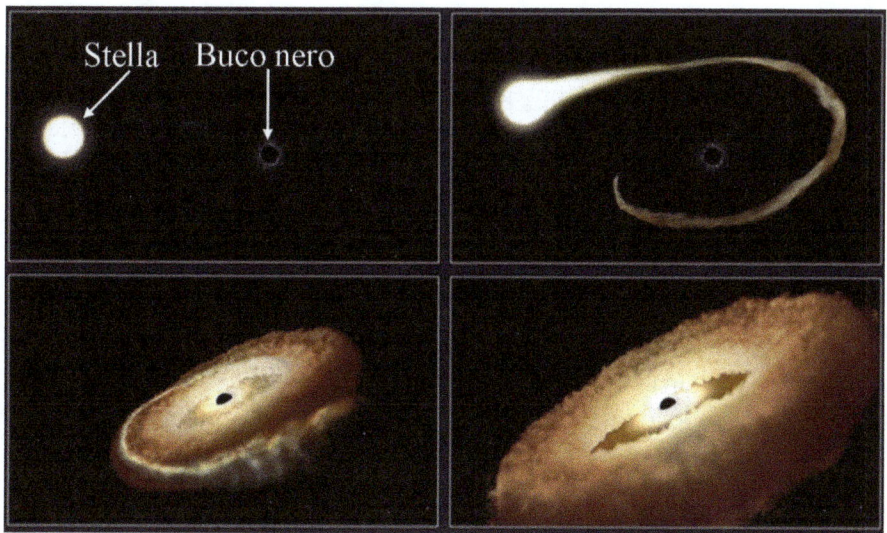

Figura 1.12 Rappresentazione artistica delle varie fasi di distruzione ed inghiottimento di una stella da parte di un buco nero. (Credit: NASA, ESA, Leah Hustak STS cl)

(Fig. 1.12). La succulenta ciambella stellare è stata man mano inghiottita dal buco nero.

L'enorme quantità di radiazione emessa è dovuta al riscaldamento del gas stellare durante l'inghiottimento e viene misurata dal telescopio Hubble nella regione degli ultravioletti. L'emissione di radiazione legata al vorace pasto cosmico sta soprattutto nella ragione dei raggi X ed è emessa dalla ciambella calda formatasi attorno al buco nero; invece, l'emissione di raggi ultravioletti dura poco e quindi non è facile misurarla. Ma grazie alla grande sensibilità del telescopio Hubble e all'evento intrinsecamente molto intenso è stato possibile registrare la radiazione ultravioletta, con il notevole vantaggio di ottenere dettagli e informazioni preziosi sulla dinamica del cannibalesco evento cosmico. Si tratta quindi di eventi transitori che possono durare alcune decine di giorni o qualche mese e che ovviamente su scala cosmica temporale rappresentano appunto eventi del tutto transitori.

Le implicazioni della Relatività in campo astrofisico e cosmologico non finiscono qui. Partendo da uno degli errori più clamorosi del grande scienziato tedesco, vedremo come il modello cosmologico più accreditato sia in realtà una previsione della Relatività generale. Einstein era convinto (e non era il solo) che l'Universo fosse statico, perfettamente omogeneo e isotropo, riteneva che ogni direzione e punto dell'Universo fosse equivalente agli altri. Ben presto però si rese conto che la sua visione dell'Universo era contraddetta dalle sue equazioni di campo, le quali prevedevano che le masse, spinte dalla forza di attrazione si muovessero e di conseguenza lo stesso tessuto spazio-temporale era in continuo movimento. Per ovviare a quello che lui riteneva un problema, in un articolo del 1917 "Cosmological considerations in the general theory of relativity" (Considerazioni cosmologiche nella teoria della Relatività generale) introdusse nelle equazioni una costante, nota come *costante cosmologica*, che introduceva su scala cosmica una forza repulsiva di compensazione. Nel 1922 l'astronomo Alexander Friedmann, utilizzando la teoria della Relatività generale, ricavò un'equazione per l'evoluzione di una distribuzione di masse omogenea e isotropa nota come equazione di Friedmann. Tale equazione prevedeva che la suddetta distribuzione di masse non può rimanere statica, ma si deve espandere o contrarre. Nel 1927 il fisico e sacerdote belga George Lemaitre, propose un Universo in espansione. Usando le equazioni di Einstein concluse che l'Universo si doveva espandere e previde una proporzionalità tra le velocità di espansione e le distanze delle galassie, che sta alla base del modello del Big Bang, il modello cosmologico che prevede un Universo in continua espansione nato da un singolare evento di elevatissima energia. Einstein, pur riconoscendo la correttezza dei calcoli dell'astronomo belga, non condivideva le conclusioni e rivolgendosi a Lemaitre gli disse: "I tuoi calcoli sono corretti, ma la tua fisica è abominevole". Due anni dopo l'astronomo Edwin Hubble, utilizzando il suo telescopio a Pasadena, in California, verificò che le previsioni di Lemaitre erano corrette, mostrando che le galassie si allontanano con una velocità proporzionale alla loro distanza. Questa straordinaria osservazione, nota come legge di Hubble, smentiva completamente le ipotesi di Universo statico. Di fronte all'evidenza sperimentale, Einstein si dovette ricredere e nel 1933, riferendosi alla teoria di Lemaitre, disse: "È la più bella e soddisfacente spiegazione della creazione che io abbia mai ascoltato" e a proposito della costante cosmologica riconobbe che si trattava del più grande abbaglio che avesse preso in vita sua. In ogni caso, come fece notare Eddington, la costante cosmologica non avrebbe funzionato in quanto la minima perturbazione avrebbe provocato un'espansione o un collasso fuori controllo. In altri termini la costante cosmologica descriveva un Universo in equilibrio precario.

Un Universo in espansione risolveva anche il noto paradosso di Olbers che ha incuriosito gli scienziati per circa 200 anni. Nel 1826, l'astronomo tedesco Heinrich Wilhelm Olbers, propose il seguente paradosso (di cui però già si parlava ai tempi di Newton): come è possibile che il cielo di notte sia scuro? All'epoca si era convinti che l'Universo fosse statico, infinito, eterno e pieno di stelle. Con queste ipotesi, di notte ci dovrebbe essere la stessa luce del giorno in quanto, se si immagina di stare al centro di una serie di gusci sferici concentrici ognuno contenente un gran numero di stelle omogeneamente distribuite sul proprio guscio sferico, i gusci più esterni dovrebbero contenere molte più stelle e l'affievolimento della luce dovuta alla distanza è compensata dal maggior numero di stelle. Se l'Universo è infinito, è ovvio che la quantità di luce emessa dalle infinite stelle è infinitamente grande, pertanto non è possibile che il cielo sia scuro di notte. Con il modello del Big Bang che prevede un Universo finito, non eterno ed in continua espansione, le ipotesi del paradosso di Olbers cadono e con esse lo stesso paradosso. Il nostro pianeta è illuminato essenzialmente dal Sole la cui intensità sovrasta nettamente quella dovuta alle numerose stelle presenti nel nostro Universo la cui stima è un numero enorme (oltre diecimila miliardi di miliardi), ma non infinito!

Oggi il modello del Big Bang è universalmente accettato anche perché confermato da numerose evidenze sperimentali, tra cui la misura della *radiazione cosmica di fondo* effettuata nel 1964, in maniera del tutto casuale, da due ingegneri della società telefonica Bell Telephone, Arno Penzias e Robert Wilson che stavano effettuando delle misure relative al disturbo causato dall'atmosfera terrestre in previsione del lancio del primo satellite per telecomunicazioni. I due ingegneri, identificati oramai come due astronomi, vinsero per questa importante scoperta il Premio Nobel per la fisica nel 1978. Si tratta di una radiazione elettromagnetica che pervade tutto l'Universo e che iniziò a propagarsi in maniera isotropa ed omogenea nello spazio alla fine del cosiddetto periodo buio dell'Universo durato circa 380.000 anni in cui, a causa dell'interazione con un gas molto denso di elettroni e protoni, la luce non riusciva a viaggiare liberamente nello spazio e quindi l'Universo appariva buio.

Tuttavia, una straordinaria scoperta fatta nel 1998 da tre fisici statunitensi, Saul Perlmutter, Brian P. Schmidt e Adam Riess, insigniti del premio Nobel nel 2011, sembra riportare in auge la costante cosmologica di Einstein. Uno dei metodi per misurare la distanza delle galassie è quello di misurare la luminosità delle esplosioni di *supernovae*, ossia stelle massicce che collassano, la cui brillanza è tanto minore quanto maggiore è la loro distanza e quindi la distanza della galassia alla quale appartengono. La suddetta scoperta ha evidenziato che la luminosità delle *supernovae* lontane è minore del 10–15% rispetto al valore previsto dalla legge di Hubble. Ciò significa che le galassie sono più lontane di quanto previsto e quindi si allontanano con una maggiore velocità di espansione. Pertanto, l'introduzione di una forza repulsiva tramite la costante cosmologica la cui natura va sicuramente indagata potrebbe spiegare questa straordinaria scoperta.

L'ultimo argomento di questo piccolo compendio di teoria della Relatività riguarda le onde gravitazionali, previste da Einstein nel 1916 e rilevate in maniera diretta nel 2016. Si tratta essenzialmente di increspature dello spazio-tempo che vengono prodotte da eventi cosmologici particolarmente intensi. Per capire meglio in cosa consistono, immaginiamo di immergere un sasso in una piscina e di iniziare ad agitarlo violentemente, osserveremo che nell'acqua si creano delle onde che si propagano lungo la piscina e la cui intensità è tanto maggiore quanto maggiore è la velocità con cui agitiamo il sasso nell'acqua. Analogamente se si fanno oscillare delle cariche elettriche molto velocemente, si generano delle onde elettromagnetiche che si propagano nello spazio alla velocità della luce. Nel caso delle onde gravitazionali accade la stessa cosa: poiché le masse generano una deformazione dello spazio-tempo, se si immagina di accelerare o far ruotare una massa a elevate velocità, si creano delle oscillazioni dello spazio-tempo che si propagano alla velocità della luce. Tuttavia, l'intensità di tali onde è così piccola che solo se si considerano grandi masse in movimento quali stelle di neutroni, quasar o buchi neri si generano onde gravitazionali apprezzabili per poter essere misurate con apparecchiature sperimentali estremamente sensibili disponibili solo oggi. Per questo motivo, Einstein era molto scettico sulla loro reale esistenza, infatti a distanza di venti anni dalla prima previsione, se ne occupò di nuovo in maniera più approfondita e nel 1936 inviò insieme al suo collaboratore Nathan Rosen un articolo alla prestigiosa rivista americana *Physical Review* dal titolo "Does the gravitational wave exist?" (Esistono le onde gravitazionali?) in cui manifestava il suo scetticismo, anche perché nella soluzione delle equazioni di campo avevano trovato dei punti in cui le soluzioni diventavano infinite e, come detto sopra, gli infiniti ai fisici non piacciono tanto meno ad Einstein. Negli USA già esisteva il metodo della *peer-review* (revisione alla pari), ossia un articolo sottomesso ad una rivista scientifica veniva inviato ad esperti del settore al pari degli autori che ne validavano o meno la correttezza e l'affidabilità scientifica. In questo caso, uno dei revisori aveva espresso perplessità sul metodo con cui Einstein e Rosen avevano risolto le equazioni. Einstein, non abituato a questo metodo, si adirò e scrisse una lettera all'editore in cui manifestava tutto il suo disappunto per aver fatto leggere il suo articolo ad un sedicente esperto della materia e ritirò l'articolo. Il revisore, che in seguito si scoprì essere il grande cosmologo statunitense Howard Percy Robertson, contattò l'assistente di Einstein, Leopold Infeld, e gli spiegò che in realtà le soluzioni infinite che portavano a conclusioni così pessimiste, potevano essere eliminate se si usava un sistema di coordinate diverso. Molto probabilmente Infeld lo riferì ad Einstein, che intanto aveva inviato lo stesso articolo ad un'altra rivista (Journal of Franklin Institute). Resosi conto dell'errore, Einstein lo comunicò agli editori della rivista e cambiò anche il nome dell'articolo in "On gravitational waves" (Onde gravitazionali).

1 La teoria della Relatività di Albert Einstein: una nuova visione del mondo

Figura 1.13 Rappresentazione di oscillazioni dello spazio-tempo (onde gravitazionali) prodotte dalla coalizione di due buchi neri o stelle di neutroni. (Credit: R. Hurt [Caltech-IPAC])

Come detto sopra, le onde gravitazionali possono essere rivelate sulla Terra solo se generate da eventi cosmologici estremi, come quelli di seguito elencati. Collasso gravitazionale: alla fine della sua vita, una stella con elevata massa esplode (esplosione di supernova). Stelle di neutroni ruotanti o pulsar: oggetti molto densi aventi massa di circa 1,4 volte la massa del Sole ed un raggio di circa 10 km e che ruotano rapidamente emettendo radiazione elettromagnetica e onde gravitazionali. Sistemi binari: due pulsar oppure una stella di neutroni e un buco nero. Coalizione e fusione di due buchi neri: l'evento più estremo in cui due buchi neri iniziano a ruotare l'uno attorno all'altro e ad un certo punto si fondono emettendo un'enorme energia anche sotto forma di onde gravitazionali (Fig. 1.13). Ma quale è l'effetto delle onde gravitazionali qualora ne venissimo investiti? Poiché sono delle oscillazioni dello spazio-tempo, al passaggio di un'onda gravitazionale c'è un effetto mareale ossia una contrazione ed uno stiramento periodico delle distanze e quindi anche di qualsiasi oggetto. A seconda della direzione dell'onda gravitazionale possiamo immaginare una persona investita da un'onda gravitazionale che diventa periodicamente più alta o più bassa oppure più magra o più grassa con la frequenza dell'onda gravitazionale. Ovviamente, non preoccupiamoci di vedere cose così strane mentre passeggiamo per strada o siamo a cena con amici in quanto le contrazioni e gli stiramenti sono così piccoli (miliardesimi della dimensione di un atomo di idrogeno) che nessuno mai se ne accorgerebbe. Una prima osservazione indiretta delle onde gravitazionali è stata fatta nel 1974 da R. A. Pulse e J. H. Taylor che nel 1993 furono insigniti del premio Nobel. I due scienziati statunitensi studiarono un sistema di due stelle di neutroni in orbita, che ruotavano l'una attorno all'altra, ad una distanza di un milione di km tra loro e ad una distanza di circa 1500 anni luce dalla Terra.

Secondo le previsioni della Relatività generale, le due stelle di neutroni perdevano energia per emissione di onde gravitazionali e pertanto si sarebbero dovute avvicinare di 3 mm per ogni orbita della durata di circa 8 ore. Di conseguenza si sarebbe dovuta osservare una diminuzione del periodo orbitale. Le misure del periodo orbitale fatte tra il 1974 e il 2004 risultavano in perfetto accordo con la teoria della Relatività generale. Ma la prima osservazione diretta delle onde gravitazionali, in cui si è misurato l'incredibile effetto mareale descritto sopra, è avvenuta alle 10:50 del 14 settembre nel 2015 (ora italiana) presso l'osservatorio astronomico LIGO (acronimo di Laser Interferometer Gravitational-Wave Observatory) costituito da due rivelatori situati a Livingston (Lousiana, USA) e a Hanford (Washington, USA).

In quel preciso momento, la Terra è stata attraversata da un'onda gravitazionale prodotta dalla coalizione di due buchi neri aventi massa pari a 36 e 29 volte la massa del Sole e distanti 1,3 miliardi di anni luce dalla Terra. A valle del processo di fusione dei due buchi neri, una massa pari a 3 volte la massa del Sole si è trasformata in energia, inondando l'intero Universo di onde gravitazionali la cui intensità si è chiaramente ridotta al crescere della distanza dall'evento catastrofico.

I due rivelatori sono essenzialmente degli interferometri di grandissima precisione e simili a quelli utilizzati da Michelson e Morley per verificare l'esistenza dell'etere (Fig. 1.14). In maniera molto schematica, un raggio di luce viene diviso in due ed inviato in due bracci perpendicolari tra loro e lunghi 4000 m. Alla fine di ogni braccio un particolare specchio riflette i raggi luminosi, i quali arrivati nel punto in cui sono stati divisi possono dar luogo ad un'interferenza costruttiva o distruttiva a seconda del cammino che hanno percorso. Osservando quindi il tipo di interferenza e più precisamente le frange di interferenza è possibile risalire alla differenza dei percorsi effettuati dai due raggi di luce e quindi alla differenza della lunghezza dei bracci. Al passaggio di un'onda gravitazionale i due bracci dell'interferometro si allungano e si accorciano; pertanto, una variazione periodica della lunghezza dei bracci determina un'alternanza di interferenza costruttiva e distruttiva, producendo un segnale all'uscita del fotorivelatore. Poiché la variazione stimata

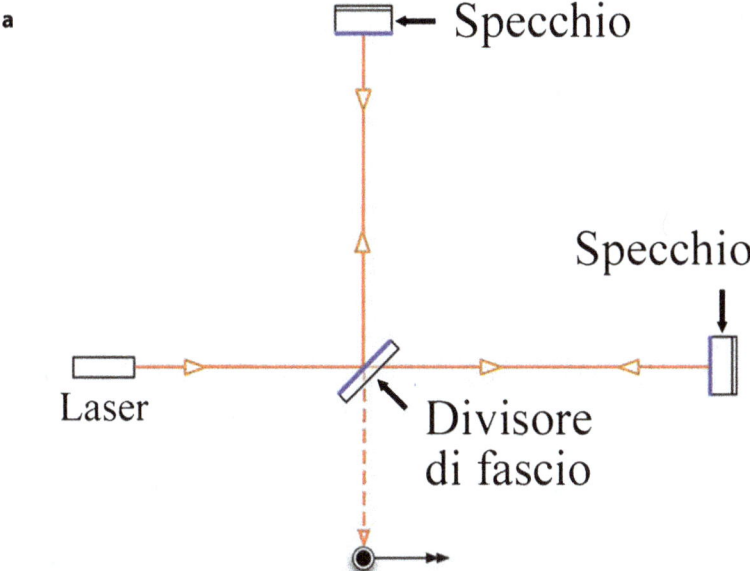

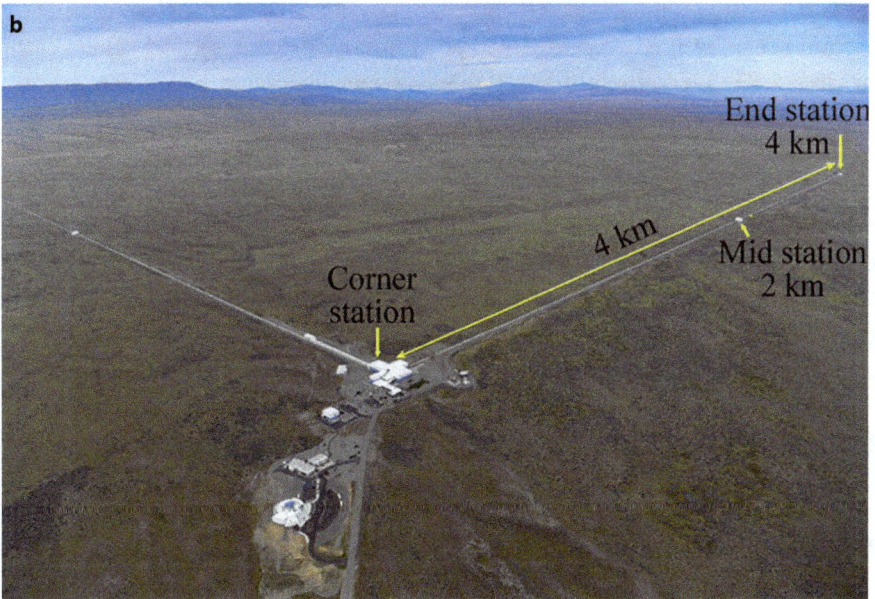

Figura 1.14 a Schema di un interferometro di Michelson che utilizza un laser come sorgente luminosa. **b** Fotografia aerea dell'osservatorio LIGO a Hanford che mostra la scala dello strumento e le posizioni della "Corner station" (dove viene generato il laser) e della "End station" di un braccio, dove risiede uno dei due specchi. Si noti che il braccio è così lungo che la prospettiva distorce la distanza tra la stazione centrale ("Mid station") e quella finale. (Credit: Caltech/MIT/LIGO Lab)

sul singolo braccio è dell'ordine di 10^{-18} della sua lunghezza (pari al diametro di un protone), ogni singolo costituente dell'apparato sperimentale deve essere progettato e realizzato con grandissima precisione.

L'osservazione dello stesso fenomeno in due siti distanti 3000 km nello stesso istante e il perfetto accordo tra i dati sperimentali e le previsioni teoriche basate sulle equazioni delle onde gravitazionali, non hanno dato adito a dubbi circa l'affidabilità della misura. La scoperta delle onde gravitazionali ebbe una grande risonanza mediatica e nel 2017 il prestigioso premio Nobel è stato assegnato a Kip Thorne, Barry Barish e Rainer Weiss per il loro decisivo contributo alla realizzazione del rivelatore LIGO e all'osservazione diretta delle onde gravitazionali. Negli anni successivi altre osservazioni hanno fornito ulteriori prove dirette dell'esistenza di onde gravitazionali, in particolare il 5 e il 15 gennaio 2020 il rivelatore LIGO di Lingstone e il rivelatore italiano Virgo, molto simile a LIGO e situato a Cascina (Pisa), hanno rivelato due segnali di onde gravitazionali prodotte in entrambi i casi dalla fusione di un buco nero e una stella di neutroni e avvenuti a circa 900 milioni e 1 miliardo di anni luce. L'analisi del primo segnale ha mostrato una massa del buco nero e della stella dei neutroni di circa 8,9 e 1,9 volte la massa del Sole rispettivamente, dal secondo segnale si è invece dedotto che le masse dei due oggetti celesti erano di circa 5,7 e 1,5 volte la massa del Sole rispettivamente. La scoperta diretta delle onde gravitazionali ha fatto nascere una nuova branca di investigazioni astronomiche nota come "astronomia gravitazionale" in cui lo strumento di indagine non sono le onde elettromagnetiche ma quelle gravitazionali che non sono disturbate dalla polvere interstellare, come succede invece per la radiazione elettromagnetica. Inoltre, analizzando le anomalie gravitazionali del fondo cosmico è possibile indagare e studiare fenomeni cosmici relativi alla prima fase dell'Universo in cui, come già detto, l'Universo appariva buio in quanto la luce non riusciva a viaggiare liberamente nello spazio. Le onde gravitazionali a differenza della luce hanno attraversato lo spazio dai primi istanti di vita dell'Universo, fornendo la possibilità di investigare molti aspetti ancora poco chiari del Big Bang.

Da questa breve rassegna sulla teoria della Relatività e sulle sue implicazioni è evidente come essa, oltre ad introdurre nuovi concetti e paradigmi legati al tempo, allo spazio e alla gravità, abbia avuto delle ripercussioni fondamentali su altri settori della fisica quali l'astrofisica, la cosmologia, la fisica nucleare e la fisica delle particelle elementari.

Il grande genio tedesco, mosso da principi di simmetria, è stato sicuramente un grande unificatore ed era profondamente convinto che le leggi della natura dovessero essere di tipo "locale", cioè ogni fenomeno, corpo o più in generale un sistema deve essere condizionato solo da quello che accade nelle immediate vicinanze. Ed è proprio questa radicata posizione di realismo locale che porterà Einstein ad assumere un atteggiamento molto scettico e critico sui fondamenti concettuali della meccanica quantistica.

L'argomento di cui parleremo nei prossimi due capitoli è proprio la meccanica quantistica, che ci mostrerà i volti della natura ancora più stravaganti e bizzarri dei tempi dilatati, delle lunghezze contratte e dello spazio-tempo deformato che abbiamo incontrato nella teoria della Relatività di Einstein.

2

La Meccanica Quantistica: il bizzarro mondo atomico e subatomico

In questo capitolo ci imbatteremo in un altro viaggio nel modo della fisica moderna, ovvero quello della fisica quantistica i cui fondamenti e principi sono ancora più contro-intuitivi e lontani dal senso comune rispetto alla teoria della Relatività. Partendo dal 1900, anno in cui è nata la fisica quantistica, percorreremo le tappe più importanti fino ad arrivare ai risultati della teoria del modello standard delle particelle e delle interazioni fondamentali. Non abbiamo nessuna pretesa di riuscire a comunicare in maniera chiara ed esauriente i fondamenti della fisica quantistica senza lasciare nessun dubbio o stupore nel lettore. Dopotutto come diceva uno dei padri fondatori della fisica quantistica Niels Bohr: "Quelli che non rimangono scioccati, la prima volta che si imbattono nella meccanica quantistica, non possono averla compresa".

2.1 Una nuova fisica per il mondo microscopico

Se la teoria della Relatività può essere considerata un capolavoro dell'intelletto umano essenzialmente ad opera di un solo uomo, la meccanica quantistica, ossia la teoria che descrive il mondo su scala atomica e subatomica, è una monumentale opera dovuta a diversi talenti della fisica del secolo scorso. Furono proprio i rivoli sperimentali di cui parlava Lord Kelvin (vedi § 1.1) a dar luogo a questa straordinaria teoria che ha introdotto nuovi paradigmi nella fisica e ha avuto un notevole impatto tecnologico.

Una delle invenzioni più importanti del XIX secolo fu la lampadina ad incandescenza ad opera di Thomas Edison nel 1878; con la crescente diffusione di questo nuovo tipo di illuminazione, la comunità scientifica rivolse molto interesse allo studio dell'interazione della radiazione elettromagnetica (di cui è fatta la luce) con la materia. In particolare, suscitava molto interesse la radiazione elettromagnetica emessa da un corpo riscaldato, *radiazione di corpo nero*. Qualsiasi corpo a temperatura superiore allo zero assoluto (−273,15 °C) emette radiazione elettromagnetica la cui energia e frequenza dipende dalla temperatura. È bene sottolineare che la radiazione a cui ci riferiamo non è quella legata alla luce riflessa che caratterizza il colore di un corpo ma una radiazione prodotta dallo stesso corpo e fortemente dipendente dalla temperatura. Per esempio, se mettiamo una sbarra di metallo su una fiamma, quando la temperatura della sbarra arriva intorno ai 500 °C, essa inizia ad emettere una fioca luce rossa che diventa sempre più intensa man mano che la temperatura aumenta, se poi si aumenta ulteriormente la temperatura anche il colore cambierà diventando arancione e poi eventualmente giallo se la temperatura è sufficientemente elevata. Ovviamente la sbarra emette radiazioni elettromagnetiche anche a temperature inferiori a 500 °C, ma non le vediamo perché le frequenze della radiazione sono inferiori a quelle della luce visibile che il nostro occhio riesce a percepire, ma se ci attrezziamo con una termocamera che riesce a vedere anche la radiazione infrarossa ci rendiamo conto dell'emissione di radiazioni anche a temperature più basse.

Un modo per studiare sperimentalmente questo fenomeno è quello di utilizzare un dispositivo ideato per la prima volta dal fisico tedesco Gustav Kirchhoff consistente in una scatola vuota tenuta a temperatura costante e avente un piccolo forellino su una delle pareti. Se si misura l'energia della radiazione elettromagnetica emessa dal forellino e la si grafica in funzione della lunghezza d'onda della radiazione o della frequenza, si osserva una curva avente una forma simile ad una campana con un picco corrispondente ad una certa lunghezza d'onda λ_{max}. La dimensione (non la forma) della curva e il valore della λ_{max} dipendono dalla temperatura. In particolare, all'aumentare della temperatura l'ampiezza della curva aumenta e il picco si sposta verso lunghezze d'onda più piccole, il che equivale a dire che man mano che si aumenta la temperatura il corpo diventa più chiaro e luminoso, come accade per la sbarra di metallo sulla fiamma (Fig. 2.1). Sperimentalmente si osserva che il prodotto della temperatura T (espressa in gradi Kelvin) per la λ_{max} è uguale ad una costante; questo fenomeno prende il nome di legge di spostamento di Wien dal nome del fisico tedesco Wilhelm Wien che indagò il fenomeno e ricavò la legge. Poiché anche le stelle, incluso il Sole, possono essere considerate dei corpi neri, misurando la lunghezza d'onda più intensa della radiazione (λ_{max}) che ci arriva da una stella o dal Sole è possibile, utilizzando la legge di Wien, determinare la temperatura sulla superficie di quella stella. Ad esempio, nel

2 La Meccanica Quantistica: il bizzarro mondo atomico e subatomico

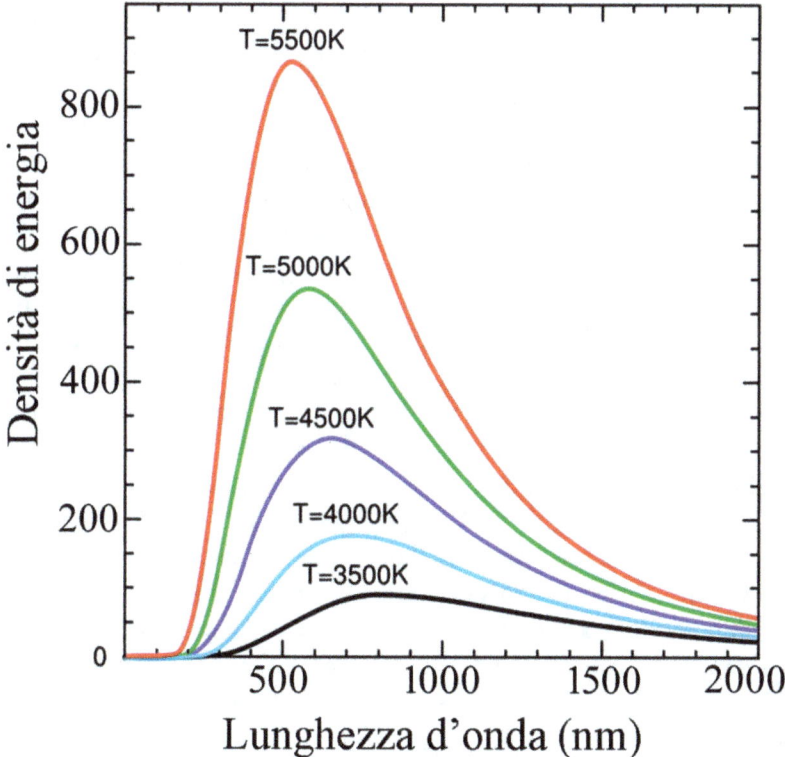

Figura 2.1 Spettro di emissione di un corpo nero a diverse temperature. La formula che descrive le curve riportate in figura fu ricavata nel 1900 da Max Plank che per primo introdusse il concetto di quanto di energia dando inizio alla fisica quantistica

caso del Sole la λ_{max} è di 500 nanometri a cui corrisponde una temperatura di 6727 °C.

Nel caso invece di un corpo umano alla temperatura di 37 °C, il picco corrisponde ad una lunghezza d'onda di 9 millesimi di millimetro (9 µm) e per lunghezze d'onda al di sopra di 3 millimetri non c'è nessuna emissione. Poiché queste lunghezze d'onda cadono nella regione dei raggi infrarossi, al buio il corpo umano non è visibile a meno che non si usi una termocamera ad infrarossi.

Lo stesso cosmo può essere considerato un enorme corpo nero, come dimostrano le misure effettuate a partire dal 1989 dal satellite COBE sulla radiazione cosmica di fondo dalle quali si evince un perfetto spettro di corpo nero con un picco della λ_{max} pari ad 2 mm a cui corrisponde una temperatura di 3 K (−270 °C).

Naturalmente la radiazione cosmica di fondo, firma indelebile della teoria del Big Bang, si è raffreddata man mano che l'Universo si è espanso: si stima che al tempo del disaccoppiamento tra materia e radiazione (380.000 anni dopo la nascita dell'Universo) la radiazione aveva uno spettro di corpo nero, con un picco nel vicino infrarosso corrispondente ad una temperatura di circa 4000 K, pari cioè alla temperatura dell'Universo nel momento appena antecedente il disaccoppiamento tra materia e radiazione elettromagnetica.

Un'altra caratteristica di un corpo nero o in generale di qualsiasi corpo ad una temperatura maggiore dello zero assoluto ($-273,15\,°C$) è la potenza irradiata ad una data temperatura. Nota come legge di Stefan-Boltzmann, la potenza irradiata per unità di area è proporzionale, tramite una costante σ, alla quarta potenza della temperatura ($P = \sigma T^4$); quindi se la temperatura raddoppia la potenza emessa aumenta di 16 volte. Utilizzando la legge di Stefan-Boltzmann, si può stimare la potenza emessa da un essere umano: alla temperatura corporea di 36–37 °C, la potenza è di circa 100 W, il che vuol dire che 20 persone in una stanza equivalgono ad una stufa elettrica di 2 kW.

Utilizzando le leggi della fisica classica (termodinamica ed elettromagnetismo) non si riusciva a spiegare l'andamento dell'energia elettromagnetica emessa da un corpo in funzione della lunghezza d'onda a temperatura fissata. Nel 1900 il fisico tedesco Max Planck (premio Nobel per la fisica nel 1918) propose una soluzione molto stravagante per spiegare il fenomeno a cui non credeva fino in fondo nemmeno lui, anzi la considerava una sorta di forzatura matematica per spiegare gli andamenti sperimentali. Planck ipotizzò che all'equilibrio termico lo scambio di energia tra la radiazione elettromagnetica e le pareti del corpo nero potesse avvenire solo in maniera quantizzata ossia per pacchetti di energia discreti e multipli della quantità $h\nu$ dove h è una costante che in seguito fu chiamata costante di Planck e ν è la frequenza della radiazione elettromagnetica. La strana ipotesi di Planck permise di spiegare alla perfezione i dati sperimentali e pose le basi di una nuova teoria destinata a cambiare il modo di vedere il mondo. Il valore della costante di Planck è molto piccolo e vale $6,63 \times 10^{-34}$ J s.

Nel 1905 il giovane Einstein, sfruttando l'ipotesi di Planck, riuscì a spiegare un altro fenomeno molto interessante che non si riusciva a comprendere con le conoscenze di fisica classica ossia *l'effetto fotoelettrico*. Tale effetto prevede l'emissione di elettroni da parte dei metalli se colpiti da una radiazione elettromagnetica con una frequenza maggiore di una certa soglia che dipende dal materiale. La teoria dell'effetto fotoelettrico di Einstein fu riportata in uno dei tre famosi articoli pubblicati nel 1905, quando il giovane fisico era impiegato all'ufficio brevetti di Berna, sulla rivista tedesca *Annalen der Physik*, il cui editore capo era Max Planck. Einstein ipotizzò che la luce avesse una natura corpuscolare, oltre a quella ondulatoria, ossia fosse fatta di particelle luminose (*fotoni*, quanti della radiazione elettromagnetica) la cui energia era appunto data da $h\nu$.

In realtà già nel XVII secolo Newton ipotizzava una natura corpuscolare della luce, ma secondo Newton si trattava di piccole particelle di materia "luminifere" che si propagano nello spazio come piccolissime biglie. La teoria di Newton, basata sulla summenzionata ipotesi, riusciva a spiegare la riflessione e la rifrazione della luce. Tuttavia, in seguito agli importanti esperimenti di interferenza effettuati dallo scienziato britannico Thomas Young nel 1801 ci si rese conto che la luce aveva una natura ondulatoria e la teoria corpuscolare di Newton fu abbandonata.

Einstein riprese la teoria di Newton ma non ipotizzò particelle materiali bensì particelle luminose prive di massa e conservò la natura ondulatoria della luce. Il dualismo onda-corpuscolo intuito da Einstein riusciva a dare una spiegazione esaustiva dell'effetto fotoelettrico in quanto spiegava subito l'esistenza della soglia oltre la quale si osservava il fenomeno: infatti se l'energia è proporzionale alla frequenza e per strappare un elettrone da un atomo è necessaria una determinata energia, risultava ovvio che fotoni con frequenza inferiore alla frequenza di soglia e quindi con un'energia inferiore all'energia di estrazione dell'elettrone non determinavano alcun effetto. Inoltre, la teoria spiegava anche la diretta proporzionalità dell'energia con cui venivano espulsi gli elettroni con la frequenza della radiazione. Infatti, se l'energia dei fotoni era superiore a quella di estrazione degli elettroni, era ovvio che la restante parte di energia del fotone si trasformasse in energia cinetica degli elettroni foto-emessi. Come detto, nonostante Planck fosse stato il padre del concetto dei quanti, non ne era pienamente convinto; infatti, accolse con scetticismo la sottomissione dell'articolo dello sconosciuto giovane fisico, ma essendo uno scienziato di grande apertura mentale decise di pubblicare l'articolo.

Per l'interpretazione teorica dell'effetto fotoelettrico, Einstein fu insignito del premio Nobel nel 1922. Paradossalmente il grande scienziato tedesco non ricevette il prestigioso premio per la teoria della Relatività che aveva completamente stravolto i concetti di spazio, tempo e gravità, nonostante le prove sperimentali schiaccianti della validità della teoria con la misura della deflessione dei raggi luminosi nel 1919 ad opera dell'astronomo inglese Eddington (vedi Cap. 1). In realtà, la maggior parte degli scienziati ed in particolare i componenti della commissione incaricata di assegnare il premio Nobel erano molto scettici e poco inclini ad accettare le idee rivoluzionarie di Einstein. A questo vanno sicuramente aggiunte le posizioni antisemite del partito nazionalista tedesco, che non giovarono ad Einstein le cui origine ebraiche lo portarono successivamente ad emigrare negli Stati Uniti. Particolarmente avverso alle idee di Einstein era il fisico Philipp Von Lenard (studente di Hertz), personalità molto influente, che aderì subito al partito nazista e si oppose fervidamente all'attività scientifica di Einstein, ritenuta, con non pochi pregiudizi, sbagliata ed ingannevole. Lenard riteneva che la teoria della Relatività conducesse a risultati ingannevoli e fallaci e non perdeva occasione per sostenere, in qualsiasi contesto pubblico, la superiorità della fisica "ariana" sviluppata dai fisici tedeschi rispetto a quella "giudaica" sviluppata dai fisici ebrei di cui Einstein era il principale esponente. Nel 1920 durante la conferenza di medici e scienziati, tenutasi a Bad Nauheim (Germania), attaccò violentemente la Relatività di Einstein utilizzando anche argomentazioni antisemite. Ciononostante, con grande delusione di Lenard, la comunità scientifica non poté evitare di riconoscere il valore scientifico delle ricerche di Einstein che nel 1922 fu insignito del prestigioso premio. Ovviamente questi atteggiamenti antisemiti, che a partire dal 1935 culminarono in vere e proprie persecuzioni razziali, indebolirono notevolmente la fisica tedesca e più in generale quella europea, infatti molti fisici ebrei di grande valore si trasferirono negli Stati Uniti e la maggior parte di essi furono reclutati da Robert Oppenheimer per la costruzione della bomba atomica nell'ambito nel progetto Manhattan.

La stessa prestigiosa scuola di matematica di Göttingen subì un notevole ridimensionamento. Emblematico di quanto detto è il seguente episodio: nel 1934 durante una cena, il ministro nazista dell'istruzione chiese al grande matematico David Hilbert, maggior esponente della scuola di matematica di Göttingen, se la matematica a Göttingen aveva risentito della liberazione dell'influenza ebrea, la replica di Hilbert fu secca e lapidaria: "matematica a Göttingen? non c'è più nessuna matematica".

Va comunque ribadito che, al di là dei pregiudizi antisemiti nei confronti di Einstein, le teorie veramente dirompenti come quella della Relatività, sono difficili da accettare. Lo stesso fondatore della fisica quantistica, Max Planck, affermava "Una nuova verità scientifica non trionfa perché i suoi oppositori si convincono e vedono la luce, quanto piuttosto perché alla fine muoiono, e al loro posto si forma una nuova generazione a cui i nuovi concetti diventano familiari".

Ritornando al nostro viaggio nel mondo quantistico, un'ulteriore e schiacciante prova della natura corpuscolare della luce fu fornita dal fisico statunitense Arthur Compton (premio Nobel per la fisica nel 1927) che nel 1922 scoprì un fenomeno noto come effetto Compton in cui un fotone, in seguito ad un urto con un elettrone, perde energia e diminuisce la sua frequenza. La spiegazione di quest'effetto richiedeva necessariamente una natura corpuscolare della luce; infatti, applicando la teoria classica degli urti ed ipotizzando che l'energia del fotone fosse uguale a $h\nu$, si riusciva a tener conto con estrema precisione dei risultati sperimentali.

Di fronte a questo stravagante dualismo onda-corpuscolo molti fisici rimasero increduli anche perché, come detto sopra, Young aveva dimostrato la natura ondulatoria della luce nei suoi esperimenti di interferenza mentre la teoria di Einstein prevedeva una visione corpuscolare per certi aspetti simile alla teoria di Newton. Come vedremo a breve, questo dilemma onda-particella riguarderà anche la materia.

La spiegazione di fenomeni sperimentali con le ipotesi dei quanti non finisce qui e coinvolge in maniera profonda anche la struttura dell'atomo. La teoria atomica all'inizio del secolo scorso era assodata e consolidata, nessuno aveva più dubbi sul fatto che tutta la materia fosse costituita da unità elementari e a togliere eventuali dubbi aveva contribuito l'altro importante articolo di Einstein del 1905 sui moti Browniani, in cui a partire dal moto di particelle sferiche in sospensione in una opportuna soluzione, si ricavavano delle grandezze atomiche quale il numero di Avogadro. Le previsioni di Einstein furono poi verificate sperimentalmente dal fisico sperimentale francese Jean Baptiste Perrin, sancendo il trionfo della teoria atomica.

Ma i grandi dubbi, invece, c'erano sulla struttura dell'atomo la cui indivisibilità era stata messa in dubbio dalla scoperta dell'elettrone (1897) e definitivamente dal nucleo atomico (1911). Ma già nel 1905, il fisico britannico Joseph John Thomson autore della scoperta dell'elettrone che gli valse il premio Nobel per la fisica nel 1906, aveva proposto il primo modello atomico in cui gli elettroni erano inseriti in una distribuzione di carica positiva, come l'uvetta sultanina all'interno di un panettone, da qui il nome di modello a panettone (*plum pudding model*). Con la scoperta del nucleo atomico positivo il modello di Thomson venne sostituito da un altro modello.

Nel 1911, il conte e fisico britannico Ernest Rutherford (già premio Nobel per la chimica nel 1908 per la chimica delle sostanze radioattive) pubblicò alcuni interessanti risultati relativi ad un esperimento eseguito nel 1909 da cui si evinceva che in realtà l'atomo, e quindi tutta la materia, è una struttura vuota formata da un piccolo nucleo centrale di carica positiva attorno al quale ruotano gli elettroni come in un sistema solare in cui il nucleo rappresenta il Sole e gli elettroni i pianeti orbitanti.

Per capire quanto è vuota la materia, basti pensare che la dimensione di un atomo di idrogeno è $0,5 \times 10^{-10}$ m mentre quella del nucleo è 10^{-15} m; si può immaginare un atomo come un campo di calcio in cui il pallone al centro è il nucleo e tra i bordi del campo (orbita dell'elettrone) ed il pallone non c'è nulla. L'esperimento di Rutherford concettualmente era molto semplice: bombardare un bersaglio con piccoli proiettili e verificare quanti ne passavano e quanti invece tornavano indietro. Il bersaglio era un sottile foglio di oro, mentre i proiettili erano raggi alfa formati da due protoni e due neutroni, praticamente un nucleo di elio. Rutherford osservò che la maggior parte delle particelle alfa passavano indisturbate e solo una piccolissima frazione (0,001%) veniva deviata di un angolo notevole o addirittura tornava indietro. Il conte dedusse quindi che gli atomi fossero delle strutture vuote aventi al centro un piccolo nucleo, la maggior parte delle particelle alfa passavano lontano dai nuclei e non venivano deflesse, quelle che urtavano il nucleo venivano deflesse di un angolo acuto, infine quelle che passavano in prossimità del nucleo, a causa della repulsione elettrostatica venivano deflesse di un piccolo angolo indicando che la carica del nucleo dovesse essere necessariamente positiva essendo le particelle alfa positive.

Il modello planetario di Rutherford ebbe una vita breve in quanto immediatamente si notò che, essendo l'elettrone carico e girando attorno al nucleo, avrebbe dovuto irradiare energia dal momento che, secondo la fisica classica, una particella carica accelerata o decelerata irradia energia elettromagnetica. Gli elettroni avrebbero quindi perso tutta la loro energia e sarebbero dovuti collassare sul nucleo in meno di un miliardesimo di secondo.

Qui entra in scena un altro gigante della meccanica quantistica, il fisico danese Niels Bohr che nel 1913 propone un nuovo modello atomico introducendo la discontinuità quantistica anche nell'atomo.

Innanzitutto, Bohr parte dal presupposto che tutti gli atomi sono rigorosamente uguali e nel caso più semplice dell'atomo d'idrogeno formato da un protone e da un elettrone orbitante, la distanza dell'elettrone dal nucleo è sempre la stessa per tutti gli atomi d'idrogeno. Quindi, secondo Bohr, non è possibile pensare ad un modello planetario in cui il raggio orbitale dipenda dalle condizioni iniziali quali la velocità con cui il pianeta inizia a ruotare attorno alla stella. L'altra grande intuizione di Bohr fu la quantizzazione del momento angolare che in fisica classica è legato alle rotazioni e quindi alle orbite. Secondo il fisico danese il momento angolare poteva assumere solo valori pari a multipli interi della costante di Planck, il che era equivalente a dire che i raggi delle orbite erano quantizzati e quindi gli elettroni potevano muoversi solo su determinate orbite definite da un preciso raggio (Fig. 2.2).

Quest'assunzione comportava anche la quantizzazione dell'energia dell'elettrone, cioè l'elettrone aveva un'energia che dipendeva da un numero intero n che caratterizzava l'orbita e all'aumentare di n l'energia dell'elettrone diminuiva in quanto occupava un'orbita più esterna e quindi era sottoposto ad una minore forza elettrostatica.

Altro punto fondamentale del modello di Bohr è il seguente: se un atomo veniva investito da un fotone avente un'energia pari alla differenza di energia

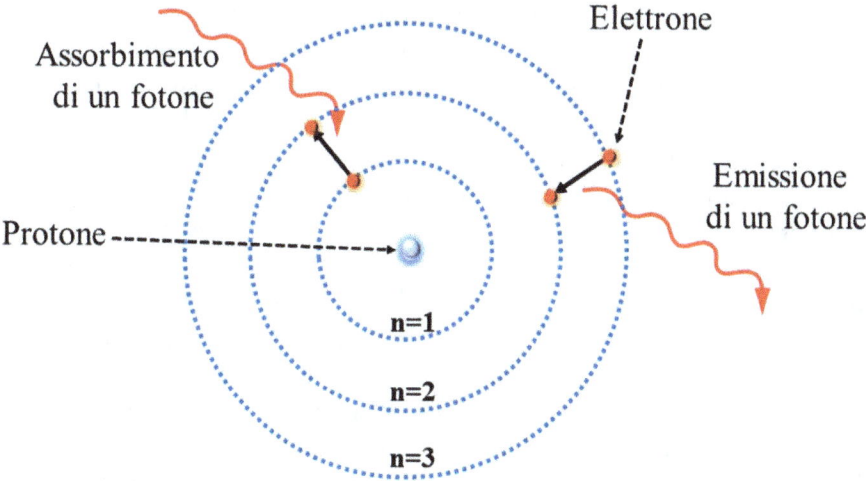

Figura 2.2 Modello dell'atomo di Bohr. I raggi delle orbite e le relative energie sono quantizzati. Quando un elettrone salta da un'orbita all'altra emette o assorbe un fotone

tra due orbite contigue, l'elettrone saltava in un'orbita con un raggio maggiore ed assorbiva il fotone incidente, se invece avesse saltato spontaneamente in un'orbita con un raggio più piccolo, avrebbe emesso fotoni (Fig. 2.2).

Si sta iniziando a parlare di energia ovvero di differenza di energia di un elettrone tra due orbite, ma quanto sono grandi queste energie in gioco? Si tratta di energie molto più piccole di quelle che incontriamo nel mondo macroscopico, si usa pertanto un'unità di misura diversa da quella a cui siamo abituati nel mondo macroscopico. Come è noto, l'energia nel sistema internazionale di misura (SI) si misura in Joule (J) che equivale all'energia spesa per spostare un corpo di un metro se si applica una forza di un Newton. Per fare un esempio pratico, l'energia per alzare di un metro una bottiglia di un litro d'acqua vale circa 10 J. La differenza energetica degli elettroni nelle orbite di un atomo di idrogeno è dell'ordine di dieci miliardi di miliardi di volte più piccola di un Joule. Pertanto, per scopi pratici, si usa *l'elettron-Volt* (eV), $1\,eV = 1{,}6 \times 10^{-19}$ J che è molto più piccolo del Joule (1,6 Joule diviso per uno seguito da 19 zeri!). Il nome elettron-Volt deriva dal fatto che 1 eV è l'energia acquisita da un elettrone se posto in una regione dello spazio in cui è presente una differenza di potenziale di un Volt.

Il grande successo del modello di Bohr fu quello di riuscire a spiegare gli spettri di emissioni ed assorbimento degli atomi. Ma cosa sono gli spettri di emissione ed assorbimento?

Era noto già dalla fine dell'Ottocento che, quando un gas di idrogeno o di qualsiasi altro elemento viene eccitato, ad esempio riscaldandolo, e la luce da esso emessa viene fatta passare attraverso un *prisma ottico* (strumento ottico che separa le varie frequenze della luce), invece di ottenere la scomposizione continua della luce nei tipici colori dell'arcobaleno, si osservavano solo delle righe molto strette di colori su un fondo nero. Ciò significa che gli atomi di idrogeno eccitati emettono solo alcune frequenze ottiche, dette spettro a righe di emissione. Analogamente, se la luce bianca attraversa un gas di idrogeno ed in seguito il prisma ottico, si osserva il tipico spettro dell'arcobaleno con delle righe molto strette nere, il che indicava che il gas atomico ha assorbito alcune frequenze generando uno spettro noto come spettro di assorbimento. Il modello di Bohr spiegava queste strane osservazioni del tutto inspiegabili nell'ambito della fisica classica. Infatti, negli atomi di idrogeno eccitati gli elettroni transiscono ad un'orbita superiore, ma essendo quest'ultima instabile, essi decadono velocemente nell'orbita inferiore ed emettono dei fotoni la cui energia e quindi la frequenza è data dalla differenza dell'energia delle orbite diviso la costante di Planck, spiegando in tal modo l'esistenza nello spettro di emissione di righe discrete. Un discorso analogo vale per lo spettro di assorbimento in cui solo i fotoni aventi energia pari alla differenza di energia di due orbite contigue vengono assorbiti. Per i suddetti risultati nel 1922 Bohr fu insignito del premio Nobel per la fisica.

Oramai c'erano troppi indizi per poter pensare che l'ipotesi di Planck fosse solo un artificio matematico per spiegare la radiazione di corpo nero, e quindi lo stesso Planck, molto scettico, si dovette convincere dello strano comportamento della natura e con rammarico disse: "Ho cercato per molti anni di salvare la fisica da livelli energetici discontinui".

Oramai la quantizzazione riguardava tutto: Planck l'aveva introdotto per gli scambi energetici tra la radiazione elettromagnetica e la materia, Einstein aveva utilizzato il concetto di quanti per estendere la quantizzazione alla radiazione elettromagnetica formata da fotoni e Bohr con la quantizzazione del raggio atomico e dei livelli energetici aveva esteso il nuovo paradigma quantistico anche alla materia.

Secondo le recenti teorie di gravità quantistiche a loop che tentano di unificare la meccanica quantistica con la relatività generale, anche il tempo e lo spazio sono quantizzati se si osservano su tempi piccolissimi (tempo di Planck 10^{-44} secondi) e spazi altrettanti piccoli (lunghezza di Planck 10^{-33} m). Insomma, come sostiene il fisico teorico Carlo Rovelli, pare che il Creatore per dipingere il meraviglioso affresco della natura abbia utilizzato le stesse tecniche del puntinismo pittorico di Signac e Seurat, i cui quadri se visti da lontano sembrano continui ed omogenei ma se ci si avvicina ci si rende conto che si tratta di tanti puntini di colori diversi e separati tra di loro.

Ma l'ipotesi più strana e che sta alla base dello sviluppo della teoria quantistica è quella del conte francese di origine piemontese Louis De Broglie, il quale nel 1924 partendo dal dualismo onda-particella per i fotoni introdotto da Einstein, propose che anche la materia potesse avere una natura ondulatoria. Detto in altri termini, un corpo si può comportare come un'onda dando vita ai tipici fenomeni ondulatori come l'interferenza e la diffrazione. In particolare, secondo l'ipotesi di De Broglie la lunghezza d'onda λ associata ad una particella è uguale a $\lambda = h/mv$, dove m e v sono rispettivamente la massa e la velocità della particella e h è la solita costante di Planck. Uno dei membri della commissione era Paul Langevin che, nonostante il forte scetticismo, decise di inviare la tesi di dottorato ad Albert Einstein per un autorevole parere. Quest'ultimo ne fu colpito positivamente al punto da dichiarare che De Broglie "aveva sollevato un lembo del grande velo". Ovviamente, al di là dell'autorevole giudizio di Einstein, se l'ipotesi di De Broglie non avesse dato una forte indicazione per un semplice e diretto test sperimentale, sarebbe stata accantonata e liquidata come la folle idea di un giovane dottorando benestante. Nel 1927, i due fisici sperimentali Clinton Davisson e Lester Germer spararono un fascio di elettroni su un cristallo di nickel e osservarono uno spettro di diffrazione tipico di un'onda, confermando la stravolgente ipotesi di De Broglie. Come disse, il grande fisico statunitense Richard Feynman, "Un fenomeno che è impossibile spiegare classicamente e che contiene il cuore della meccanica quantistica". La natura ondulatoria della materia è stata successivamente confermata da ulteriori esperimenti tra cui quello famoso della doppia fenditura realizzato per la prima volta nel 1974 da tre scienziati italiani (Pier Giorgio Merli, Gian Franco Missiroli e Giulio Pozzi) in cui gli elettroni attraversavano uno alla volta una doppia fenditura dando luogo alla tipica figura di interferenza dei fenomeni ondulatori (Fig. 2.3). Secondo un sondaggio lanciato dalla rivista *Physics World* nel 2002, l'esperimento della doppia fenditura utilizzando singoli elettroni risultò il più bello esperimento di fisica realizzato nel corso della storia.

Tra i fisici dell'epoca la domanda amletica era: gli elettroni sono onde o particelle? Niels Bohr propose il *principio di complementarità*, secondo il quale per interpretare i risultati di un esperimento si deve adottare il punto di vista ondulatorio oppure quello corpuscolare, ma non ambedue le descrizioni contemporaneamente. Quindi una particella elementare può mostrare sia un comportamento ondulatorio sia corpuscolare, e ciascuno di questi è complementare all'altro. Anche se non è completamente corretto, si può immaginare

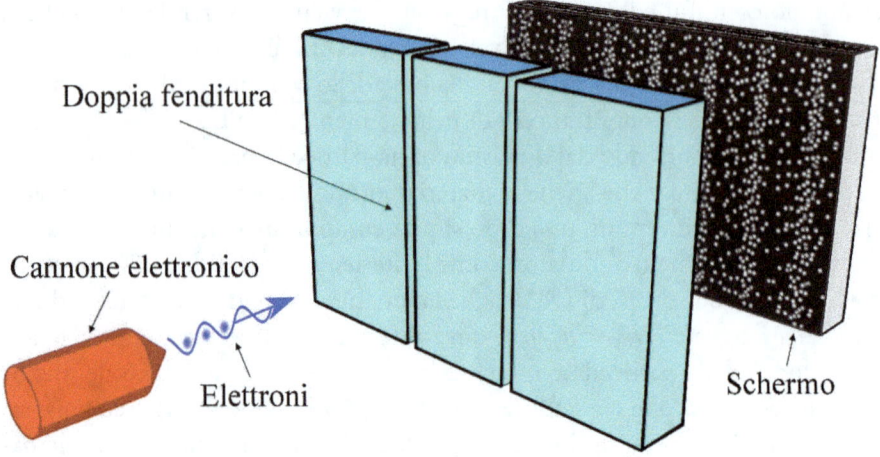

Figura 2.3 Rappresentazione schematica dell'esperimento della doppia fenditura. I puntini sullo schermo rappresentano gli elettroni incidenti. Anche inviando un solo elettrone alla volta, dopo un elevato numero di elettroni (1000) prende forma una figura di interferenza tipica dei fenomeni ondulatori

che le particelle elementari si propaghino come onde ma interagiscono come particelle.

Osserviamo che gli oggetti macroscopici, avendo massa molto più grande delle particelle elementari, hanno una lunghezza d'onda praticamente impercettibile. Infatti, se calcoliamo la lunghezza d'onda di De Broglie di un granello di sabbia di appena un grammo, con una velocità di 1 mm/s, otteniamo una lunghezza d'onda inferiore a 10^{-27} m, praticamente nulla!

Ma c'è un aspetto ancora più stravagante della natura ondulatoria della materia. Se si guarda l'elettrone all'uscita di una delle due fenditure, esso perde la sua natura ondulatoria e si comporta come una particella, cioè non si osserva più sullo schermo una figura di interferenza ma solo due strisce scure in corrispondenza delle fenditure. Naturalmente l'elettrone non si guarda con l'occhio ma con un rilevatore che interagisce con esso e secondo molti studiosi è proprio questa interazione o disturbo esterno che fa perdere la natura ondulatoria dell'elettrone. Questo fenomeno rimane ancora oggi un mistero che ha stimolato diverse interpretazioni di cui parleremo nel Cap. 4 dedicato agli aspetti concettuali della meccanica quantistica. Una quantità fisica tipica del modo microscopico e in particolare delle particelle subatomiche (elettrone, protone, neutrone, ecc.), è lo *spin*. Esso fu ipotizzato dal fisico austriaco Wolfang Pauli nel 1925 per spiegare sia alcune proprietà degli elementi della tavola periodica che alcuni esperimenti di Otto Stern e Walther Gerlach effettuati nel 1922 su atomi neutri. Si tratta di una sorta di momento angolare intrinseco che in fisica classica è legato alle rotazioni. Si potrebbe immaginare le particelle elementari come piccolissime trottole, che possono ruotare su sé stesse e a seconda del verso con cui ruotano parliamo di spin in alto o in basso. Ma in realtà non c'è una vera rotazione associata allo spin; infatti, l'elettrone o il fotone non sono particelle classiche, tipo biglie di cristallo, e quindi non possono ruotare su sé stesse ma sono comunque dotati di spin.

Una delle leggi fondamentali della fisica prevede che in un sistema isolato il momento angolare totale si conserva e ciò consente alla Terra di ruotare indefinitamente su sé stessa, ai pianeti del sistema solare di percorrere un'orbita piana intorno al Sole o ad una ballerina di eseguire le meravigliose piroette modulando la velocità con cui ruota in base alla posizione delle sue braccia. Quindi anche lo spin totale di un sistema isolato si conserva e questo, come vedremo nel Cap. 4, ha delle conseguenze sorprendenti.

Stando all'analogia della rotazione, essendo l'elettrone carico, esso diventa un piccolo *magnete* che interagisce con il campo magnetico; quindi, ogni particella carica dotata di spin può essere immaginata come un microscopico magnete o ago magnetico, dotata di un momento magnetico M (grandezza fisica che quantifica l'intensità di un magnete). Anche in questo caso, si tratta solo di una analogia che viene dal desiderio di visualizzare il mondo quantistico, cosa che purtroppo non è possibile. Dopotutto per spiegare gli effetti di un elettrone in un campo magnetico, si dovrebbe ipotizzare una velocità di rotazione su sé stesso maggiore della velocità della luce, cosa praticamente impossibile. In ogni caso il momento magnetico di una particella esiste ed è proporzionale allo spin tramite un coefficiente, chiamato fattore giromagnetico. I valori che può assumere lo spin sono quantizzati e possono essere interi o seminteri. Nel caso dell'elettrone, del protone e del neutrone i valori sono seminteri: $1/2\,h$ e $-1/2\,h$; nel caso invece del fotone lo spin è intero e i valori possibili sono: h e $-h$. Di conseguenza, posti in un campo magnetico gli elettroni o i protoni si allineano con spin parallelo al campo magnetico, così come fa un ago magnetico di una bussola nel campo magnetico terrestre. A seconda del valore dello spin le particelle sono classificate come *fermioni* (spin seminteri) o *bosoni* (spin interi). I nomi fermioni e bosoni derivano dai nomi del fisico italiano Enrico Fermi e del fisico indiano Satyendra Bose rispettivamente. Non si tratta di una classificazione formale ma profondamente sostanziale in quanto, come vedremo, il comportamento dei bosoni e dei fermioni è molto diverso. A tal proposito, è doveroso introdurre uno dei principi fondamentali della meccanica quantistica che ha un ruolo fondamentale per le caratteristiche degli atomi, molecole e più in generale di tutta la materia: il principio di esclusione di Pauli grazie al quale lo scienziato austriaco ricevette il premio Nobel per la fisica nel 1945. Introdotto nel 1925 per tener conto di alcune osservazioni sperimentali relative ai potenziali di ionizzazione degli atomi, il principio di Pauli asserisce che due elettroni o più in generale due fermioni non possono occupare lo stesso stato quantistico. L'immediata conseguenza di questo principio è l'occupazione dei livelli energetici degli atomi: nel livello più basso possono coesistere solo due elettroni; uno con spin orientato verso l'alto detto anche *spin up* ($1/2\,h$) è l'altro con spin orientato verso il basso detto *spin down* ($-1/2\,h$). Pertanto, gli atomi che hanno più di due elettroni sono costretti ad occupare livelli energetici più alti e quindi più distanti dal nucleo, di conseguenza man mano che aumentano gli elettroni in un atomo aumenta anche la dimensione. Se non valesse il principio di esclusione di Pauli, potremmo avere un atomo di piombo in cui tutti gli 82 elettroni occupano il primo livello energetico, con un notevole incremento della densità di massa. Inoltre, tutti gli atomi, avendo tutti gli elettroni nello stato fondamentale, si comporterebbero come i gas nobili, cioè non interagirebbero con nessun atomo, non formerebbero molecole e composti più complessi. In altri termini l'Universo avrebbe un aspetto molto diverso da come lo osserviamo e sicuramente non sarebbe mai nata la vita sul nostro pianeta senza principio di Pauli. Possiamo quindi affermare che alla base della chimica e quindi anche della biologia c'è un principio quantistico che non ha nessuna corrispondenza nel mondo della fisica classica. Il principio di esclusione non è valido per i bosoni e in virtù di ciò, come vedremo nella sezione dedicata alla materia condensata, alcuni materiali esibiscono comportamenti molto particolari.

Il diverso comportamento dei fermioni e dei bosoni è ancora più evidente a basse temperature dal momento che gli aspetti quantistici prevalgono su quelli classici. Infatti, diminuendo la temperatura diminuisce l'agitazione termica delle particelle e quindi la loro velocità, portando un aumento della lunghezza d'onda di De Broglie che è inversamente proporzionale alla velocità della particella.

Quest'ultimo commento ci introduce un aspetto molto importante del mondo microscopico: come agisce la temperatura sul comportamento delle particelle quantistiche? Vale la pena a questo punto aprire una piccola parentesi sulle statistiche quantistiche che rivestono un ruolo fondamentale per lo studio di insiemi o aggregati di particelle e quindi per la materia che ci circonda e di cui siamo fatti.

Il legame tra temperatura e velocità delle particelle di un gas fu ricavato dal fisico tedesco Rudolf Clausius, lanciando le basi della teoria cinetica dei gas, successivamente formalizzata da Maxwell e dal fisico austriaco Ludwig Boltzmann, i quali introdussero l'aspetto statistico tramite una funzione matematica, che permette di calcolare la probabilità che una certa particella di un gas abbia una certa velocità. Se si grafica in un piano cartesiano questa funzione, nota come distribuzione di Maxwell-Boltzmann in funzione della velocità della particella, si ottiene una forma a campana dipendente dalla temperatura che diventa sempre più stretta e piccata al diminuire della temperatura con valori del picco corrispondenti alla velocità più probabile. Inoltre, al diminuire della temperatura il picco si sposta verso velocità più piccole. Quindi abbassare la temperatura di un gas di particelle equivale a diminuire la loro velocità. Il grande merito di Maxwell e Bolztmann fu proprio quello di aver introdotto nello studio della termodinamica l'aspetto statistico dando il via alla nascita di quella branca della fisica nota come *meccanica statistica*. Quando la velocità delle particelle è tale che la loro lunghezza d'onda è abbastanza grande da portare ad una sovrapposizione delle onde ad esse associate, appaiono gli aspetti quantistici e la distribuzione di Maxwell-Boltzmann non è più in grado di spiegare il comportamento delle particelle. Si parla quindi di una lunghezza d'onda termica che, per valori di temperatura sufficientemente bassi, è paragonabile alla distanza tra le particelle determinando la sovrapposizione delle onde ad esse associate. Un'immediata conseguenza di ciò è l'indistinguibilità, cioè non è più possibile distinguere due particelle identiche e quindi cade uno dei presupposti fondamentale da cui è stata ricavata la statistica classica di Maxwell-Boltzmann. Subentrano a questo punto le statistiche quantistiche che a seconda del tipo di particella si distinguono in statistica di *Bose-Einstein* introdotta da Satyendranath Bose e Albert Einstein per i bosoni oppure di *Fermi-Dirac* introdotta da Enrico Fermi e Paul Dirac per i fermioni e giocano un ruolo fondamentale nello studio della materia condensata. Le distribuzioni quantistiche ci consentono di calcolare, ad una fissata temperatura, il numero medio di particelle aventi una certa energia. In altri termini esse permettono di determinare l'effetto della temperatura sull'energia delle particelle inclusi gli elettroni nella materia e i fotoni. Si ricordi che ad una temperatura è associata un'energia termica data semplicemente dal prodotto della temperatura espressa in gradi kelvin e dalla costante di Boltzmann $k_B = 1,38 \times 10^{-23}$ J/K, cioè $E_T = k_B T$. Le funzioni matematiche che sono alla base delle suddette statistiche hanno andamenti esponenziali; in particolare diminuiscono velocemente se l'energia delle particelle è maggiore di quella termica, tendendo alla statistica classica di Maxwell-Boltzmann. Ciò avviene tipicamente per alte temperature, dal momento che la velocità delle particelle aumenta e la corrispondente energia cinetica aumenta più di quanto aumenti l'energia termica. Inoltre, come già detto, aumentando la velocità delle particelle, diminuisce la lunghezza d'onda ad esse associata e di conseguenza diminuisce anche la parziale sovrapposizione delle relative onde.

Oltre alle particelle libere quali atomi o molecole non interagenti, le statistiche quantistiche si applicano anche agli elettroni negli atomi e nei solidi e anche ai fotoni. Ad esempio, se abbiamo un insieme di atomi di idrogeno monoatomico a temperatura ambiente, la quasi totalità degli atomi sarà nello stato fondamentale, dal momento che l'energia termica è molto più bassa di quella necessaria per far transire un elettrone dal livello fondamentale al primo livello eccitato. L'energia termica a 27 °C (300 K) è uguale a un millesimo di eV valore molto più piccolo della differenza tra il livello fondamentale e il primo livello eccitato dell'atomo di idrogeno, uguale a circa 10 eV. Se invece aumentiamo la temperatura a diverse migliaia di gradi, gli elettroni si distribuiscono nei livelli energetici seguendo, trattandosi di elettroni, la statistica di Fermi-Dirac.

Nel caso di elettroni in un metallo, già a temperatura appena sopra lo zero assoluto, ci saranno elettroni in stati ad energia lievemente maggiore, dal momento che non esiste nessun gap energetico. Infine, un insieme o gas di fotoni può essere descritto dalla statistica di Bose-Einstein dal momento che i fotoni sono particelle con spin 1 e quindi bosoni. Anche in questo caso, se l'energia dei fotoni è molto più grande dell'energia termica, il termine esponenziale va rapidamente a zero indicando che non ci sono fotoni con quell'energia alla temperatura considerata. Ad esempio, nel caso dello spettro del corpo nero del Sole, abbiamo visto che sperimentalmente si misura una curva a campana piccata sulla frequenza del giallo. Ciò implica che la probabilità di trovare un fotone con una frequenza dei raggi X o gamma è estremamente bassa. Dopotutto, la temperatura sulla superficie del Sole (6000 K) corrisponde ad un'energia di circa 1 eV paragonabile a quella dei fotoni gialli (2 eV). Invece i fotoni X e gamma hanno energia superiore a migliaia di eV. A tal proposito, ricordiamo che la statistica di Bose-Einstein nasce nel 1920 proprio dal felice tentativo di Satyendra Bose di ricavare la legge del corpo nero di Plank da considerazioni statistiche. Einstein, a cui Bose inviò il lavoro, estese i risultati anche agli atomi.

La differenza principale tra le due statistiche quantistiche è quella di prevedere, nel caso dei bosoni, un unico stato fondamentale in cui tutte le particelle possono stare, mentre per i fermioni ciò non è possibile in quanto vale il principio di esclusione di Pauli.

Non è nostra intenzione approfondire ulteriormente le statistiche quantistiche per non cadere in tecnicismi formali poco funzionali allo scopo descrittivo e divulgativo del libro, tuttavia è importante sapere che gli effetti termici sulle particelle quantistiche sono importanti e vengono descritti da opportune funzioni matematiche che tengono in considerazione le peculiarità delle particelle quali l'indistinguibilità e il principio di esclusione di Pauli nel caso dei fermioni.

Infine, l'altra profonda rottura con i concetti di fisica classica venne dal famoso principio di indeterminazione introdotto nel 1927 da un altro padre fondatore della meccanica quantistica, il fisico tedesco Werner Heisenberg (premio Nobel per la fisica nel 1932), secondo il quale non è possibile determinare con estrema precisione e allo stesso tempo la posizione e la velocità di una particella. Si tratta di un'indeterminazione intrinseca e non legata agli errori strumentali o ad altre fonti di errore esterno. Maggiore è la precisione con cui viene determinata la posizione, minore è quella con cui viene determinata la velocità. In particolare, il prodotto delle indeterminazioni non può essere più piccolo della costante di Planck, ovvero: $\Delta x \Delta v \geq h/(m2\pi)$ dove Δx e Δv sono le indeterminazioni sulla posizione e velocità rispettivamente e m è la massa della particella.

Poiché la costante di Planck è molto piccola, a livello macroscopico le conseguenze del principio di indeterminazioni sono impercettibili e la precisione con cui si riescono a fare le misure è ampiamente limitata dagli errori sperimentali (statistici e strumentali).

Tale principio è in netto contrasto con la meccanica di Newton, in quanto non essendo possibile determinare con precisione assoluta la posizione e la velocità all'istante iniziale di una particella, non permette di determinare nel mondo atomico e sub-atomico la traiettoria di una particella. Ma il principio di indeterminazione vale anche per altre quantità fisiche ed in particolare per l'energia e il tempo, cioè non è possibile determinare con arbitraria precisione l'energia coinvolta in un processo e il relativo tempo in cui avviene. Vale quindi un'analoga relazione per la posizione e la velocità di una particella che possiamo scrivere come $\Delta E \Delta t \geq h/2\pi$, dove ΔE e Δt sono rispettivamente le indeterminazioni dell'energia e del tempo. Ciò significa che per un tempo estremamente piccolo può essere violato il principio di conservazione dell'energia in quanto può esserci una fluttuazione di energia o in termini più elementari può comparire dal nulla un'energia per poi scomparire in un lasso di tempo tale che il loro prodotto sia almeno uguale alla costante di Planck. Il principio di indeterminazione energia-tempo insieme alla famosa relazione di Einstein $E = mc^2$, ha delle fondamentali implicazioni per la teoria delle forze o interazioni fondamentali. Come vedremo in seguito, qualche scienziato ha anche ipotizzato che al tempo zero del Big Bang ci sia stata una fluttuazione di energia, conseguenza del principio d'indeterminazione, che ha dato il via alla formazione dell'Universo.

2.2 La nascita della meccanica quantistica

Ritornando allo sviluppo della meccanica quantistica, oramai i tempi erano maturi per elaborare una teoria che in maniera coerente e senza utilizzare ipotesi ad hoc potesse spiegare i fenomeni quantistici osservati fino ad allora e prevederne altri. Tra il 1925 e 1926 furono elaborate due versioni equivalenti della teoria quantistica: la meccanica delle matrici e la meccanica ondulatoria essenzialmente sviluppate da Heisenberg e dal fisico austriaco Erwin Schrödinger rispettivamente. Quest'ultimo basandosi sull'ipotesi di De Broglie, arrivò alla formulazione di un'equazione d'onda che porta il suo nome (equazione di Schrödinger) e che si può considerare l'equazione fondamentale della meccanica quantistica, analoga alla famosa formula di Newton per la meccanica classica. Come la maggior parte delle equazioni fondamentali della fisica, si tratta di un'equazione differenziale la cui incognita è una funzione d'onda (solitamente indicata con la lettera greca Ψ) che inizialmente si pensava potesse rappresentare un'onda elettronica, ma alla quale il fisico tedesco Max Born nel 1927 diede un'interpretazione probabilistica: il modulo quadro della suddetta funzione rappresentava la probabilità di trovare la particella in un dato punto e in un istante fissato. Per la sua interpretazione della funzione d'onda e più in generale per la sua ricerca fondamentale nella meccanica quantistica, Born ricevette il premio Nobel per la fisica nel 1954.

È importante chiarire, sin da subito, che la meccanica quantistica non è una teoria probabilistica basata sulla causalità degli eventi ma una teoria decisamente deterministica in cui l'equazione di Schrödinger consente di determinare con estrema precisione l'evoluzione spaziale e temporale della funzione d'onda. L'aspetto probabilistico è solo legato al procedimento di misura. Questo importante aspetto verrà ulteriormente approfondito nel Cap. 4, nel quale verranno discussi gli aspetti concettuali della meccanica quantistica e quelli relativi alla misura.

L'interpretazione di Born implica che la somma del modulo quadro della funzione d'onda in tutti i punti dello spazio, deve essere uguale a uno, in quanto la probabilità di trovare la particella in tutto lo spazio è necessariamente uguale ad uno. Da un punto di vista matematico ciò equivale a dire che l'integrale della funzione d'onda esteso a tutto lo spazio deve essere uguale ad 1.

È abbastanza intuitivo immaginare che, affinché valga la suddetta condizione, nota come normalizzazione della funzione d'onda, quest'ultima non può assumere valori crescenti all'aumentare della distanza altrimenti la somma del modulo quadro estesa a tutto lo spazio (l'integrale) darebbe infinito; pertanto imporre che la funzione d'onda sia normalizzabile equivale a imporre che essa deve azzerarsi a grandi distanze. Questa condizione gioca un ruolo molto importante nella risoluzione dell'equazioni di Schrondinger e la sua imposizione determina in molti casi la quantizzazione delle quantità fisiche in esame. Altra proprietà a cui deve soddisfare la funzione d'onda è quella di essere ad un solo valore cioè non può assumere due valori nello stesso punto dello spazio. Anche quest'altra condizione comporta, in alcuni casi, la quantizzazione, come nel caso di un moto circolare di una particella in cui evidentemente il valore della funzione d'onda non può cambiare nello stesso punto della circonferenza in cui la particella, a valle di un giro completo, si ritrova.

In generale, la quantizzazione dell'energia, ma anche del momento angolare o di altre quantità fisiche, nasce nel momento in cui si costringe una particella ad essere confinata in una regione di spazio limitato, come ad esempio una particella in una scatola, oppure in un atomo in cui uno o più elettroni orbitano attorno ad un nucleo. La quantizzazione di questi stati, chiamati *stati legati*, è dovuta alle condizioni matematiche che imponiamo alla funzione d'onda e quindi in ultima analisi alla natura ondulatoria della materia.

Una diretta conseguenza del significato della funzione d'onda è uno degli effetti più sorprendenti della meccanica quantistica, cioè *l'effetto tunnel*. Se supponiamo di lanciare una palla da tennis contro un muro, ci si aspetta che la palla rimbalzi sempre indietro. Tuttavia, secondo la meccanica quantistica esiste una probabilità non nulla che la palla attraversi il muro, come se si aprisse momentaneamente nel muro un tunnel per permettere il passaggio della palla, proprio come avviene sul binario $9^{3/4}$ nella stazione di King's Cross dove Harry Potter e gli altri maghetti attraversano il muro con i carrelli. Tuttavia, nel mondo macroscopico la probabilità che ciò avvenga è così piccola che rende impossibile l'osservazione di tale fenomeno. Ma se si scende su scala atomica e sub-atomica la probabilità che ha una particella di attraversare una barriera classicamente proibita aumenta notevolmente rendendo tale fenomeno realmente osservabile. La spiegazione di questo fenomeno deriva dal significato della funzione d'onda il cui modulo quadro, come detto, fornisce la probabilità di trovare la particella in un dato punto e ad un dato istante. Se si risolve l'equazione di Schrödinger fissando le opportune condizioni di raccordo della funzione d'onda (assenza di discontinuità) nei punti di contorno della barriera, si trova che la funzione d'onda decresce esponenzialmente all'interno della barriera assumendo un valore costante non nullo al di là di essa. Esiste quindi una probabilità non nulla di trovare la particella dall'altra parte della barriera, purché questa non sia molto grande.

L'effetto tunnel ha permesso di spiegare alcuni fenomeni fondamentali della fisica come i fenomeni radioattivi legati al *decadimento* α ossia l'espulsione

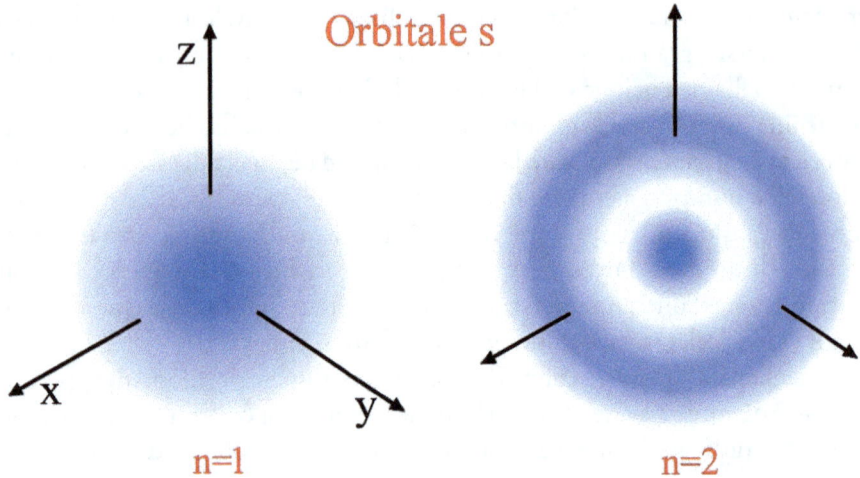

Figura 2.4 Orbitali relativi ai primi due numeri quantici principali. Essi rappresentano la regione dello spazio in cui abbiamo una probabilità di trovare l'elettrone pari al 90%. L'intensità del colore è proporzionale alla probabilità di trovare l'elettrone, il colore bianco corrisponde ad una probabilità pressoché nulla

da parte di alcuni nuclei instabili (di solito avente massa atomica dell'ordine di 200 volte la massa del protone) di particelle α. Infatti, il fenomeno viene schematizzato immaginando che il nucleo genitore già contenga una particella α avente una certa energia. Detta particella per uscire dal nucleo deve superare una barriera di energia dovuta all'effetto concomitante delle forze repulsive coulombiane e di quelle attrattive nucleari. Poiché l'energia posseduta dalla particella α è sempre inferiore alla suddetta barriera di potenziale, l'unico modo affinché essa possa uscire dal nucleo è l'effetto tunnel. Lo stesso meccanismo è alla base delle reazioni di fusione nucleare in cui la repulsione elettrostatica renderebbe, senza effetto tunnel, impossibile l'avvicinarsi dei nuclei atomici ad una distanza tale da rendere la forza nucleare forte predominante su quella di Coulomb.

Sempre nell'ambito della fisica di base, l'effetto tunnel ha rappresentato negli ultimi decenni un potente strumento per lo studio di effetti quantistici macroscopici, permettendo di chiarire importanti controversie esistenti sin dalla nascita della meccanica quantistica quale la sua validità nel mondo macroscopico. Inoltre, come vedremo nel Cap. 3, questo strano effetto, del tutto incomprensibile da un punto di vista della fisica classica, è alla base di importanti applicazioni che vanno dall'elettronica alla microscopia avanzata.

Un'altra conseguenza del significato della funzione d'onda e del principio di indeterminazione è il concetto di *orbitale atomico* (Fig. 2.4).

Non ha più senso parlare di un'orbita intesa come traiettoria seguita dagli elettroni, bensì di un orbitale inteso come zona dello spazio attorno al nucleo in cui la probabilità di trovare un elettrone è pari al 90%. Quindi l'atomo va immaginato come un nucleo centrale e una nuvola elettronica più o meno densa a seconda del valore del modulo quadro della funzione d'onda. Non si tratta però di una carica elettronica delocalizzata nella regione dell'orbitale, bensì di una nuvola di probabilità nel senso che ad ogni punto dell'orbitale viene associata una probabilità di trovare l'elettrone. Nel caso particolare dell'atomo d'idrogeno la risoluzione dell'equazione di Schrödinger con le condizioni sulle funzioni d'onda sopra esposte, consente di determinare tre numeri quantici interi noti come n che è legato all'energia dell'orbitale e può assumere valori interi positivi a partire da 1, l che può assumere valori compresi tra 0 e $n-1$ ed è legato alla forma dell'orbitale (guscio, doppia goccia, ecc.) ed infine m che è legato all'orientamento dell'orbitale nello spazio e può assumere valori interi compresi tra $-l$ e l. Infine come abbiamo visto c'è lo spin che nel caso degli elettroni assume solo due valori, $1/2$ e $-1/2$.

Questi risultati, almeno da un punto di vista qualitativo, si possono estendere a tutti gli atomi inclusi quelli contenenti molti elettroni. I quattro numeri quantici insieme al principio di Pauli consentono di determinare la configurazione elettronica di tutti gli elementi, cioè come sono disposti gli elettroni nei vari orbitali a partire da quello più vicino al nucleo in cui n è uguale a 1 e l è uguale a zero (orbitale sferico). Ad esempio, l'idrogeno ha un solo elettrone che occupa l'orbitale s a più bassa energia ovvero $1s$, dove il numero che precede la lettera è il numero quantico principale, mentre l'elio ha due elettroni che continuano a stare nell'orbitale $1s$, uno con spin up e l'altro con spin down. Passando al litio che ha 3 elettroni, due occupano il livello $1s$ ed il terzo elettrone per il principio di Pauli non può stare nel primo orbitale e occuperà l'orbitale $2s$ con maggior energia, per il berillio che ha 4 elettroni avremo invece due elettroni in $1s$ e gli altri due in $2s$ e così via.

È dunque evidente che i numeretti quantici dal sapore un po' magico che si insegnano nelle prime lezioni di chimica nelle scuole medie superiori, provengono dalla fisica quantistica ed in particolare dalla soluzione dell'equazione di Schrödinger per l'atomo d'idrogeno.

Oltre all'atomo di idrogeno, un altro sistema semplice che ha un ruolo fondamentale sia nella fisica classica che in quella quantistica è l'oscillatore armonico ossia un corpo massivo collegato ad una molla. È facile immaginare il moto di un sistema del genere, almeno da un punto vista classico: se tiriamo o comprimiamo il corpo, osserviamo un'oscillazione del corpo che tende a smorzarsi fino a fermarsi a causa dell'attrito e della resistenza dell'aria. Ma in assenza di queste forze frenanti il corpo va avanti e indietro indefinitamente in maniera del tutto analoga a un pendolo.

Perché è così importante studiare i sistemi elastici come l'oscillatore armonico? Perché in realtà, anche se non ce ne rendiamo conto, le molecole, gli atomi e i nuclei presenti in tutta la materia che ci circonda, inclusi quelli degli esseri viventi, vibrano attorno a delle posizioni di equilibrio. Prendiamo il caso delle molecole dell'acqua, formate da due atomi di idrogeno e uno di ossigeno con la nota forma a V in cui al vertice si trova l'ossigeno mentre i due atomi di idrogeno sono alle estremità delle alette oblique che possono avvicinarsi o allontanarsi tra loro oppure contrarsi e dilatarsi. In ambo i casi si ha una vibrazione/oscillazione degli atomi, così come accade per i nuclei in un cristallo di sodio o di un qualsiasi solido. Si tratta di oscillazioni ad altissima frequenza, ad esempio nel caso dell'acqua, le molecole sbattono le ali miliardi di volte al secondo. Naturalmente queste vibrazioni atomiche o molecolari dipendono dalla temperatura e tendono ad attenuarsi al diminuire della temperatura. È quindi evidente che lo studio quantistico degli oggetti microscopici che vibrano è molto importante e poiché tutte le vibrazioni possono essere ricondotte agli oscillatori armonici, risulta di fondamentale importanza studiare questi sistemi meccanici molto semplici. Se si risolve l'equazione di Schrödinger per un oscillatore armonico, si trova che le energie che esso può assumere sono quantizzate ed in particolare sono multipli seminteri della costante di Planck moltiplicata la frequenza v, che dipende dalla massa del corpo e della costante elastica della molla ($E_n = (n + 1/2)hv$).

A differenza del caso classico in cui un oscillatore armonico può avere un'energia uguale a zero corrispondente al caso in cui il corpo è fermo, nel caso quantistico l'energia è sempre diversa da zero. Infatti, per $n = 0$ l'energia vale $hv/2$ ed è chiamata energia di punto zero, questo significa che gli oscillatori quantistici fermi non esistono. Dopotutto se ciò fosse possibile, verrebbe violato il principio di indeterminazione, in quanto la condizione di quiete equivarrebbe ad uno stato in cui la velocità e posizione del corpo sono esattamente uguali a zero, condizione evidentemente non permessa dal principio di indeterminazione. Come per l'atomo di idrogeno, i valori di n maggiore di zero corrispondono agli stati eccitati che si possono ottenere fornendo energia dall'esterno. Dal momento che la frequenza dell'oscillatore è fissata dalla massa della particella e dalla costante elastica della molla, gli stati eccitati sono caratterizzati da una maggiore ampiezza di oscillazione. Anche l'energia termica, se è sufficiente per stimolare le transizioni, può indurre eccitazioni dell'oscillatore armonico quantistico. Nel caso particolare delle molecole d'acqua, a temperatura ambiente esse sono tutte nello stato vibrazionale fondamentale ($n = 0$), in quanto l'energia termica non è sufficiente a far transire la molecola nel primo livello eccitato. Ma se utilizziamo dei fotoni con frequenza nel campo degli infrarossi, possiamo indurre delle transizioni a livelli vibrazionali superiori proprio come avviene per lo spettro di assorbimento dell'atomo di idrogeno per la luce visibile o ultravioletta. Esistono tuttavia sistemi oscillanti come i nuclei atomici di un metallo per i quali anche una temperatura relativamente bassa è sufficiente a farli transire negli stati eccitati, in tal caso essi si distribuiscono nei vari livelli energetici seguendo le previsioni dalle statistiche quantistiche (Bose-Einstein o Fermi-Dirac).

Quindi nel mondo microscopico della materia animata o inanimata non esiste lo stato di quiete, i suoi costituenti elementari, oscillano, vibrano, ruotano e traslano anche se congeliamo il tutto fino allo zero assoluto. Sono le leggi della meccanica quantistica ad impedire che i corpi possano essere fermi. Come vedremo nei prossimi paragrafi queste "molle quantistiche" sono alla base delle teorie quantistiche delle forze fondamentali e della materia condensata.

La nuova meccanica, basata sull'equazione di Schrödinger e ragionevoli condizioni matematiche da imporre alla funzione d'onda, riusciva a predire con una notevole precisione e senza nessuna ipotesi ad hoc il comportamento degli atomi, delle molecole, della materia condensata e nella sua versione relativistica, anche il comportamento dei nuclei atomici, delle particelle elementari e delle interazioni fondamentali. Inoltre, come vedremo in seguito, essa ha determinato una rivoluzione tecnologica di enorme portata (prima rivoluzione quantistica). Basti pensare all'invenzione dei transistor a semiconduttore, i laser, il microscopio ad effetto tunnel, la diagnostica per immagini e la medicina nucleare per rendersi conto dell'impatto tecnologico della fisica quantistica.

2.3 La meccanica quantistica incontra la Relatività ristretta

L'equazione di Schrödinger era stata formulata partendo essenzialmente dalla nota formula dell'energia meccanica della fisica classica ovvero la somma dell'energia cinetica e di quella potenziale, ma come detto nel Cap. 1, la teoria della Relatività ristretta prevede una formula per l'energia più generale in cui è presente anche l'energia della massa. Quindi fu subito chiaro che sarebbe stato necessario elaborare una teoria quantistica relativistica che includesse i concetti della teoria della Relatività ristretta. In altri termini era necessario scrivere un'equazione più generale di quella di Schrödinger includendo i casi in cui non si potevano trascurare gli effetti relativistici ovvero quando la velocità non è trascurabile rispetto a quella della luce, circostanza quest'ultima molto frequente nel mondo subatomico. I primi tentatavi fatti nel 1927 dal fisico tedesco Walter Gordon e dal fisico svedese Oskar Klein non ebbero successo dal momento che l'equazione da loro formulata prevedeva delle soluzioni con energia negative difficile da interpretare e soprattutto prevedeva probabilità negative a cui, pur volendo, era impossibile attribuite una ragionevole interpretazione. Qui entra in scena uno dei personaggi più emblematici e importanti della fisica quantistica, il fisico teorico inglese Paul Adrien Maurice Dirac.

Di carattere schivo, Dirac era noto per essere un estremo taciturno al punto che i suoi colleghi a Cambridge avevano ironicamente istituito "il dirac" come unità di misura della loquacità: un dirac equivaleva all'emissione di una parola all'ora!

Il grande fisico inglese nel 1928 pubblicò un articolo dal titolo "Quantum Theory of Electron" (teoria quantistica dell'elettrone) destinato a diventare una pietra miliare della fisica quantistica e nel quale era riportata una delle equazioni più belle ed importanti della fisica, nota come l'equazione di Dirac.

L'aggettivo bello non è stato utilizzato a caso. Dirac, considerato un esteta della fisica, era convinto che "una equazione fisica dovrebbe essere dotata di una bellezza matematica"; frase che scrisse durante una visita all'accademia della scienza di Mosca nel 1956 sulla famosa lavagna sulla quale gli illustri scienziati erano invitati a scrivere una frase rappresentativa delle loro ricerche e che sarebbe stata lasciata ai posteri. In un un'altra occasione, ispirandosi forse a Galileo (Il Saggiatore 1623) secondo il quale "il libro della natura è scritto nella lingua della matematica", affermò che "Dio è un matematico del più alto calibro e ha usato una matematica estremamente avanzata per costruire l'Universo". Ovviamente non basta la bellezza, una legge fisica deve avere un'indiscutibile capacità predittiva verificata dagli esperimenti. Nel caso dell'equazione di Dirac entrambe le richieste erano egregiamente soddisfatte.

L'equazione di Dirac risolveva il problema delle insensate probabilità negative dell'equazione di Klein-Gordon, ma continuava a prevedere soluzioni con energia negativa. In effetti le soluzioni erano quattro: due con energia positiva e le altre due con energia negativa. Le due soluzioni ad energia positiva sono associate ai due stati di spin dell'elettrone, che a questo punto non erano introdotti ad hoc come fece Pauli qualche anno prima, ma predetti in maniera naturale dalla teoria di Dirac.

Ma lo scienziato inglese andò ben oltre e lo fece con la sua brillante interpretazione delle soluzioni ad energie negative. Nel 1930, intuì che quelle soluzioni corrispondevano a particelle identiche agli elettroni tranne per la carica, ossia dovevano avere una carica uguale a quella dell'elettrone ma positiva, in pratica un elettrone positivo.

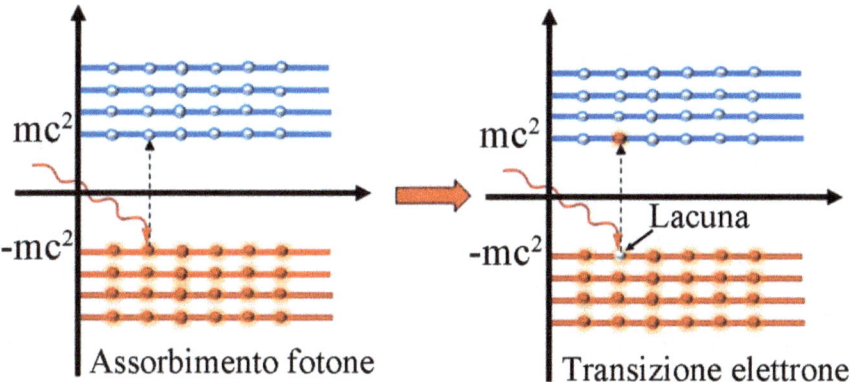

Figura 2.5 Rappresentazione del mare di Dirac. L'antielettrone è sostanzialmente la lacuna positiva lasciata nel mare di Dirac in seguito alla transizione di un elettrone da un livello ad energia negativa ad uno vuoto ad energia positiva

In particolare, la sua interpretazione, nota come *mare di Dirac*, si basa sul principio di esclusione di Pauli. L'energia positiva minima possibile per una particella è quella di massa ossia mc^2 e corrisponde alla particella ferma.

Lo spettro degli stati a energia positiva descrive particelle che si muovono a un'energia uguale o superiore a mc^2. Al di sotto dello spettro a energia positiva, starebbe lo spettro degli stati a energia negativa (Fig. 2.5) con energie a partire da $E = -mc^2$ e inferiori (*mare di Dirac*).

A questo punto è lecito porsi la seguente domanda: per quale motivo un elettrone ad energia positiva a riposo, cioè, avente la minima energia positiva possibile ($E = mc^2$) non decade indefinitamente verso gli stati di energia negativa che stanno sotto di lui? Per rispondere a questa domanda, Dirac assunse che nel vuoto tutti i livelli energetici fossero completamente riempiti da particelle aventi la stessa carica dell'elettrone ma energie negative. L'elettrone non potrebbe quindi decadere negli stati sottostanti a causa del principio di esclusione di Pauli. Il vuoto sarebbe dunque in realtà *pieno* di un mare di particelle. L'esistenza di tali particelle del mare può essere sperimentata, solo nel momento in cui un fotone, assorbito da una di queste particelle a energia negativa, le fornisca abbastanza energia per farla transire nella regione ad energia positiva, lasciando al suo posto una lacuna con carica ed energia opposta. Se infatti un fotone di energia minima $E_g = 2m_e c^2$ incide su uno stato a energia $-m_e c^2$ del mare di Dirac, questo, assorbendo il fotone, acquisterà energia $m_e c^2$ e potrà quindi transire nella parte di spettro a energia positiva. Nel mare di Dirac ci sarà quindi una lacuna lasciata dalla particella che è transita sopra e con semplici ragionamenti si può mostrare che questa lacuna avrà un'energia positiva e una carica positiva. Infatti, quando al vuoto viene sottratto un elettrone di energia negativa $(-m_e c^2)$, la sua energia aumenta di una quantità positiva: $E'_{\text{vuoto}} = E_{\text{vuoto}} - (-m_e c^2) = E_{\text{vuoto}} + m_e c^2$; poiché la quantità fisicamente osservabile è solo la variazione di energia tra prima e dopo, si potrà misurare una variazione di energia: $\Delta E_{\text{vuoto}} = E'_{\text{vuoto}} - E_{\text{vuoto}} = m_e c^2$. Per la carica, il ragionamento è analogo: quando al vuoto viene sottratto un elettrone di energia negativa che ha carica $(-e)$, la sua carica finale sarà uguale a $Q'_{\text{vuoto}} = Q_{\text{vuoto}} - (-e) = Q_{\text{vuoto}} + e$. Ancora una volta la quantità fisicamente osservabile è la variazione di carica, ossia $\Delta Q_{\text{vuoto}} = Q'_{\text{vuoto}} - Q_{\text{vuoto}} = e$. Per lo spin vale un discorso analogo, la lacuna avrà spin uguale ed opposto a quello dell'elettrone ad energia negativa.

Quindi la lacuna si comporta a tutti gli effetti come una particella di energia positiva, carica positiva e stesso spin dell'elettrone ma direzione opposta e prende il nome di *antielettrone*. Naturalmente, questa suggestiva interpretazione fallisce per i bosoni per i quali non vale il principio di Pauli, ma anche per i bosoni esistono le antiparticelle. Inoltre, non è stato mai osservato sperimentalmente il mare di Dirac, pertanto l'originale interpretazione di Dirac venne poi sostituita da una spiegazione più formale nell'ambito della successiva evoluzione della meccanica quantistica ossia la teoria quantistica dei campi.

Con la sua equazione, Dirac aveva previsto l'esistenza dell'antimateria ed in particolare dell'antielettrone meglio noto come *positrone*, dalla contrazione delle due parole *positive* ed *electron*.

Qualche anno più tardi (1932), il fisico sperimentale statunitense Carl Anderson, facendo esperimenti sui raggi cosmici (radiazione e particelle ad alta energia proveniente dallo spazio), rilevò delle particelle identiche agli elettroni (stessa massa, stesso spin) ma con una carica positiva, confermando l'esistenza dell'antimateria prevista dall'equazione di Dirac. Per la rivelazione del positrone, Anderson utilizzò la camera a nebbia consistente in una scatola a tenuta contenente aria satura di vapore acqueo. Se la camera viene attraversata da una particella elettricamente carica, si forma una scia dovuta alla condensazione del vapore acqueo attorno agli atomi ionizzati formatisi in seguito agli urti con la particella carica incidente. Anderson applicò alla camera dei campi magnetici prodotti da due potenti elettromagneti capaci di produrre un campo magnetico di 1,7 Tesla (circa 34.000 volte il campo magnetico terrestre) in modo da poter curvare le particelle elettriche che attraversavano la camera a nebbia per una nota legge di elettromagnetismo. Analizzando la scia lasciata dalla particella e considerando che il raggio di curvatura dipende dalla carica e dalla massa della particella era possibile risalire alla sua natura.

L'esperimento di Anderson aveva messo in evidenza il ruolo fondamentale dell'equazione di Dirac e la sua potenza predittiva rispetto alla quale lo stesso

Dirac affermò: "l'equazione è stata più intelligente di me". Dirac fu insignito insieme a Schrödinger del premio Nobel per la fisica nel 1933 per i suoi fondamentali contributi alla fisica quantistica.

L'antimateria è dotata di una peculiare caratteristica: se viene in contatto con la materia si annichila trasformandosi in energia elettromagnetica secondo la formula di Einstein $E = mc^2$.

La previsione e la scoperta dell'antimateria ha rappresentato un'enorme svolta anche da un punto di vista concettuale in quanto ci ha fatto capire che la forma della materia che conosciamo non è l'unica esistente ma esiste ed è possibile produrre una forma di materia del tutto identica a quella ordinaria ma con i singoli costituenti (protoni ed elettroni) aventi carica elettrica opposta. Ovviamente il fatto che esiste un Universo fatto di materia ci fa dedurre che la quantità di antimateria è irrisoria altrimenti tutta la materia e l'antimateria dell'Universo si trasformerebbero in energia tramite una mega annichilazione e poi magari l'energia si riconvertirebbe di nuovo in materia, continuando ad libitum questo processo di annichilamento e riconversione in materia. In realtà durante il periodo primordiale dell'Universo, la quantità di materia e antimateria era la stessa ed effettivamente si avvicendavano processi di annichilimento e trasformazione in materia in una sorta di equilibrio instabile. In base a studi fatti sulla radiazione cosmica di fondo, si è capito che a causa di una lievissima asimmetria tra materia e antimateria, quest'ultima è scomparsa quasi del tutto e solo la materia è sopravvissuta. Parliamo in ogni caso di un'estinzione di grandi proporzioni, si stima che solo una parte di materia su un miliardo sia sopravvissuta dando origine, nei miliardi di anni successivi, alle galassie, le stelle, i pianeti e la vita.

Le piccole quantità di antimateria esistenti in natura provengono dai raggi cosmici, ma si tratta di quantità davvero piccole. Anche in alcuni alimenti ricchi di potassio come le arance e le banane sono prodotti degli antielettroni dal decadimento di un isotopo del potassio (potassio 40), presente in natura con una percentuale molto bassa, circa il 0,012%. Ricordiamo che il numero che segue l'elemento si riferisce al numero di massa atomica, cioè la somma dei protoni e dei neutroni all'interno del nucleo e che gli *isotopi* sono atomi aventi lo stesso numero di protoni e un diverso numero di neutroni. Ad esempio, gli isotopi del potassio ne sono tre: il potassio 39 con 19 protoni e 20 neutroni, presente in natura con una percentuale del 93,2%; il potassio 41 con 22 neutroni e una percentuale del 6,8% ed infine quello radioattivo, cioè il potassio 40 con 21 neutroni.

Il nostro stesso corpo, contenendo potassio, emette una piccolissima quantità di antimateria sotto forma di positroni; si tratta di circa 170 positroni ogni ora. In ogni caso i positroni hanno una vita molto breve, si annichilano appena incontrano un elettrone ossia quasi istantaneamente liberando un'energia sotto forma di raggi gamma pari alla massa delle coppie elettrone-positrone per la velocità della luce al quadrato. Dal momento che la massa dei positroni e degli elettroni è molto piccola ($9,2 \times 10^{-31}$ kg), l'energia prodotta dalla loro trasformazione in energia è altrettanto piccola. Possiamo stimare che in un'ora il nostro corpo emette una quantità di energia dovuto all'annichilamento dei positroni da noi prodotti pari a circa 100 miliardi di volte più piccola di una caloria, praticamente impercettibile.

Per produrre invece antimateria in maniera artificiale e in quantità meno modesta, si fanno collidere fotoni ad altissima energia (raggi gamma) con la materia oppure si utilizzano i grandi acceleratori di particelle in cui si fanno scontrare a velocità prossima alla velocità della luce elettroni o protoni. In seguito all'urto parte dell'energia si trasforma in massa dando vita alle coppie particelle-antiparticelle. In questo modo, nel 1955 è stato scoperto presso l'acceleratore di particelle del Lawrence Berkeley National Laboratory in California, l'antiprotone e l'anno successivo l'antineutrone nello stesso laboratorio. Gli esperimenti che portarono alla scoperta dell'antiprotone furono guidati dal fisico italiano Emilio Segrè e dal fisico statunitense Owen Chamberlain che, ricevettero per questa scoperta il premio Nobel nel 1959. Nel 1977, al CERN di Ginevra furono creati circa 50.000 antiatomi di idrogeno formati da un antiprotone con carica negativa e un antielettrone con carica positiva, mentre nel 2011, presso i laboratori nazionali americani di Brookhaven è stato creato il più grande nucleo di antimateria ovvero l'antinucleo dell'elio 4, formato da due antiprotoni e due antineutroni.

Se la materia e l'antimateria si trasformano integralmente in energia, è lecito chiedersi se sarebbe possibile sfruttare l'annichilamento della materia con l'antimateria per produrre energia. Si tratterebbe di energia pulita senza nessun tipo di scorie radioattive e con una efficienza di gran lunga superiore a tutte le altre forme di energia. L'annichilamento di un kg di antimateria con uno di materia produrrebbe circa 2 miliardi di volte l'energia prodotta dalla combustione di un kg di petrolio e circa 70 volte l'energia prodotta dalla fusione nucleare di un kg di idrogeno. Sarebbe quindi possibile realizzare dei motori che utilizzano l'antimateria come nella nota serie televisiva di Star Trek? In effetti da un punto di vista della fisica, il ragionamento non fa una piega e la cosa sarebbe possibile. Tuttavia, oltre alla difficoltà tecnologica dovuta allo storage dell'antimateria che va tenuta lontana dalla materia per ovvi motivi, produrre antimateria è estremamente costoso, forse il materiale più costoso al mondo. È stato stimato che il costo di un solo grammo di antimateria è dell'ordine di circa 50 miliardi di euro, il che rende impossibile utilizzare l'antimateria come una fonte di energia, almeno per il momento.

La potenzialità predittiva dell'equazione di Dirac non si esaurisce con lo spin e l'antimateria, ma riesce a spiegare in maniera naturale anche la *struttura fine* dei livelli energetici degli atomi di idrogeno. Spiegazione ottenuta già precedentemente aggiungendo ad hoc dei termini aggiuntivi nell'equazione di Schrödinger per tener conto degli effetti relativistici e dell'interazione tra lo spin dell'elettrone e l'orbita. Tuttavia, restava inspiegata una piccola differenza tra i livelli energetici relativi agli orbitali $2s$ e $2p$, misurata in maniera precisa da Willis Lamb e Robert Retherford nel 1947 con un brillante esperimento e nota come *Lamb shift*.

Inoltre, l'equazione di Dirac riesce anche a predire il rapporto giromagnetico dell'elettrone che costituiva un bel rompicapo per i fisici dell'epoca.

Come abbiamo visto nel paragrafo precedente, il momento magnetico dell'elettrone è proporzionale al suo spin tramite un coefficiente che prende il nome di rapporto giromagnetico. Tale coefficiente, nell'ambito della teoria classica, assume un valore pari a uno; invece, sperimentalmente si trovava un valore pari a circa il doppio di quello previsto. Risolvendo l'equazione di Dirac per l'elettrone in un campo elettromagnetico si trova che il fattore giromagnetico è uguale a 2 a fronte del primo accurato valore sperimentale misurato nel 1947 dai fisici statunitensi Polykarp Kusch e Henry Foley, che differisce dello 0,12% da quello previsto dall'equazione di Dirac. Per questa accurata misura, Kusch ricevette il premio Nobel per la Fisica nel 1955. Una differenza così piccola sembra insignificante così come quelle piccole separazioni dei livelli energetici degli spettri dell'atomo di idrogeno (*Lamb shift*), ma in realtà sono state cruciali per la nascita di quella che è considerata la più precisa teoria fisica esistente dal punto di vista predittivo cioè l'elettrodinamica quantistica meglio nota come QED (Quantum Electro Dynamics). Considerata un vero e proprio gioiello della fisica, la QED si occupa dei fenomeni elettromagnetici da un punto di vista quantistico.

Non c'è dubbio che le equazioni di campo di Einstein (vedi Cap. 1) e l'equazione di Dirac siano le più importanti della fisica moderna. Come fatto per l'equazione di campo, varrebbe quindi la pena di scrivere anche l'equazione di Dirac e commentarla, ma non è nostra intenzione fare un'altra eccezione e venire meno alla premessa di non utilizzare equazioni o formule complicate. Tuttavia, in Fig. 2.6 si può ammirare una forma insolita dell'equazione, incisa nella lapide commemorativa del grande scienziato inglese inaugurata il 13 novembre 1995 in una navata dell'Abbazia di Westminster (Londra) non distante dal monumento dedicato a Newton e dalle tombe di altri famosi scienziati e personaggi britannici.

L'incontro tra la meccanica quantistica e la Relatività ristretta fu sicuramente felice e fruttuoso portando alla formulazione di una teoria più generale

Figura 2.6 Lapide commemorativa di P. A. M Dirac sulla quale è riportata la sua famosa equazione. Inaugurata nel 1995, la lapide si trova in una navata dell'Abbazia di Westminster

grazie alla quale è stato possibile predire una nuova forma di materia e spiegare nuovi fenomeni.

La stessa cosa non si può dire dell'incontro tra la teoria della Relatività generale e la meccanica quantistica che a distanza di oltre 100 anni, nonostante gli sforzi fatti da grandi scienziati ed in primis da Einstein, non ha ancora portato ad una teoria più generale in cui possano prendere forma in maniera naturale la gravità e i fenomeni quantistici.

2.4 L'infinitamente piccolo e le forze fondamentali

Dirac non si limita a scrivere una delle equazioni più belle ed importanti della Fisica, ma va oltre e formula insieme a Pauli e Heisenberg la prima versione della teoria quantistica dei campi, un'ulteriore evoluzione della meccanica quantistica di fondamentale importanza per la fisica delle particelle e delle interazioni fondamentali.

La teoria quantistica dei campi introduce un nuovo paradigma nel modo di concepire le forze o interazioni fondamentali e i campi a loro associati. Ricordiamo che oltre alla ben nota forza di gravità e a quella elettromagnetica responsabile delle interazioni tra le cariche elettriche e quindi anche delle proprietà chimiche degli elementi, esistono altre due forze: la nucleare forte e la nucleare debole. Dopotutto, se il nucleo atomico è costituito di protoni che, pur avendo la stessa carica positiva, non si respingono, deve esistere necessariamente una forza tra i protoni più intensa della forza di Coulomb che tenderebbe a respingerli. Questa forza è la forza nucleare forte, essa agisce tra protoni e neutroni, è sempre attrattiva ma ha un raggio d'azione molto piccolo, paragonabile alle dimensioni di un nucleo atomico (10^{-15} m) con un'intensità che è circa 100 volte più grande della forza elettromagnetica e ben 10^{38} volte maggiore della forza gravitazionale. Tuttavia, non tutte le particelle sono soggette a tale forza e questa permette di fare un'altra importante classificazione delle particelle elementari: gli *adroni* sui quali agiscono tutte le forze come protoni e neutroni e i *leptoni* sui quali non agisce la forza nucleare forte come l'elettrone e il positrone.

La forza nucleare debole è invece responsabile dei processi radioattivi, ossia la trasformazione in un atomo instabile in un altro stabile tramite emissione di radiazione. Come esempio riportiamo quello citato nel paragrafo precedente a proposito dell'emissione naturale dell'antimateria: il potassio 40 contenuto in molti alimenti e quindi anche nel nostro corpo, si trasforma in percentuale bassissima (0,001%) in argon 40 tramite decadimento radioattivo di tipo β^+ in cui un protone si trasforma in un neutrone emettendo un antielettrone e una particella estremamente leggera chiamata *neutrino*. Questo processo avviene grazie all'esistenza della forza o interazione debole il cui raggio di azione è ancora più piccolo (10^{-18} m) e la cui intensità è circa 1 milione di volte più piccola della forza nucleare forte ma comunque molto più intensa della forza gravitazionale che è di gran lunga la forza meno intensa rispetto alle altre. Prima di riprendere il discorso sulla teoria quantistica, vale la pena aprire una parentesi sul neutrino, particella di fondamentale importanza anche in campi della fisica diversi da quello delle particelle elementari ed interazioni fondamentali.

Il neutrino fu introdotto da Pauli nel 1930 per spiegare alcune anomalie nel processo di decadimento beta in cui un neutrone si trasforma in un protone e un elettrone. Questo avviene in alcuni atomi radioattivi il cui nucleo presenta un eccesso di neutroni rispetto ai protoni. Questi atomi non sono stabili e per diventarlo almeno un neutrone si deve trasformare in un protone come avviene nel caso del cobalto 60 che si trasforma in nichel 60, emettendo un elettrone noto anche come *raggio beta*. Anche il neutrone isolato non è stabile e in circa 18 minuti si trasforma in un protone e un elettrone. In effetti, in questo processo non tornavano i conti: la somma dell'energia del protone e dell'elettrone era inferiore a quella del neutrone, inoltre anche la quantità di moto non si conservava in quanto le particelle generate (elettrone e protone) invece di andare in direzioni opposte, formavano un angolo tra di loro. Il tutto lasciava intuire l'esistenza di una nuova particella necessariamente neutra e molto leggera alla quale Fermi diede il nome di neutrino, immaginando un piccolo neutrone. A causa della debolissima interazione con la materia e la sua massa piccolissima, il neutrino è stato scoperto solo nel 1956 dai fisici statunitensi Frederich Reines e Clyde Cowan i quali utilizzarono un enorme rivelatore montato nei pressi di una centrale atomica che produce molti neutrini. A differenza di altre scorie radioattive delle centrali nucleari, i neutrini non sono per niente pericolosi in quanto attraversano il corpo umano quasi alla velocità della luce senza interagire con nessun tessuto o cellula del nostro corpo. Dopotutto, il nostro corpo è attraversato mediamente ogni secondo da oltre 400.000 miliardi di neutrini provenienti dal Sole, decisamente superiore a quelli dovuti alle centrali nucleari che sono al massimo 100 miliardi al secondo ossia 4000 volte di meno rispetto a quelli solari. Inoltre, come già abbiamo avuto modo di dire nel paragrafo precedente, il nostro stesso corpo produce antimateria tramite il decadimento del potassio 40 ed insieme all'antimateria vengono prodotti anche neutrini che si aggirano intorno ai 4000 al giorno. La massa del neutrino è stata per lunghi anni oggetto di studio e ricerche. Inizialmente si ipotizzava che il neutrino avesse massa zero, ma successivi esperimenti, tra cui anche quello recente *Katrin* (Karlsruhe Tritium Neutrino) hanno fissato un limite superiore alla massa del neutrino che è pari a $0,8$ eV/c^2 il che equivale a dire che il neutrino ha al massimo una massa 630.000 volte più piccola di quella dell'elettrone che è la particella stabile più piccola in assoluto. Si noti che, sfruttando la famosa equazione $E = mc^2$ di cui abbiamo parlato nel Cap. 1, la massa è stata espressa come il rapporto tra un'energia (eV) e la velocità della luce al quadrato (c^2). Molte volte si omette il termine c^2 e semplicemente si esprime la massa delle particelle in eV e suoi multipli (keV $= 10^3$ eV, MeV $= 10^6$ eV, GeV $= 10^9$ eV). Ad esempio, possiamo dire che l'elettrone ha una massa di 511 keV, il protone e il neutrone di circa 1 GeV.

Ma perché è così importante il neutrino? Questa elusiva particella è stata uno dei principali candidati per spiegare la famosa materia oscura che permea il nostro Universo ma non interagisce e non è visibile. Oggi, considerata la sua piccolissima massa si è molto scettici su questa ipotesi.

Vi è poi il problema dei neutrini solari: il flusso di neutrini provenienti dal Sole è decisamente inferiore a quello previsto dalla teoria del modello solare mettendo in crisi la validità del modello. Dopo oltre 40 anni, il problema è stato risolto nel 2002 grazie ad un'indagine approfondita sulla natura dei neutrini che ha portato alla scoperta delle oscillazioni del neutrino. Dopo essere prodotti dal Sole, queste piccolissime particelle possono trasformarsi in neutrini di un'altra famiglia, riducendo quindi il numero di neutrini misurati dai rilevatori sulla Terra che non sono adatti per rilevare i neutrini dell'altra famiglia. Infine, i neutrini possono fornire importanti informazioni anche sulle zone più remote dell'Universo dal momento che interagiscono poco con la materia che incontrano sulla loro strada. Quindi da questo punto di vista sono degli ottimi messaggeri, a patto che si riescano a rilevare in numero sufficiente per riscostruire le informazioni che trasportano.

Tornando alla teoria quantistica dei campi, una delle assunzioni di base è che i campi associati alle forze sono quantizzati e le particelle sono delle eccitazioni del campo, i fotoni sono appunto degli stati eccitati del campo elettromagnetico. Piu in generale i fermioni e i bosoni sono rispettivamente eccitazioni di campi fermionici e bosonici. Il nuovo paradigma introdotto dalla teoria quantistica dei campi non prevede più una netta distinzione tra particelle materiali e campi immateriali ma un'unica quantità fisica, il campo, presente in ogni punto dello spazio-tempo, le cui eccitazioni sono le particelle. In pratica, un campo quantistico viene trattato come se fosse costituito da infiniti oscillatori armonici quantistici i cui stati eccitati sono appunto le particelle. Inoltre, le forze fondamentali della natura si trasmettono tramite emissione e assorbimento di particelle che prendono il nome di mediatori delle forze anch'essi eccitazioni dei campi. Ad esempio, la forza di Coulomb tra due cariche elettriche si trasmette tramite lo scambio di fotoni che sono i mediatori della forza elettromagnetica. Se consideriamo ad esempio due elettroni, da uno dei due parte un fotone che viene assorbito dall'altro ed è proprio questo scambio di particelle che produce l'interazione repulsiva tra le due particelle (Fig. 2.7).

Nei casi in cui i mediatori sono privi di massa, il raggio di azione delle forze è infinito, nel caso invece di mediatori massivi il raggio di azione è finito ed è inversamente proporzionale alla massa del mediatore.

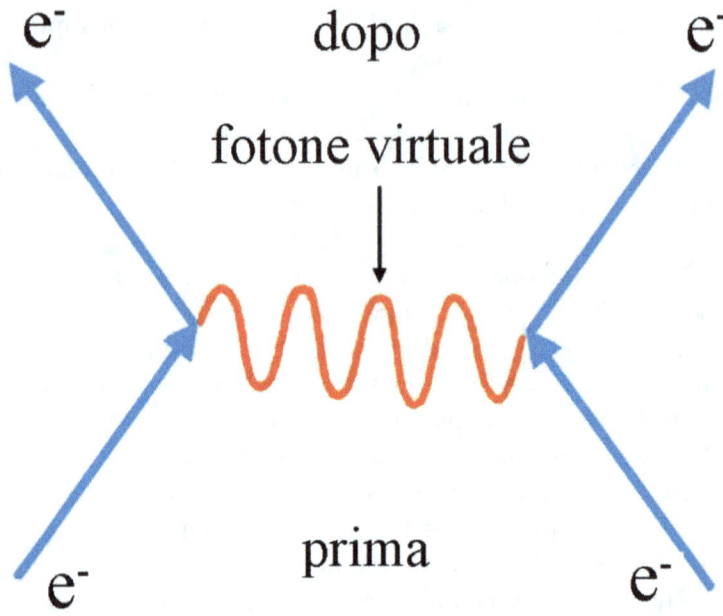

Figura 2.7 Interazione elettromagnetica. La forza di repulsione tra i due elettroni avviene tramite lo scambio di un fotone virtuale. Tutte le interazioni sono caratterizzate dallo stesso meccanismo

Ma come si creano queste particelle mediatrici? Vengono fuori dal nulla? In realtà sì: in base al principio di indeterminazione energia-tempo, è possibile avere una fluttuazione di energia in un tempo piccolo purché il loro prodotto sia dell'ordine della costante di Planck.

Quindi maggiore è la fluttuazione in energia, minore deve essere il tempo di vita della particella virtuale. Nel caso in cui la particella sia massiva, è necessaria una fluttuazione di energia pari ad almeno la sua massa per la velocità della luce al quadrato ($E = mc^2$). A tale fluttuazione di energia corrisponderà una fluttuazione di tempo che è proprio il tempo di vita della particella, il quale sarà tanto minore quanto maggiore è la massa della particella mediatrice. Quindi anche supponendo velocità prossime a quella della luce, inevitabilmente dopo una certa distanza la particella virtuale svanisce e quindi termina l'azione della forza di cui è mediatrice. Avendo le due forze nucleari forti e deboli un raggio d'azione molto piccolo, deduciamo che le particelle mediatrici sono massive e nel caso della forza nucleare debole sono ancora più massive rispetto a quelle della forza nucleare forte. Nel caso invece della forza elettromagnetica, avendo il mediatore (fotone) massa nulla, il raggio d'azione è infinito.

Questa nuova visione delle interazioni fondamentali mediata da particelle virtuali stimolò alcune riflessioni ed ipotesi molto suggestive che portarono ad un nuovo concetto di vuoto (*il vuoto quantistico*) non più considerato come una porzione dello spazio in cui non è presente né materia né radiazione, ma come qualcosa di estremamente dinamico in cui in virtù del principio di indeterminazione, appaiono e scompaiono particelle e campi virtuali per un intervallo di tempo brevissimo. Dopotutto se immaginiamo un vuoto caratterizzato dall'assenza di qualsiasi cosa, stiamo affermando implicitamente che l'energia del vuoto è esattamente zero ma ciò è in disaccordo con il principio di indeterminazione energia-tempo che impone dei limiti all'indeterminazione dell'energia, essa non può assumere un valore esatto a meno che non supponiamo un'indeterminazione infinita sul tempo.

Una diretta conseguenza del vuoto quantistico è un particolare effetto ipotizzato dal fisico olandese Hendrik Casimir e noto appunto come effetto Casimir, spettacolare evidenza a livello macroscopico del vuoto quantistico. Tale effetto prevede che due lamine metalliche, se poste a piccolissima distanza tra di loro, si attraggono ma non per effetto gravitazionale o elettrostatico ma per la differenza di pressione esercitata dai fotoni virtuali che esiste tra l'interno delle lamine affacciate e l'esterno. Infatti, poiché all'interno delle lamine possono esistere solo fotoni con particolari lunghezze d'onda legate alle distanze tra le lamine, questi sono inferiori rispetto ai fotoni che mediamente si creano all'esterno; pertanto, si instaura una differenza di pressione che tende a far avvicinare le lamine. L'effetto Casimir dinamico prevede invece la conversione dei fotoni virtuali in fotoni reali, dovuta ad una perturbazione del vuoto quantistico come quella generata da due specchi che si avvicinano a velocità prossime a quella della luce. In sostanza, questo effetto prevede la creazione della luce dal nulla o, meglio ancora, dal vuoto quantistico. Questi straordinari effetti sono stati verificati sperimentalmente confermando l'esistenza del vuoto quantistico. Nel 1997 presso i laboratori dell'Università della California è stato verificato l'effetto Casimir statico, misurando la forza di attrazione tra una sfera e una lamina sottile poste ad una distanza compresa tra 0,6 e 6 µm. Nel 2011 anche l'effetto Casimir dinamico è stato verificato, osservando la creazione di fotoni reali. In questo caso, non potendo realizzare un sistema sperimentale in cui due specchi si muovevano a velocità relativistiche, è stato impiegato un particolare circuito superconduttore in cui una opportuna linea di trasmissione di lunghezza elettrica variabile realizzava le condizioni sperimentali per osservare l'effetto Casimir dinamico. In questo esperimento si riusciva a variare la lunghezza elettrica della linea di trasmissione con velocità pari ad una frazione sostanziale della velocità della luce ottenendo un sistema analogo ai due specchi in moto relativistico.

Un altro effetto legato al vuoto quantistico che vale la pena di citare anche se non è stato ancora verificato sperimentalmente è l'effetto Unruh. Ipotizzato nel 1976 dal fisico teorico canadese William Unruh, l'effetto prevede che un osservatore con moto accelerato nel vuoto osservi un gas caldo di particelle la cui temperatura è proporzionale alla sua accelerazione, laddove un osservatore inerziale (velocita costante) vedrebbe solo lo spazio vuoto. In altri termini un'astronave con un opportuno valore di accelerazione vedrebbe un bagliore dovuto al gas caldo che ci evoca le stelle striate che apparivano nella famosa saga di Star Wars quando l'astronave saltava nell'iperspazio. Secondo l'ipotesi di Unruh le fluttuazioni del vuoto quantistico vengono amplificate da un corpo accelerato, manifestando i suoi sbalorditivi effetti come l'osservazione delle particelle virtuali che diventano reali. Tuttavia il suddetto effetto è molto difficile da verificare in quanto si parla di accelerazioni estremamente elevate: un sistema come un atomo dovrebbe raggiungere la velocità della luce in meno di un milionesimo di secondo per vedere un ragionevole effetto. Si parla quindi di accelerazioni superiori ad 10^{13} (10.000 miliardi) volte l'accelerazione di gravità terrestre ($g = 9,8$ m/s^2). Si pensi che un'astronauta in fase di decollo è soggetto ad una accelerazione pari a $2-3g$. Quindi ancora una volta una forte perturbazione del vuoto quantistico come una accelerazione estrema consente di osservarne gli effetti.

Il concetto di vuoto quantistico potrebbe essere alla base di questioni cosmologiche di estrema importanza come l'espansione accelerata dell'Universo oltre il previsto. In altri termini potrebbe giustificare l'esistenza di una forza repulsiva simile a quella immaginata da Einstein e formalizzata con l'introduzione della famosa costante cosmologica, considerata da lui stesso un grave errore (vedi Cap. 1). Inoltre, così come la luce può nascere da una fluttuazione del vuoto quantistico, l'Universo potrebbe essere nato da una fluttuazione del vuoto quantistico come teorizzato negli anni '70 e '80 dai fisici Edward Tryon e Alexander Vilenkin, sulla base di un'ipotesi di Pascual Jourdan secondo la quale un oggetto macroscopico anche di grande dimensione come una stella potrebbe nascere da una fluttuazione statistica del vuoto. Quindi anche nel mondo dell'infinitamente grande, il principio di indeterminazione e il vuoto quantistico sono alla base di ipotesi e teorie molto suggestive e dirompenti. A tal proposito, prima di chiudere questa interessante e doverosa parentesi sul vuoto quantistico, vale la pena ricordare la teoria del noto astrofisico inglese Stephen Hawking riguardante la radiazione emessa dai buchi neri. Il grande astrofisico nel 1974 ipotizzò che i buchi neri non sono neri per niente nel senso che oltre ad inghiottire tutto, incluso la luce, emettono anche una radiazione noto come *radiazione di Hawking*. Sull'orizzonte degli eventi di un buco nero (ossia la superficie oltre la quale niente più sfuggire al buco nero), secondo la teoria di Hawking si creerebbero, a causa di una fluttuazione del vuoto quantistico, delle coppie di particella-antiparticella, una delle quali verrebbe inghiottita dal buco nero e l'altra verrebbe invece emessa (radiazione di Hawking). Poiché l'energia si deve conservare, la particella caduta nel buco nero dovrà avere un'energia uguale ed opposta a quella che è sfuggita, il che equivale ad un'energia negativa che può essere immaginata come un'energia sottratta al buco nero. Pertanto, nonostante le coppie di particelle si siano create per una fluttuazione quantistica, l'esistenza duratura della particella che sfugge implica un consumo di energia da parte del buco nero, il quale inevitabilmente si consumerebbe/evaporerebbe in quanto trasformerebbe tutta la sua massa in energia per emettere la radiazione di Hawking. Naturalmente parliamo di tempi cosmologici, un buco nero con una massa pari a quella solare e completamente isolato impiegherebbe un tempo molto più grande della età dell'Universo (circa 14 miliardi di anni) per consumarsi. Inoltre, va considerato che il buco nero, anche se emette radiazione, allo stesso tempo continua a nutrirsi avidamente inghiottendo tutto intorno a sé in quanto difficilmente è completamente isolato. Pertanto, un'evaporazione completa del buco nero sarebbe possibile solo per quelli di dimensioni modeste, anche perché la potenza emessa da un buco nero, dovuta alla sua evaporazione, è inversamente proporzionale alla sua massa. La verifica dell'esistenza della radiazione di Hawking non è semplice; tuttavia, sono stati effettuati alcuni esperimenti che sembrano confermare la teoria di Hawking.

Adesso proviamo a percorrere le tappe fondamentali che hanno portato al modello standard, ovvero la teoria quantistica che spiega le quattro interazioni fondamentali e le proprietà delle particelle fondamentali. Partendo dai nuovi paradigmi della teoria quantistica dei campi, nel 1933 Fermi propose la prima teoria delle forze nucleari deboli che prevedeva l'interazione puntuale o di contatto dei tre fermioni coinvolti (neutrone, elettrone e antineutrino) nel decadimento beta. Seconda la teoria, l'emissione di un elettrone e di un antineutrino da parte di alcuni atomi era dovuta alla trasformazione di un neutrone in un protone. Questa trasformazione avveniva all'interno del nucleo grazie ad una nuova forza chiamata successivamente forza nucleare debole e proprio nel nucleo si generava l'elettrone che fuoriusciva dall'atomo. In qualche modo un processo simile alla generazione di fotoni quando un elettrone passa da un orbitale ad energia maggiore ad uno con energia minore. La teoria di Fermi permetteva di calcolare con una buona accuratezza l'energia degli elettroni emessi nei decadimenti beta e a predire che la nuova forza nucleare debole fosse circa 10.000 volte meno intensa di quella elettromagnetica. Fermi sottomise i risultati della sua teoria alla prestigiosa rivista "Nature", la quale non accettò il lavoro adducendo che l'articolo era troppo speculativo e di poco interesse per la rivista, salvo pentirsene successivamente ammettendo il grave errore editoriale. Lo scienziato italiano pubblicò la teoria sulla rivista italiana "Il nuovo cimento" e sulla rivista tedesca "Zeitschrift für Physik", ma deluso e dispiaciuto del rifiuto della prestigiosa rivista, decise di dedicare più tempo agli aspetti sperimentale della fisica che ben presto lo portarono alla vittoria del premio Nobel nel 1938 per i suoi studi sulle reazioni nucleari e la scoperta di nuovi elementi radioattivi artificiali. Enrico Fermi, leader dei famosi ragazzi di via Panisperna, orgoglio della fisica italiana, è stato un fisico formidabile, uno dei pochi a destreggiarsi con abilità tra fisica teorica e sperimentale e capace di dare dei contribuiti fondamentali in entrambi i campi. Probabilmente il più grande fisico italiano dai tempi di Galileo.

Successivamente la teoria di Fermi venne modificata introducendo delle nuove particelle mediatrici che venivano scambiate durante il processo di decadimento beta, quindi non più un'interazione diretta tra le particelle ma tramite particelle virtuali.

Ispirandosi alla teoria di Fermi delle interazioni deboli, il fisico giapponese Hideki Yukawa nel 1934 propose la prima teoria della forza nucleare forte che, in analogia con quella elettromagnetica mediata dal fotone, si trasmetteva tramite lo scambio di una particella con una massa di circa 140 MeV (circa 280 volte la massa dell'elettrone), chiamata *mesone* π o *pione*. Quindi Yukawa, in aggiunta alla teoria di Fermi, ipotizzò l'esistenza di forze nucleari di scambio mediata da una particella virtuale. Introdusse inoltre un potenziale, noto come potenziale di Yukawa, che teneva conto del piccolissimo campo di azione della forza nucleare forte. In effetti a differenza di quello di Coulomb per la forza elettrica che è inversamente proporzionale alla distanza della sorgente, quello di Yukawa prevedeva una lunghezza caratteristica che coincide approssimativamente con il raggio d'azione dell'interazione nucleare forte e un andamento con una decrescita esponenziale, quindi una forza che va rapidamente a zero appena superato il suo raggio d'azione. La particella ipotizzata da Yukawa, inizialmente confusa con il muone (un elettrone pesante), fu scoperta nel 1947 da Cesar Lattes, Cecil Frank Powell e Giuseppe Occhialini, utilizzando dei rilevatori basati su emulsioni nucleari in cui, in seguito al passaggio di una particella carica, dei cristalli di bromuro d'argento si ionizzano dando luogo alla formazione di grani scuri aventi un diametro di circa 0,5 mm. È quindi possibile osservare la traiettoria della particella e ricavare informazioni fondamentali all'identificazione e tipologia di particella. I tre fisici sperimentali portarono il rilevatore in montagna e lo esposero ai raggi cosmici; dopo un'accurata analisi delle traiettorie lasciate dalle particelle contenute nei raggi cosmici, identificarono una particella le cui caratteristiche coincidevano con quelle ipotizzate da Yukawa. Lo scienziato giapponese fu insignito del premio Nobel nel 1949 per

2 La Meccanica Quantistica: il bizzarro mondo atomico e subatomico

la sua teoria dell'interazione nucleare forte. Tuttavia, come vedremo in seguito, questa teoria verrà poi inglobata e sostituita da teorie più generali in cui il pione, così come il protone e il neutrone sono composti da particelle ancora più elementari.

L'elettrodinamica quantistica (QED), sviluppata da Richard Feynman, Julian Schwinger, Freeman Dyson, Sin-Itiro Tomonaga e Hans Bethe alla fine degli anni '40 del secolo scorso, è la teoria quantistica del campo elettromagnetico e riesce a spiegare con una precisione inaudita le discrepanze tra le misure sperimentali del momento magnetico dell'elettrone e del Lamb shift rispetto alle previsioni della teoria di Dirac. L'aspetto centrale della teoria risiede nell'interazione dell'elettrone con il campo elettromagnetico quantizzato e nella risoluzione di un grande problema legato ai valori infiniti che uscivano fuori quando venivano fatti i calcoli. Il problema degli infiniti fu risolto da Bethe utilizzando una particolare procedura matematica chiamata rinormalizzazione che prevede l'eliminazione degli infiniti tramite una ridefinizione di alcune costanti. Nonostante questo modo di procedere un po' spurio, che sicuramente non è apprezzato dai puristi dell'eleganza matematica nella fisica abituati a trattare con l'equazione di campo di Einstein o con quella di Dirac, la capacità predittiva della QED è senza precedenti e la tecnica della rinormalizzazione diventò un test per capire se una teoria quantistica di campo è valida o meno. Per lo sviluppo dell'elettrodinamica quantistica, Feynman, Schwinger, e Tomonaga ricevettero il premio Nobel nel 1965. Particolarmente importante fu l'approccio di Feynman che introdusse dei grafi particolari noti come *diagrammi di Feynman*; essi rappresentano l'evoluzione spaziale e temporale dell'interazione tra le particelle e semplificano anche i lunghi calcoli. I suddetti diagrammi divennero uno strumento fondamentale e ampiamente utilizzati anche nelle altre teorie quantistiche dei campi.

Oramai il cammino era stato avviato e ben presto si sarebbero formulate anche le teorie generali per la forza nucleare forte e debole anche se in questo caso fu fondamentale l'utilizzo combinato di altre teorie di grande bellezza e importanza note come *teorie di gauge* basate sui concetti di simmetria. Lo strumento matematico per studiare le simmetrie è la *teoria dei gruppi* che ben presto si aggiungerà al già nutrito parco matematico della fisica quantistica.

Come visto nel Cap. 1, Einstein è stato il primo ad introdurre un principio di simmetria nella fisica moderna; infatti, il primo principio della Relatività ristretta ci dice che le leggi della fisica devono essere invarianti rispetto alle trasformazioni di Lorentz. Di seguito altri due grandi scienziati hanno dato un fondamentale contributo all'utilizzo delle simmetrie nella fisica. La matematica tedesca Emmy Noether, forse la più importante nella storia della matematica, nel 1918 formulò un importante teorema noto come teorema di Noether con il quale si dimostrava che ad una simmetria di un sistema fisico corrisponde una legge di conservazione. Quindi sono le simmetrie che determinano le leggi di conservazione vincolandole. Il grande fisico teorico Eugene Wigner sosteneva che: "le simmetrie sono leggi che le leggi di natura devono rispettare".

In base al teorema di Noether, si può dimostrare che all'invarianza per traslazione, conseguenza dell'uniformità dello spazio, scaturisce la legge di conservazione della quantità di moto, oppure che all'invarianza per rotazione dovuta all'isotropia dello spazio segue la legge di conservazione del momento angolare, o anche all'invarianza per traslazione temporale dovuta all'uniformità del tempo segue la conservazione dell'energia. In altri termini le più importanti leggi di conservazione scaturiscono dal fatto che un esperimento fornisce lo stesso risultato se viene eseguito in qualsiasi posto dello spazio e a distanza di giorni, anni o secoli.

Ma il matematico e fisico tedesco Hermann Weyl, considerato forse il maggiore esteta della fisica teorica, va oltre e alla fine degli anni Venti del secolo scorso propose di imporre particolari simmetrie per ricavare le leggi fondamentali della fisica (*principio di gauge*), ed in particolare per unificare la teoria della Relatività generale e quella dell'elettromagnetismo. L'audace impresa fallì ma con il principio di gauge Weyl aveva introdotto il concetto basilare delle suddette teorie di gauge basate su simmetrie rispetto a trasformazioni in spazi "interni".

In effetti, si impone che la funzione matematica che descrive l'energia (*lagrangiana*) non cambi forma rispetto a trasformazioni nei suddetti spazi interni e ciò implica necessariamente l'aggiunta di alcuni termini che descrivono l'interazione fondamentale in oggetto incluso il tipo e il numero di mediatori dell'interazione. Ad esempio, se applicata alla forza elettromagnetica, la richiesta di simmetria implica l'esistenza di un mediatore della forza che in questo caso è il fotone.

Nonostante Weyl non fosse riuscito nell'intento di unificare Relatività generale ed elettromagnetismo, era comunque fiero della sua teoria e qualche anno dopo disse a Bethe, il fisico che aveva utilizzato la forzatura matematica della "rinormalizzazione" per eliminare gli infiniti dall'elettrodinamica quantistica: "Nelle mie ricerche mi sono sempre sforzato di unire il vero al bello, ma quando dovetti scegliere tra l'uno e l'altro, di solito scelsi il bello".

Ma cosa sono gli spazi "interni"? Facciamo l'esempio più semplice: un protone e un neutrone dal punto di vista dell'interazione nucleare forte sono identici; quindi, si può immaginare uno spazio interno a due dimensioni (*isospin forte*) in cui protone e neutrone sono la stessa particella ma a seconda di come sono disposti in questo spazio (su o giù) assumono il carattere di protone o neutrone. In altri termini, dal punto di vista dell'interazione nucleare forte protone e neutrone sono due facce della stessa medaglia, a seconda di come è orientata la medaglia osserviamo il protone o il neutrone. In questo senso possiamo dire che la forza nucleare forte è invariante per rotazione nello spazio dell'isospin forte. Infatti, se in questo spazio ruotiamo il protone di 180° otteniamo il neutrone che dal punto di vista dell'interazione nucleare forte è identico al protone.

Negli anni '50 del secolo scorso i due fisici teorici Chen Ning Yang e Robert Mills formularono una teoria di gauge per spiegare le interazioni forti partendo appunto da una simmetria per rotazione nello spazio interno bidimensionale dell'isospin forte. La teoria non ebbe successo in quanto dall'imposizione dell'invarianza di gauge scaturiva l'esistenza di tre mediatori della forza privi di massa, ma avendo l'interazione forte un piccolissimo raggio d'azione le particelle mediatrici non potevano essere prive di masse.

Agli inizi degli anni '60, il fisico statunitense Sheldon Glasgow riprese la teoria di Yang e Mills, ma stavolta per spiegare la forza debole per la quale c'erano forti indicazioni che il numero di particelle mediatrici fossero tre. Ancora una volta il problema della massa non prevista dalla teoria spense l'interesse per la teoria di Glasgow.

La svolta avvenne nel 1964 quando il fisico britannico Peter Higgs e indipendentemente François Englert e Robert Brout, introdussero un meccanismo che permetteva alle particelle di acquisire massa. Il meccanismo noto come meccanismo di Higgs si basava sull'esistenza di un campo onnipresente il cui mediatore era il famoso bosone di Higgs avente una massa 125 volte più grande di quella del protone e scoperto nel 2012 presso i laboratori del CERN dopo circa 50 anni dalla sua predizione. Quindi come nel caso del campo elettromagnetico, il fotone è il mediatore delle forze e può essere considerato come uno stato eccitato del campo elettromagnetico, allo stesso modo il bosone di Higgs è uno stato eccitato del campo di Higgs e la sua scoperta ha confermato il meccanismo che sta alla base dell'acquisizione della massa.

Quando si prova a spiegare il meccanismo di Higgs senza utilizzare il dovuto formalismo fisico-matematico, è molto probabile che si fornisca un quadro equivoco e mistificato. Ciononostante, al pari di altre fonti di divulgazione sull'argomento, proveremo a dare una spiegazione molto intuitiva servendoci di alcune metafore con il mondo macroscopico.

Potremmo immaginare il campo di Higgs come un mare calmo: se consideriamo un catamarano c'è minore resistenza dell'acqua mentre una nave mercantile o da crociera offre sicuramente una maggiore resistenza. Il catamarano e la nave da crociera nella nostra metafora rappresentano le particelle. Queste devono necessariamente attraversare il campo di Higgs ognuno con una resistenza diversa ed è proprio questa resistenza che identifica la massa delle particelle. Le particelle aventi masse piccole o zero come il fotone e l'elettrone (catamarano) sono poco interagenti con il campo di Higgs mentre quelle più pesanti come protone e neutrone (nave da crociera) interagiscono di più e quindi la massa è maggiore.

Possiamo anche immaginare una vasca piena di olio (campo di Higgs) in cui immergiamo delle sferette di massa trascurabile e ricoperte da un materiale con un diverso grado di impermeabilità all'olio. Le sferette che assorbono più olio avranno una massa maggiore mentre quelle che sono meno assorbenti avranno una minore massa o in caso di perfetta repellenza all'olio, avranno una massa trascurabile. In questa analogia le sferette più imbevute di olio corrispondono a particelle con massa maggiore mentre quelle olio-repellenti a particelle con massa minore.

Possiamo quindi affermare che le particelle che interagiscono molto con il campo di Higgs sono quelle più massive, mentre le particelle leggere come l'elettrone interagiscono poco e quelle senza massa come il fotone non interagiscono affatto. Sicuramente non sfuggirà al lettore una certa analogia tra il campo di Higgs e l'etere, entrambi pervadono l'intero spazio ed entrambi sono stati introdotti per dare senso nell'ambito della teoria a quantità fisiche (massa e onde elettromagnetiche). Tuttavia, nel caso del campo di Higgs c'è un'evidenza sperimentale inconfutabile mentre nel secondo caso non c'è mai stata nessuna prova della sua esistenza anzi c'è stata una teoria (Relatività ristretta) che ha giustificato in maniera egregia la sua inesistenza.

Proviamo adesso a dare una spiegazione un po' più formale utilizzando un fenomeno più generale noto come *rottura spontanea della simmetria*, introdotto nel 1961 da Yoichiro Nambu, Giovanni Jona-Lasinio e Jeffrey Goldstone per le particelle elementari ispirandosi ad un'analogia con i superconduttori, materiali di cui ci occuperemo nel Cap. 3.

Cosa si intende per rottura di simmetria? Per intuirlo consideriamo dapprima un esempio semplice. Un perfetto disco circolare omogeneo e monocolore è invariante per rotazione nel senso che se lo ruotiamo di qualsiasi angolo, risulta sempre lo stesso. Se invece lo tagliamo in due, esso non sarà più invariante per qualsiasi rotazione ma solo per rotazioni di 360 gradi. Abbiamo quindi rotto la simmetria. Un altro esempio è quello di un cilindro di gomma. Il cilindro è chiaramente simmetrico per qualsiasi rotazione attorno al proprio asse. Se si applica una forza debole sulla superficie superiore del cilindro, la simmetria si conserva in quanto esso non si deforma. Ma se l'intensità della forza supera un valore critico, il cilindro inizierà a piegarsi su sé stesso assumendo una forma curva. In tal caso la simmetria per rotazione si perde e siamo pertanto in presenza di una rottura di simmetria.

2 La Meccanica Quantistica: il bizzarro mondo atomico e subatomico

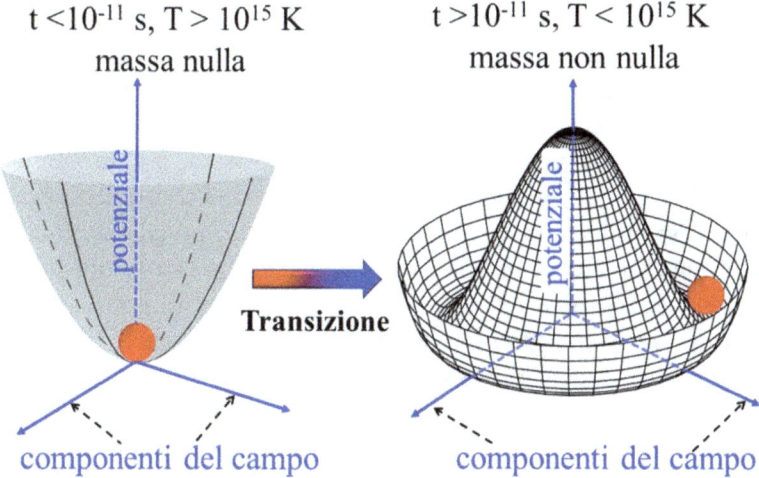

Figura 2.8 Rappresentazione del potenziale associato al campo di Higgs. Nei primi istanti dell'Universo, il campo di Higgs era essenzialmente zero in quanto il minimo dell'energia corrispondeva ad un valore nullo di campo. In seguito alla transizione dal potenziale paraboloide (sinistra) al potenziale a sombrero (destra), avvenuta dopo circa un centomiliardesimo di secondo (10^{-11} s) dal big bang, la presenza degli infiniti minimi di energia a campo diverso da zero ha implicato una rottura spontanea di simmetria che ha permesso alla materia di acquisire massa

Nel caso del campo di Higgs succede qualcosa di analogo. La funzione matematica che descrive il potenziale associato al campo di Higgs ha la forma di un sombrero (Fig. 2.8) che gode di una perfetta simmetria per rotazioni attorno al proprio asse verticale. Ma la peculiarità più importante del potenziale di Higgs è quella di avere i minimi dell'energia a campo diverso da zero; pertanto, gli stati di minima energia sono caratterizzati dalla presenza del campo di Higgs e nel punto di massimo relativo del potenziale (la sommità del sombrero), il campo è zero. Se invece consideriamo un potenziale paraboloide o a forma di scodella (Fig. 2.8), il minimo del potenziale corrisponde ad un valore nullo del campo.

Un esempio ci è dato dal campo elettromagnetico in cui gli stati con zero energia corrispondono all'assenza totale di campi elettrici e magnetici.

Anche se i due potenziali rappresentati in Fig. 2.8 sono entrambi simmetrici per rotazione attorno agli assi verticali, nel caso del potenziale a sombrero c'è una rottura spontanea di simmetria.

Infatti, l'unico punto di minimo dell'energia del potenziale paraboloide diventa, nel caso del potenziale a sombrero, l'intero solco contenente infiniti punti di minimo dell'energia. Se immaginiamo una particella nei rispettivi fondi dei potenziali, in un caso essa può oscillare solo attorno all'unico punto di minimo dell'energia (potenziale a scodella), nell'altro caso oltre ad oscillare lungo le pareti laterali può anche scivolare lungo il solco (potenziale a sombrero). Inoltre, la scelta di un punto particolare del solco in cui si posiziona la particella è evidentemente una rottura di simmetria. È come se mettessimo un'etichetta all'intero del solco del cappello con la conseguente perdita di simmetria rispetto ad una qualunque rotazione intorno all'asse. Infatti, se il cappello viene ruotato, cambia la posizione dell'etichetta e di conseguenza deduciamo che è stata effettuata una rotazione. Viceversa, in assenza di etichetta non abbiamo nessun modo di renderci conto che il cappello è stato ruotato.

Nei primi istanti dell'Universo, a causa dell'elevata temperatura, il suddetto potenziale aveva la forma simile ad un paraboloide, ragion per cui negli stati di minima energia corrispondenti al minimo della curva, il campo di Higgs era sostanzialmente zero.

Quando la temperatura è scesa al di sotto del valore critico pari a circa 10^{15} °C (10^{-11} secondi dopo il Big Bang), c'è stata una transizione dal potenziale paraboloide a quello a sombrero, il cui massimo è un punto di instabilità. Infatti, una minima fluttuazione quantistica fa decadere il sistema in uno degli infiniti punti del solco ad energia più bassa. In altre parole, una particella posta sul massimo rotola subito nel solco del sombrero. D'altra parte, in natura tutti i sistemi tendono alla minima energia.

La conseguente rottura spontanea della simmetria ha portato alla comparsa di due tipologie di particelle: una senza massa caratterizzata da un'oscillazione lungo il solco del potenziale a sombrero e l'altra avente massa la cui oscillazione avviene lungo le pareti laterali del solco. Il motivo per il quale nel solco del potenziale a sombrero nasce la massa della particella lo si capisce solo affrontando la questione con i dovuti strumenti formali della fisica teorica ma questa spiegazione, anche se incompleta, è quella più vicina alla teoria di Higgs, Englert e Brout.

Per completare questa parentesi più formale, va detto che il meccanismo secondo il quale una rottura spontanea di simmetria fosse necessariamente accompagnata dalla comparsa di particelle (*bosoni di Goldstone*), era un risultato teorico già consolidato (teorema di Goldstone) ma secondo la teoria le particelle erano a massa nulla. L'intuito e il pregio di Higgs, Englert e Brout fu quello di aver esteso la rottura spontanea di simmetria ad una *teoria di gauge locale*, in cui i bosoni di Goldstone a massa nulla si combinano con i bosoni mediatori di gauge anche essi a massa nulla originando particelle aventi massa.

Possiamo quindi affermare che le simmetrie della natura giocano un ruolo importante ma altrettanto fondamentali sono le rotture di simmetria grazie alle quali è nato l'Universo che conosciamo con corpi dotati di massa e senza antimateria. A tal proposito il fisico B. G. Wybourne, esperto di simmetrie e teorie dei gruppi, sosteneva: "Che mondo imperfetto sarebbe se ogni simmetria fosse perfetta"

In seguito alla fondamentale scoperta del bosone di Higgs che testimonia il meccanismo alla base dell'origine della massa, Peter Higgs e François Englert vinsero il premio Nobel nel 2013 per averlo previsto circa 50 anni prima, Robert Brout morì nel 2011 e purtroppo non ebbe né la soddisfazione di veder verificata la sua teoria, né tantomeno quella di vincere il premio Nobel che per regolamento non può essere assegnato alla memoria.

Chiudiamo questa doverosa sezione dedicata al bosone di Higgs con una curiosità. Spesso il bosone di Higgs è chiamata la particella di Dio, alludendo alla creazione, dal momento che questa particella è legata all'origine della massa. In realtà tale appellativo viene dal titolo non voluto di un libro divulgativo di grande successo scritto nel 1993 dal premio Nobel per la fisica nel 1988, Leon Lederman, *The God particle* (la particella di Dio). Il titolo originale proposto dall'autore alla casa editrice era *The goddamn particle* (la particella maledetta) per la grande difficoltà ad essere scoperta, ma per questione di marketing la casa editrice convinse Lederman ad utilizzare un titolo più attraente e l'aggettivo *goddamn* divenne *god* da cui il titolo finale, la particella di Dio.

Risolto il problema della massa dei mediatori delle forze, si riaccese l'interesse per le teorie di gauge e nel 1967 Steven Weinberg, Abdus Salam e Sheldon Glasgow formularono la teoria definitiva delle interazioni deboli includendo anche le interazioni elettromagnetiche in un'unica teoria unificata nota come teoria elettrodebole in cui, oltre al fotone, mediatore della forza elettromagnetica, comparivano tre particelle massive W^+, W^- e Z^0 che mediavano la forza nucleare debole. Così come elettricità e magnetismo sono due facce della stessa medaglia, secondo la teoria elettrodebole a energie molto elevate corrispondenti ad una temperatura di 10^{15} °C, tutti i fenomeni elettromagnetici inclusa la luce e buona parte della radioattività, sono manifestazioni di un'unica forza ossia la forza elettrodebole. Per la suddetta teoria, i tre scienziati furono insigniti del premio Nobel nel 1979. Le tre particelle mediatrice dell'interazione nucleare debole furono scoperte nel 1983 presso i laboratori del CERN sotto la direzione del fisico italiano Carlo Rubbia che per questa scoperta ricevette il premio Nobel nel 1984.

A parte la forza gravitazionale per la quale non esiste ancora una consolidata teoria quantistica, rimane la forza nucleare forte che necessita di alcune considerazioni.

A partire dalle scoperte del positrone e del neutrone nel 1932, nuove particelle furono scoperte ad un ritmo sorprendente. Il numero di particelle era tale che era persino difficile ricordarne i nomi. Enrico Fermi alla domanda di uno studente sui nomi delle particelle rispose: "ragazzo, se io potessi ricordare il nome di tutte queste particelle sarei un botanico".

Nel 1960, un altro gigante della fisica moderna, il fisico statunitense Murray Gell Mann mise un po' di ordine facendo una cosa analoga a quella che circa cento anni prima il chimico russo Dmitri Mendeleev aveva fatto per gli elementi chimici. Gell Mann, sulla base di considerazioni di simmetria, organizzò le particelle subatomiche in gruppi di 8 o di 10 e a cui diede il nome di *via dell'ottetto* ispirandosi al nobile ottuplice sentiero del buddhismo. Nel 1964, *annus mirabilis* della fisica delle particelle elementari, Gell-Mann e indipendentemente George Zweig introdussero il modello a quark, termine di pura fantasia ispirato da una frase senza senso contenuta nel romanzo *Finnegans Wake* di James Joyce (*Three quarks for Muster Mark*!). Il modello prevedeva che tutte le particelle soggette alla forza nucleare forte (adroni) fossero formate da due o tre particelle veramente elementari, *i quark*. Ad esempio, il protone e il neutrone sono formati da tre quark (Fig. 2.9). Nello stesso anno, Oscar Greenberg, osservando che due quark uguali non potevano occupare, per il principio di esclusione di Pauli, lo stesso stato come succedeva nei protoni e neutroni, introdusse un nuovo numero quantico che battezzò *colore*. Il colore, che non ha niente a che fare con i colori che vediamo con i nostri occhi, poteva assumere tre valori, identificati con rosso, blu e verde, in linea con il nome di fantasia. Un protone o un neutrone è composto da tre quark con colori diversi in modo da soddisfare il principio di Pauli.

Dal punto di vista della forza nucleare forte i quark sono perfettamente equivalenti. Inoltre, i quark erano le prime particelle ad avere una carica frazionata, in particolare il quark down ha una carica di $-1/3\,e$ (e è carica dell'elettrone uguale a $1,6 \times 10^{-19}$ Coulomb) mentre il quark up una carica uguale a $2/3\,e$. Nel caso del protone, ci sono due quark up e uno down in modo da avere una carica totale uguale a e, mentre nel caso del neutrone abbiamo un quark up e due down con carica complessiva nulla (Fig. 2.9).

L'esistenza dei quark fu dimostrata per la prima volta nel 1968 presso l'acceleratore lineare di Stanford in California (USA), tramite un esperimento simile a quello di Rutherford in cui invece di utilizzare le particelle alfa per bombardare una lamina di oro, fecero collidere un elettrone ad altissima energia con un protone.

Per questi straordinari successi nella comprensione della struttura più reconditta della materia, Gell Mann ricevette il premio Nobel nel 1969 e i tre fisici sperimentali Jerome Friedman, Henry Kendall e Richard Taylor che evidenziarono l'esistenza dei quark vinsero il premio Nobel nel 1990.

A questo punto i tempi erano maturi per elaborare una teoria per le interazioni nucleari forti e come per le interazioni deboli la scelta più naturale fu

2 La Meccanica Quantistica: il bizzarro mondo atomico e subatomico

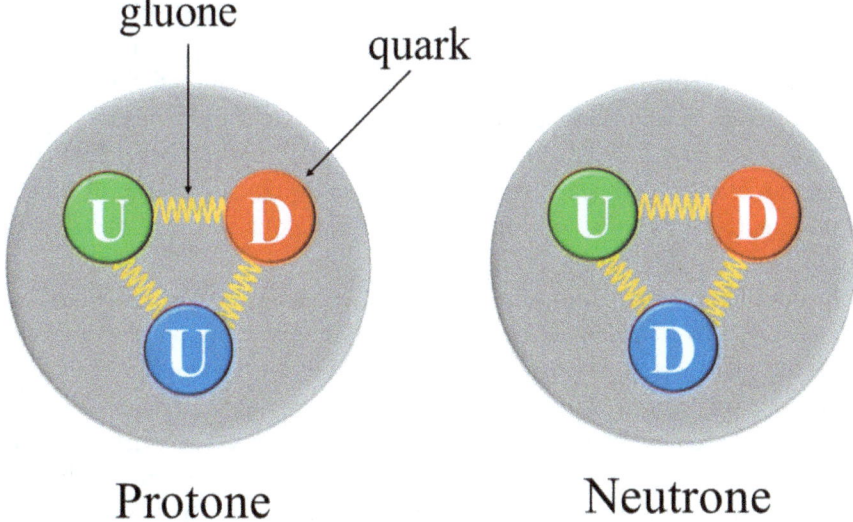

Figura 2.9 Struttura del protone e del neutrone: entrambi sono costituiti da tre quark di colore differente. I quark si scambiano i gluoni che sono i mediatori della forza nucleare forte

quella di impiegare una teoria di gauge in cui lo spazio interno era quello tridimensionale dei tre colori. In tale spazio, i tre quark sono del tutto equivalenti e a seconda della posizione assumono un colore piuttosto che un altro. Imponendo l'invarianza della funzione matematica che tiene conto dell'energia rispetto a questa simmetria, si trovavano 8 mediatori della forza nucleare a cui fu dato il nome di *gluoni* (da *glue* che in inglese significa colla), la cui massa è nulla. I quark all'interno di un nucleone si scambiano in continuazione i gluoni che, essendo anche loro colorati, fanno cambiare il colore dei quark di partenza e di arrivo. La teoria nota con il nome di *cromodinamica quantistica* fu sviluppata tra la fine degli anni '60 e gli inizi degli anni '70.

A questo punto è spontaneo osservare che l'interazione nucleare forte, avendo dei mediatori a massa nulla, dovrebbe avere un raggio d'azione infinito; invece, abbiamo detto che il raggio d'azione della forza nucleare è molto piccolo. Come mai? Sono forze diverse quelle che tengono insieme i quark rispetto a quelle attrattive tra due protoni, due neutroni o un protone e un neutrone? In realtà si tratta della stessa forza, ma quella che tiene insieme il nucleo di un atomo è una forza residuale chiamata infatti forza nucleare residua. Dal punto di vista dell'interazione forte, un protone o un neutrone sono oggetti neutri: infatti i tre quark che li compongono hanno colori diversi (blu, rosso e verde) ed insieme danno un colore neutro così come succede per un atomo o una molecola in cui il numero di cariche positive e quelle negative sono uguali. Tuttavia, anche se neutra, una molecola come quella dell'acqua può avere un piccolo sbilanciamento di cariche e dar luogo a legami chimici con altre molecole d'acqua, si tratta del legame o ponte idrogeno che permette all'acqua di essere liquida da 0 a 100 °C permettendo la vita sul pianeta Terra. Allo stesso modo, un effetto residuale di forza nucleare tra i quark all'interno di un protone o neutrone dà luogo ad una forza attrattiva consentendo l'esistenza dei nuclei atomici.

I quark hanno altre due peculiarità che li rendono molto particolari: *confinamento* e *libertà asintotica*. I quark isolati non esistono, non sono mai stati osservati; infatti, se si provasse a separare un singolo quark all'interno di un neutrone o un protone, la forza da applicare aumenterebbe in maniera vertiginosa man mano che il quark viene allontanato dagli altri due quark, una sorta di forza elastica che aumenta all'aumentare dell'elongazione della molla.

I quark sono quindi destinati a rimanere confinati nel loro guscio insieme ad altri quark scambiandosi continuamente i gluoni. Da un punto di vista energetico, risulta più conveniente formare una coppia di quark e antiquark anziché strappare un quark. Quindi un tentativo del genere culminerebbe nella creazione di una coppia di particelle ottenuta dalla conversione dell'energia fornita per strappare via il quark. Un po' come succede per una calamita: non è possibile isolare il polo nord da quello sud, se si spezza una calamita in due si ottengono due calamite.

Da un punto di vista teorico il confinamento dei quark non è ancora stato risolto e si ritiene essere strettamente collegato ad un problema di fisica-matematica (*teoria di Yang Mills con gap di massa*) facente parte dei sette problemi del millennio identificati dall'Istituto di matematica Clay che ha messo in palio un premio di un milione di dollari per chi riesce a risolvere uno dei sette problemi del millennio.

Se invece i quark si avvicinano tra di loro, la loro energia d'interazione diminuisce sempre di più al punto che quark molto vicini tra loro sono praticamente liberi, da qui il termine *libertà asintotica*. Il fenomeno è apparentemente in antitesi al comportamento delle altre forze che diminuiscono all'aumentare della distanza e aumentano al diminuire di essa.

Tuttavia, nel 1972, David Gross, il suo allievo Frank Wilczek ed indipendentemente David Politzer riuscirono a spiegare il fenomeno nell'ambito delle teorie di gauge. La scoperta dei tre fisici, premiata con il premio Nobel nel 2004, si rilevò fondamentale per la teoria delle interazioni nucleari forti, dimostrando definitivamente l'efficacia della teoria quantistica dei campi, messa in dubbio dai valori infiniti presenti a piccolissime distanze come quelli che comparivano nell'elettrodinamica quantistica.

L'ultimo aspetto dei quark che sicuramente vale la pena menzionare è la loro massa. Come detto, un nucleone (protone e un neutrone) la cui massa è circa $1\,\text{GeV}/c^2$ è formato da tre quark la cui somma delle masse è incredibilmente più piccola della massa del nucleone. Infatti, la massa di un quark up è di $2,3\,\text{MeV}/c^2$ e quella di un quark down è di $4,8\,\text{MeV}/c^2$; nel caso del protone formato da due quark up ed uno down, la somma delle masse dei quark è di $9,4\,\text{MeV}/c^2$ ossia circa un centesimo della massa del protone. Lo stesso vale per il neutrone. Dal momento che gli elettroni, avendo una massa pari a circa $0,5\,\text{MeV}/c^2$, contribuiscono in maniera trascurabile alla massa totale degli atomi e quindi della materia, è lecito chiedersi da cosa è fatto l'altro 99% della massa che non torna nei conti. La risposta ci viene dalla famosa formula di Einstein $E = mc^2$, si tratta di energia di legame che si converte in massa.

Possiamo pertanto affermare che siamo essenzialmente fatti di energia condensata e che il meccanismo di Higgs tiene conto dell'1% della materia stabile.

La QED, la teoria elettrodebole e la cromodinamica quantistica costituiscono l'ossatura del modello standard che da oltre 50 anni meglio descrive le particelle elementari e le interazioni fondamentali.

La tabella riportata in Fig. 2.10, ne riassume i risultati: esistono tre famiglie di particelle di cui una sola costituisce la materia stabile (prima colonna), costituita da quark up, quark down ed elettroni; le particelle delle altre due famiglie sono instabili e decadono quasi istantaneamente nelle particelle della prima famiglia. Ad esempio, un muone, appartenente alla seconda famiglia dei leptoni, decade in un elettrone, un antineutrino elettronico e un neutrino muonico in circa due milionesimi di secondi.

Queste particelle instabili si creano e si osservano solo nei grandi acceleratori di particelle come il CERN a Ginevra, il Fermilab a Chicago o il SuperKEKB a Tsukuba in Giappone oppure in misura minore nei raggi cosmici.

Le forze fondamentali sono quattro di cui due unificate nell'interazione elettrodebole; i mediatori delle forze sono otto (gluoni) per la forza nucleare forte, tre per la forza nucleare debole (bosoni intermedi, W^+, W^- e Z^0) e uno per la forza elettromagnetica (fotone). Infine, c'è il bosone di Higgs che consente alle particelle di acquisire la massa. Quindi le particelle davvero fondamentali (al momento) sono 25 di cui 12 quark e leptoni, il fotone, 8 gluoni, 3 bosoni intermedi e il bosone di Higgs. Naturalmente a queste vanno aggiunte le relative antiparticelle che però, come detto, non costituiscono la materia ordinaria.

Resta fuori dal modello standard la forza di gravità per la quale non esiste ancora una teoria quantistica consolidata e che insieme ad altri misteri irrisolti come la massa e l'energia oscura oppure l'asimmetria iniziale tra materia e antimateria rappresenta la sfida della fisica fondamentale dei prossimi anni.

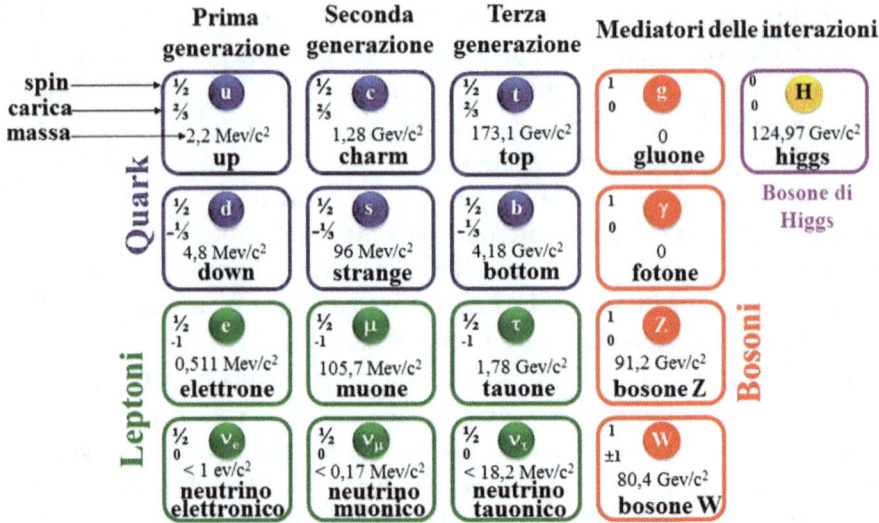

Figura 2.10 Tabella riassuntiva del modello standard. La materia che ci circonda è costituita dalle particelle della prima famiglia (quark up e down, elettroni). I mediatori delle quattro forze sono privi di masse nel caso della forza nucleare forte (gluoni) e della forza elettromagnetica (fotone), i tre bosoni massivi W^+, W^- e Z^0 sono invece responsabili della forza nucleare debole. Infine, c'è il bosone di Higgs, quanto del campo di Higgs, che consente alle particelle di acquisire massa

Naturalmente la fisica teorica nell'ultimo mezzo secolo non si è fermata al modello standard ma ha prodotto affascinanti teorie quali la teoria di grande unificazione o teoria del tutto, la supersimmetria, la teoria delle stringhe e la gravità quantistica a loop per spiegare i limiti del modello standard e l'interazione gravitazionale dal punto di vista quantistico. Tuttavia, a differenza del consolidato modello standard le cui previsioni sono continuamente verificate con una precisione inaudita, le succitate teorie non godono ancora di verifiche soddisfacenti anche perché in molti casi è difficile realizzare le condizioni sperimentali per verificarle. Pertanto, pur risolvendo alcuni problemi, esse non possono essere considerate alla stessa stregua del modello standard che da oltre 50 anni rimane la spiegazione più affidabile delle particelle elementari e delle interazioni fondamentali.

3

Materia condensata e l'impatto tecnologico della prima rivoluzione quantistica

In questo capitolo mostreremo le potenzialità della meccanica quantistica anche per lo studio di sistemi più complessi rispetto agli atomi e alle particelle elementari, come la materia condensata formata da miliardi di miliardi di atomi. In tale contesto avremo modo di parlare di materiali molto particolari in cui gli aspetti quantistici si manifestano anche a livello macroscopico. Il capitolo si conclude con le applicazioni più importanti della fisica quantistica, le quali hanno portato ad una vera e propria rivoluzione tecnologica che ha cambiato il nostro modo di vivere.

3.1 La meccanica quantistica e la materia condensata

Tutta la materia che ci circonda, noi stessi inclusi, è fatta da atomi; pertanto, è lecito chiedersi se la meccanica quantistica può essere applicata anche a sistemi composti da più atomi, come le molecole, i solidi e sistemi ancora più complessi. Anche se i moderni supercomputer e i futuri computer quantistici possono aiutare a simulare con le leggi della meccanica quantistica sistemi abbastanza complessi come le molecole di interesse biologico e farmacologico, al momento è escluso che si possa scrivere e risolvere l'equazione di Schrödinger o quella di Dirac per un essere umano o per un suo organo. Si tratta di sistemi estremamente complessi per poter essere studiati con le metodologie della meccanica quantistica. Inoltre, come vedremo nel capitolo successivo (Cap. 4), nel caso di sistemi macroscopici molto complessi, gli effetti quantistici vengono soppressi da particolari fenomeni di interazione con l'ambiente circostante, noti come *decoerenza quantistica*. D'altro canto, così come la Relatività si riduce alla meccanica classica per velocità trascurabili rispetto a quella della luce, anche la meccanica quantistica si riduce a quella classica quando le quantità in gioco sono molto più grandi della costante di Planck. In termini più matematici possiamo dire che la fisica classica è il limite per c (velocità della luce) che tende all'infinito e h (costante di Planck) che tende a zero; infatti, se h fosse zero non avremmo un mondo quantistico, così come se c fosse infinito non avremmo la Relatività ristretta e generale.

Tuttavia, esclusi i sistemi particolarmente complessi, la meccanica quantistica è stata impiegata con grande successo per spiegare il comportamento delle molecole, dei solidi, dei fluidi, dei gas e delle transizioni di fasi, ossia quel campo della fisica noto come fisica della materia condensata. Ed è proprio da questo campo, forse meno affascinante rispetto alla fisica delle particelle elementari, che sono nate le applicazioni di maggiore impatto tecnologico della meccanica quantistica.

Precisiamo che tipicamente lo studio quantistico della materia aggregata non si occupa degli oggetti macroscopici ma è focalizzato sui suoi costituenti elementari (elettroni e nuclei), che determinano le proprietà macroscopiche. Tuttavia, come vedremo in seguito, esistono alcuni materiali le cui straordinarie proprietà necessitano di un'interpretazione quantistica macroscopica.

Inoltre, essendo le velocità degli elettroni molto più piccole della velocità della luce, è lecito utilizzare la meccanica quantistica non relativistica. Ad esempio, in un atomo di idrogeno la velocità dell'elettrone è meno di un centesimo della velocità della luce.

Con la nascita della meccanica quantistica, gli interessi della maggior parte dei fisici di inizio 900 erano rivolti allo studio degli atomi e dei suoi costituenti mentre lo studio della fisica dello stato solido, che successivamente fu inglobato nel campo più ampio della fisica della materia condensata, era essenzialmente legato alle applicazioni pratiche soprattutto a quelle relative alle nuove tecnologie che emergevano dall'oramai consolidato campo dell'elettromagnetismo.

In questo contesto, non è difficile immaginare che tra fine 800 e inizio 900 i fenomeni elettrici giocassero un ruolo molto importante e ci fosse un interesse nell'investigare i meccanismi legati alla conduzione elettrica nei metalli. Nel 1827 il fisico e matematico tedesco Georg Ohm formulò delle leggi empiriche che portano il suo nome. La prima e più famosa legge di Ohm ci dice che la tensione elettrica ai capi di un metallo è proporzionale alla corrente che lo attraversa tramite una costante che prende il nome di *resistenza* e rappresenta una vera e propria resistenza al passaggio della corrente elettrica. Quindi a parità di tensione applicata ad un metallo, la corrente è tanto minore quanto maggiore è la resistenza. A causa di questa sorta di attrito elettrico, il passaggio di corrente in un materiale produce calore dissipando energia sotto forma di energia termica (*effetto Joule*). La potenza dissipata è proporzionale alla resistenza e al quadrato della corrente che circola nel materiale. La seconda legge di Ohm ci dice che la resistenza è proporzionale alla lunghezza del metallo ed inversamente proporzionale alla sua sezione tramite una costante (*resistività*) che dipende dal metallo. Al pari dell'attrito, indispensabile per tante cose tra cui camminare a piedi o viaggiare in auto, la resistenza elettrica non sempre è qualcosa di indesiderato, anzi è alla base di molte applicazioni; basti pensare ai vari elettrodomestici come il forno, l'asciugacapelli, la stufetta elettrica e la lavatrice che utilizzano opportuni resistori per produrre calore quando attraversati dalla corrente elettrica.

La prima teoria microscopia della conduzione dell'elettricità in un metallo fu sviluppata nel 1900 dal fisico tedesco Paul Drude, il quale immaginò il metallo come un mare di elettroni liberi di muoversi su un substrato di ioni costituiti dai nuclei atomici e quindi molto più pesanti. Si trattava degli elettroni più esterni detti anche di *valenza* e quindi meno legati ai nuclei. Questo gas di elettroni urta continuamente e in maniera casuale gli ioni; pertanto, se si applica una forza esterna tramite una tensione elettrica, il moto degli elettroni è determinato dalla forza del campo elettrico dovuto alla tensione applicata e da una forza di attrito dovuta ai continui urti e che tende a fermare gli elettroni. Secondo il modello di Drude, c'è una sorta di compensazione tra le due forze e quindi il moto derivante degli elettroni è un moto a zig-zag ma ad una velocità costante, direttamente proporzionale alla tensione applicata. Poiché la velocità è anche proporzionale alla corrente elettrica, Drude dedusse che la tensione è proporzionale alla corrente ossia la prima legge di Ohm. Tuttavia, il modello di Drude non riusciva a spiegare un'altra importante caratteristica dei metalli, la conducibilità termica ovvero la capacità dei metalli di trasportare calore che, come sappiamo dall'esperienza quotidiana, è molto elevata. In particolare, il calore specifico per unità di mole risultava maggiore di quello sperimentale.

La prima teoria quantistica della conduzione elettrica fu sviluppata nel 1928 dal fisico tedesco Arnold Sommerfeld, il quale partì dal modello di Drude degli elettroni liberi ma tenne in considerazione un aspetto quantistico fondamentale: il principio di esclusione di Pauli e la conseguente statistica quantistica di Fermi-Dirac a cui sono soggetti gli elettroni in quanto fermioni. La teoria di Sommerfeld riusciva a spiegare la legge di Ohm, la conducibilità termica e la sua dipendenza dalla temperatura, nonché alcuni effetti sperimentali osservati nei metalli come l'effetto Seebeck cioè, l'esistenza di una tensione elettrica ai capi di un metallo prodotta da una differenza di temperatura nel metallo. Inoltre, veniva spiegata anche la legge empirica di Wiedemann-Franz secondo la quale il rapporto tra la conducibilità termica e quella elettrica è direttamente proporzionale alla temperatura.

Insomma, era bastato applicare le neonate leggi della meccanica quantistica ad un modello estremamente semplice come quello di Drude per spiegare numerosi fenomeni sperimentali e leggi empiriche relative alla conduzione elettrica e termica nei metalli.

Questo sicuramente accese entusiasmo nei fisici teorici che speravano di spiegare il comportamento dei solidi con le leggi della meccanica quantistica. Tuttavia, c'erano molti dubbi sulla teoria di Sommerfeld legati sia ai suoi limiti che a quelli concettuali di base. Era piuttosto difficile accettare un modello di elettroni liberi dal momento che all'interno del solido ci sono gli ioni con cui gli elettroni dovrebbero continuamente interagire.

Un fondamentale importante passo avanti verso una teoria quantistica dei solidi fu fatto alla fine degli anni '20 del secolo scorso da uno studente di Heisenberg, il fisico svizzero Felix Bloch a cui fu affidata una tesi di dottorato sui metalli. Il giovane fisico, insignito del premio Nobel nel 1952, dimostrò che per una struttura ordinata di ioni (*reticolo*) monodimensionale, la soluzione dell'equazione di Schrödinger è data dal prodotto di una semplice funzione periodica per un'onda libera. Questo teorema, oltre a ridurre drasticamente lo scetticismo nei confronti della teoria di Sommerfeld, rappresenterà la base per sviluppare negli anni successivi una teoria di fondamentale importanza per l'approccio quantistico alla materia condensata: *la teoria delle bande*. Come si intuisce dal nome, nei solidi si passa dai livelli energetici, nel caso di atomi isolati, a bande energetiche nel caso di un insieme ordinato molto grande di atomi. Ciò significa che nei solidi, gli elettroni non sono costretti ad assumere un livello ben definito di energia ma possono avere una qualsiasi energia all'interno del range che delinea la banda. Intuitivamente la nascita delle bande può essere compresa immaginando due atomi uguali molto vicini, in questo caso gli orbitali relativi agli stessi livelli energetici si possono fondere e gli elettroni saranno delocalizzati in entrambi gli orbitali; pertanto, quello che prima era un solo livello energetico di un atomo occupato da un solo elettrone diventa una coppia di livelli occupati da entrambi gli elettroni. Tuttavia, questo meccanismo porta ad un lievissimo ispessimento del livello energetico, ovvero dalla fusione dei due orbitali identici nascono due livelli energetici distinti, ma così vicini in termini numerici da potersi considerare sovrapposti. Se adesso immaginiamo tre atomi uguali e ripetiamo il ragionamento fatto sopra, dallo stesso livello energetico del singolo atomo avremo tre livelli energetici molto vicini e così via. Se infine consideriamo un numero elevatissimo di ato-

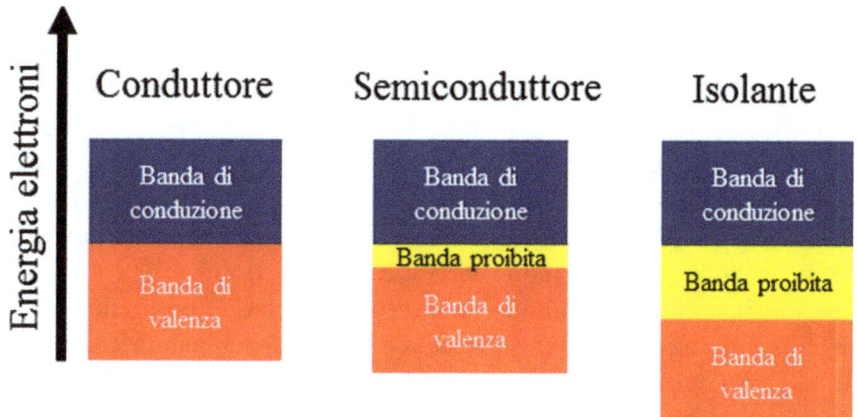

Figura 3.1 Rappresentazione delle bande di conduzione e di valenza nei materiali conduttori, semiconduttori e isolanti. Si passa dai conduttori in cui le bande sono sovrapposte ai semiconduttori in cui è presente una piccola banda proibita o gap (pochi eV) agli isolanti con una consistente gap (superiore ai 5 eV)

mi come quelli presenti in un solido, diciamo un numero pari al numero di Avogadro (6×10^{23} atomi), ogni livello energetico del singolo atomo si trasforma in un elevato numero di livelli quasi sovrapposti che danno vita ad una banda di energia. Quindi ci saranno tante bande quanti erano i livelli energetici degli atomi di partenza. In analogia agli elettroni di valenza, la banda di valenza è quella a più alta energia completamente occupata dagli elettroni, invece la banda di conduzione è quella a più bassa energia vuota o parzialmente occupata.

La teoria delle bande permette di introdurre una nuova classificazione dei solidi in metalli, isolanti e semiconduttori (Fig. 3.1). In particolare, nel caso in cui la banda di valenza e quella di conduzione sono sovrapposte, gli elettroni sono liberi di muoversi attraverso il solido e quindi abbiamo un metallo, nel caso in cui le due bande sono separate da una banda proibita (*gap energetica*), gli elettroni sono bloccati nella banda di valenza e a seconda della separazione delle bande si parla di semiconduttori (gap dell'ordine di pochi eV) o di isolanti (gap superiori a 5 eV).

La teoria delle bande risolveva anche i dubbi legati al modello ad elettroni liberi di Sommerfeld, in quanto inglobava nel modello l'interazione tra elettroni e atomi del reticolo.

Tuttavia, il calcolo quantistico non prevedeva il fenomeno di dispersione/sparpagliamento (meglio noto come *scattering*) di elettroni in seguito agli urti con gli atomi del reticolo, fenomeno alla base del modello di Drude per spiegare la resistenza nei metalli e quindi la legge di Ohm. Di fatto, in presenza di imperfezioni del reticolo si verificano i processi di scattering producendo un meccanismo dissipativo che sta alla base della resistività dei metalli.

Cosa sono le imperfezioni di un reticolo atomico? Sicuramente le impurezze che, per quanto un metallo possa essere puro, sono sempre presenti, oppure le vacanze caratterizzate dall'assenza di atomi, o anche difetti interstiziali che si verificano quando un atomo è situato nello spazio compreso tra due atomi che occupano il reticolo, o infine deformazioni del reticolo.

Se avessimo un metallo ideale con un reticolo perfetto e omogeneo, non ci sarebbe scattering di elettroni e quindi non ci sarebbe resistenza elettrica? Anche in questo caso limite, continueremmo a osservare la resistenza del metallo. E qui entra in gioco un altro tipo di imperfezione, impossibile da eliminare: le vibrazioni degli atomi e dei nuclei dovute all'agitazione termica. Anche queste sono imperfezioni in quanto gli atomi e i nuclei, oscillando, non sono fermi nella loro posizione di equilibrio dando luogo al meccanismo di scattering responsabile della resistenza elettrica. Questo spiega anche la diminuzione della resistenza al diminuire della temperatura. Infatti, abbassando la temperatura, le oscillazioni degli atomi si attenuano riducendo il numero di scattering e quindi la resistenza diminuisce. La resistenza non assume mai un valore nullo, dal momento che al di sotto di una certa temperatura, rimane comunque una resistenza residua dovuta agli urti con le altre tipologie di imperfezioni. L'assenza completa della resistenza è invece tipica di un altro fenomeno di cui parleremo in seguito.

Nonostante i successi della teoria delle bande, non c'era molto interesse teorico per le problematiche della fisica della materia condensata. Pauli, nonostante se ne fosse occupato, dando dei suggerimenti e contributi importanti, sosteneva che la fisica dei solidi non apparteneva alla fisica fondamentale e che per certi aspetti si trattava di una fisica "sporca". Inoltre, durante la seconda guerra mondiale molti fisici furono coinvolti in ricerche militari ed industriali, facendo scemare ancora di più l'interesse per la fisica fondamentale che si nascondeva dietro i solidi.

In questo contesto, tuttavia, venne fatta una scoperta che innescherà una delle più importanti rivoluzioni tecnologiche del secolo scorso: l'invenzione del transistor. Nel 1942 negli Stati Uniti venne finanziato un progetto sui semiconduttori finalizzato ad applicazioni sui radar. Il progetto diretto dal fisico austriaco Karl Lerk-Horovitz, si proponeva di studiare le proprietà dei semiconduttori ed in particolare del germanio al fine di realizzare un dispositivo elettronico (il diodo) realizzato con i semiconduttori con lo scopo di rimuovere i tubi a vuoto e sostituirli con dispositivi più piccoli e che consumassero meno energia. Gli ottimi risultati del progetto furono da stimolo per il finanziamento nel 1945 di un altro progetto presso i laboratori Bell nel New Jersey sotto la direzione di William Shockley e al quale partecipano attivamente altri due fisici John Bardeen e Walter Brattain. I tre fisici si concentrano su un particolare dispositivo a tre terminali costituito da germanio e nel 1947 scoprirono che questo dispositivo era in grado di amplificare una tensione elettrica. Il dispositivo di cui parliamo è il transistor che ben presto sostituirà tutti i dispositivi elettronici realizzati con i tubi a vuoto e avvierà la fase della miniaturizzazione elettronica che procede ancora oggi. Nel 1956 l'importante scoperta fu premiata con il premio Nobel assegnato ai tre fisici statunitensi.

3.2 Materiali quantistici: le straordinarie manifestazioni della fisica quantistica a livello macroscopico

Negli anni '50 del secolo scorso, l'interesse per gli aspetti teorici della materia condensata si riaccese anche perché gli straordinari comportamenti di alcune forme di materia condensata erano rimasti inspiegati almeno da un punto di vista di una teoria consistente che tenesse conto degli aspetti microscopici e quindi di quelli quantistici. Ci riferiamo alla superconduttività, considerata la manifestazione più straordinaria della meccanica quantistica a livello macroscopico.

La superconduttività, scoperta nel 1911 dal fisico olandese Kamerlingh Onnes mentre effettuava misure di resistività di metalli a bassissime temperature, consiste nell'assenza della resistenza elettrica in alcuni materiali quando sono raffreddati ad una temperatura inferiore ad una determinata temperatura chiamata *temperatura critica*. Quando si parla di assenza della resistenza, si intende un crollo repentino a zero della resistenza non una riduzione drastica: nei superconduttori la resistenza è esattamente zero almeno nei limiti strumentali che sono estremamente bassi (meno di un milionesimo di ohm). Pertanto, i superconduttori possono trasportare anche grandi quantità di correnti senza alcuna dissipazione energetica. Le temperature critiche per i metalli superconduttori sono molto basse, meno di $-263\,°C$, pertanto i superconduttori metallici vanno raffreddati in elio liquido ($-269\,°C$). Questo impedisce di utilizzarli come cavi elettrici per trasportare la corrente elettrica nelle nostre case, ma come vedremo nella prossima sezione esistono numerose applicazioni dei superconduttori.

La totale assenza della resistenza elettrica non è l'unica proprietà dei superconduttori: nel 1933 Walther Meissner e Robert Ochsenfeld scoprirono che i

Figura 3.2 Foto di un piccolo magnete che levita su un disco superconduttore ad alta temperatura raffreddato con azoto liquido ($T = 77\,\text{K} = -196\,°\text{C}$)

superconduttori sono *diamagneti perfetti*, ovvero espellono totalmente il campo magnetico dal suo interno (effetto Meissner). Ciò significa che, se si poggia un magnete su un materiale superconduttore, il campo magnetico non entra nel superconduttore e, essendo le forze magnetiche molto più intense di quella gravitazionale, il magnete si alza dal superconduttore ed inizia a levitare dando luogo al fenomeno noto come *levitazione magnetica* che non ha niente a che fare con i numeri messi in scena dagli illusionisti (Fig. 3.2). Considerate queste due eccezionali proprietà, gli scienziati si resero subito conto delle potenzialità applicative di questi materiali ed infatti il premio Nobel a Onnes nel 1913 non tardò ad arrivare. Ma altrettanto straordinaria è la teoria quantistica microscopica che ha spiegato questo particolare fenomeno. Sviluppata negli anni '50 e pubblicata nella forma definitiva nel 1957, la teoria BCS dai nomi dei tre fisici statunitensi (John Bardeen, Leon Cooper e Robert Schrieffer) che la formularono, prevede la formazione di coppie di elettroni, note come *coppie di Cooper*. In effetti al di sotto della temperatura critica, miliardi di miliardi di elettroni si accoppiano istantaneamente grazie ad una debole interazione attrattiva, formando un insieme di coppie di Cooper, il cosiddetto condensato superconduttivo che fluisce nel superconduttore senza trovare nessun ostacolo e quindi senza alcuna resistenza elettrica.

Si tratta quindi di una transizione di fase come quelle osservate nella vita quotidiana, si pensi ad esempio all'ebollizione dell'acqua o alla liquefazione del ghiaccio in cui si passa rispettivamente da una fase liquida ad una gassosa e da una fase solida ad una liquida dell'acqua. Nel caso della superconduttività si passa da una fase di elettroni quasi liberi ad una di accoppiamento.

La coppia di Cooper, essendo formata da due elettroni con spin 1/2 e direzioni opposte, è in realtà un bosone con spin uguale a zero in quanto somma di 1/2 e −1/2, pertanto non vale il principio di esclusioni di Pauli e tutte le coppie di Cooper formatesi possono stare nello stesso stato quantico e possono essere descritte da un'unica funzione d'onda macroscopica. La dimensione delle suddette coppie è dell'ordine di alcune decine o alcune centinaia di nanometri, quindi anche 10.000 volte più grande del raggio di un atomo di idrogeno, ciò significa che si stabilisce un legame a grande distanza tra i due elettroni della coppia di Cooper e che la dimensione di una singola coppia può essere maggiore della distanza tra due coppie. Essendo la forza tra le coppie molto debole, se l'agitazione termica supera un certo valore, cioè, se la temperatura supera quella critica, le coppie di Cooper si rompono e la superconduttività svanisce.

È spontaneo chiedersi: come fanno due elettroni ad attirarsi, forse anche la legge di Coulomb non vale più? Nessun pericolo per la legge di Coulomb, due cariche elettriche nel vuoto continuano a respingersi o attrarsi a seconda della carica. I due elettroni della coppia di Cooper si attraggono perché gli elettroni interagiscono con i nuclei del materiale ovvero con le oscillazioni quantizzate dei nuclei (*fononi*) ed è proprio da questa interazione tra elettroni e fononi che nasce la misteriosa attrazione tra due elettroni. In termini più semplici ed intuitivi, quando passa un elettrone in un superconduttore, provoca una leggera deformazione del reticolo ionico creando una zona con una maggiore carica positiva che attrae un elettrone successivo creando quindi una coppia di elettroni mediata dal reticolo. Per la teoria BCS, i tre scienziati vinsero nel 1972 il premio Nobel per la fisica e Bardeen (lo stesso del transistor) è stato l'unico scienziato nella storia a vincere due premi Nobel per la stessa disciplina.

Nel 1986 Johannes Georg Bednorz e Alex Müller (vincitori del premio Nobel per la fisica nel 1987), scoprirono una nuova categoria di superconduttori realizzati con leghe ceramiche costituite da un ossido di lantanio, bario e rame e caratterizzati da una temperatura critica più elevata (−238 °C). Questa scoperta aprì la strada alla realizzazione dei cosiddetti superconduttori ad alta temperatura critica che consentivano il raffreddamento tramite l'utilizzo dell'azoto liquido (−196 °C), molto più maneggevole ed economico. Infatti, nell'anno successivo fu scoperto un altro materiale ceramico costituito da ittrio, bario, rame e ossigeno (YBCO) con una temperatura critica di −181 °C. Utilizzando questi tipi di materiali si è raggiunto una temperatura critica di −140 °C impiegando una lega ceramica composta da mercurio, bario, calcio, rame e ossigeno. Temperature critiche ancora più alte sono state ottenute utilizzando materiali sottoposti ad elevatissime pressioni, in particolare alcuni idruri sottoposti a pressioni di oltre un milione di volte la pressione atmosferica mostrano temperature critiche che vanno da −70 °C alla temperatura ambiente. L'idruro zolfo carbonioso, scoperto nel 2020, se sottoposto all'incredibile pressione di 2,67 milioni di atmosfere diventa superconduttore con una temperatura critica di 15 °C, praticamente temperatura ambiente. Per farsi un'idea di quanto grande sia una pressione di alcuni milioni di atmosfere, si pensi che la pressione a cui si è sottoposti in acqua ad una profondità di 1000 metri è di 100 atmosfere. Naturalmente è impensabile, al momento, utilizzare materiali del genere in condizioni così estreme per scopi pratici. A differenza dei metalli superconduttori, attualmente non esiste una teoria esauriente del meccanismo della superconduttività ad alta temperatura critica.

Un altro fenomeno degno di nota e per certi aspetti simile al precedente è la condensazione di Bose-Einstein dal nome dei due fisici Satyendranath Bose e Albert Einstein che nel 1924 la teorizzarono. Al pari della superconduttività, la condensazione di Bose-Einstein è un fenomeno legato ad una transizione di fase: al di sotto di una temperatura critica, gli atomi con spin totale intero (bosoni), occupano lo stesso stato quantico ad energia più bassa dal momento che non vale il principio di esclusione di Pauli e assumono un comportamento coerente e unitario come se fossero un'unica entità, mostrando proprietà quantistiche come la natura ondulatoria della materia anche a livello macroscopico.

Affinché possa essere osservato questo straordinario fenomeno, la lunghezza d'onda associata agli atomi deve essere paragonabile alla loro distanza; poiché in base alla relazione di De Broglie la lunghezza d'onda di una particella è inversamente proporzionale alla sua velocità, è necessario abbassare la velocità degli atomi in modo che si possa ottenere una sovrapposizione delle onde associate agli atomi.

Il primo condensato di Bose-Einstein è stato realizzato nel 1995 dai due fisici statunitensi Eric Cornell e Carl Wieman e indipendentemente dal fisico tedesco Wolfgang Ketterle (insigniti del Premio Nobel per la fisica nel 2011). Il gruppo di ricerca diretto dai due fisici statunitensi utilizzò un gas di atomi di rubidio e lo raffreddò ad una temperatura prossima allo zero assoluto (0 K = −273,15 °C) tramite una particolare tecnica basata su raffreddamen-

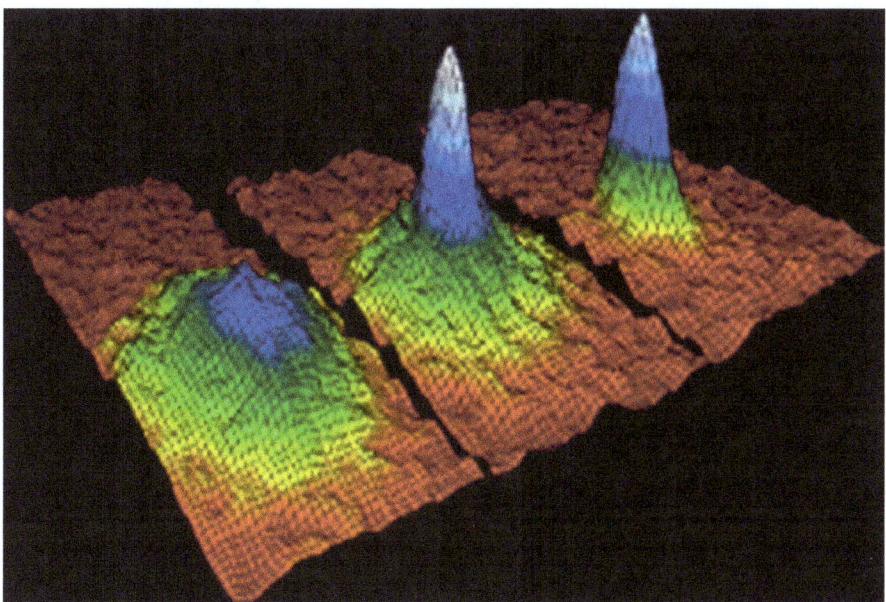

Figura 3.3 Distribuzione delle velocità di atomi di rubidio raffreddati per tre temperature prossime allo zero assoluto. Al di sotto di una temperatura critica che in questo caso è di 170 miliardesimi di K, le distribuzioni (centrale e a destra in figura) sono molte piccate intorno allo zero indicando che la maggior parte degli atomi sono praticamente fermi

to laser e trappola magnetica. Inviando in maniera isotropa dei fasci laser su un gas di atomi si produce un loro rallentamento e quindi una diminuzione della temperatura che, secondo la meccanica statistica di Boltzmann, è proporzionale alla velocità con cui si muovono gli atomi. Quindi più si rallenta il moto degli atomi più diminuisce la temperatura e vicino allo zero assoluto gli atomi sono quasi fermi. La trappola magnetica utilizza dei campi magnetici disuniformi per tenere confinati gli atomi che posseggono un momento magnetico come il rubidio, i quali altrimenti tenderebbero a dissolversi o semplicemente a cadere per effetto della gravità.

Al di sotto della temperatura critica (circa 170 miliardesimi di K), i due scienziati osservarono che le distribuzioni delle velocità degli atomi erano estremamente piccate intorno allo zero, cioè gli atomi erano virtualmente fermi a differenza di ciò che accadeva per temperature superiori a quella critica in cui la distribuzione delle velocità era isotropa e slargata (Fig. 3.3).

Dopo aver realizzato due condensati con circa 5 milioni di atomi di sodio e posti ad una distanza di 40 milionesimi di metro l'uno dall'altro, li fecero interferire tra loro osservando una netta figura di interferenza tipica dei fenomeni ondulatori.

Il condensato di Bose-Einstein è considerato il quinto stato della materia che si unisce a quello solido, liquido, gassoso e plasmonico ma a differenza di questi ultimi è la manifestazione di un fenomeno macroscopico quantistico che prevede un'interpretazione esclusivamente nell'ambito della fisica quantistica. A differenza della superconduttività in cui la percentuale di condensato è dell'ordine del 10% degli elettroni, nel caso del condensato di Bose-Einstein si può ottenere una condensazione totale di tutti gli atomi contenuti nel campione raffreddato la cui dimensione è di qualche decina di micrometri (centesimi di millimetro).

Questo fenomeno è stato successivamente osservato in altri atomi come idrogeno, litio, elio e potassio e su popolazioni comprese da diecimila a cento milioni di atomi. Oltre all'interesse teorico, il condensato di Bose-Einstein potrebbe avere delle interessanti applicazioni nelle tecnologie quantistiche o per realizzare, grazie alle loro proprietà ondulatorie, interferometri atomici quantistici estremamente sensibili da essere utilizzati per la rilevazione di onde gravitazionali.

Un'altra manifestazione singolare della meccanica quantistica a livello macroscopico e in prima approssimazione spiegabile nell'ambito della condensazione di Bose-Einstein è la superfluidità, fenomeno scoperto nel 1937 da Pëtr Kapica e indipendentemente da John F. Allen e Don Misener, stimolando lo studio quantistico dei fluidi noto come idrodinamica quantistica.

La superfluidità è la proprietà di alcuni fluidi di scorrere in completa assenza di viscosità. Così come un corpo in moto su un piano è soggetto alle forze resistive dovute all'attrito con il piano e alla resistenza dell'aria, nello stesso modo un fluido (liquido o gas) in moto è frenato dalla viscosità, una sorta di attrito tra le molecole del fluido e che quindi dipende dal tipo di fluido considerato. È esperienza comune che l'olio è più viscoso dell'acqua che a sua volta è più viscosa dell'aria. Di solito, per i liquidi, la viscosità diminuisce all'aumentare della temperatura mentre per i gas succede il contrario. Nel caso di alcuni fluidi come ad esempio l'elio, al di sotto di una certa temperatura critica (2,2 K), la viscosità crolla a zero come succede nei superconduttori per la resistenza. Se viene osservato al momento della transizione, l'elio liquido passa da una condizione di continua ebollizione ad una di perfetta calma con la scomparsa improvvisa di tutte le bolle. L'assenza completa di viscosità implica che l'elio superfluido scorre senza nessun ostacolo; se messo in moto potrebbe muoversi senza mai fermarsi (moto perpetuo) e può passare attraverso fori piccolissimi che bloccherebbero qualsiasi liquido come mostrato nella Fig. 3.4 (foto a destra). Inoltre, può formare una sottilissima pellicola (formata da poche file di

Figura 3.4 Elio liquido superfluido. L'assenza completa di viscosità consente al superfluido di fuoriuscire dal contenitore salendo lungo le pareti interne (foto a sinistra), oppure di passare attraverso un fondo ceramico avente una porosità ultra fine (foto a destra) da non permettere a nessun fluido di attraversarlo. (Credit: Condensed Matter Physics Center, UAM Madrid, Spain)

atomi sovrapposte) sulle superficie degli oggetti e permettere il passaggio del superfluido attraverso questa pellicola. In virtù di quest'effetto, se si prende un contenitore bagnato di elio superfluido e lo si immerge parzialmente nel superfluido, quest'ultimo risale le pareti esterne del contenitore ed inizia a riempirlo fino a quando il livello all'interno e all'esterno del contenitore sono uguali. Se il contenitore viene poi sollevato dal bagno, l'elio superfluido sale lungo le pareti interne contro la forza di gravità e fuoriesce svuotando completamente il contenitore (Fig. 3.4, foto a sinistra).

Oltre all'assenza di viscosità, i superfluidi sono caratterizzati da una conducibilità termica elevatissima, cioè dalla capacità di trasmettere il calore e raggiungere l'equilibro termico (stessa temperatura) quasi istantaneamente. Questo vuol dire che, se avessimo una piscina olimpionica riempita di superfluido, un incremento di temperatura ad uno dei due bordi della piscina dovuto, ad esempio, ad una fonte di calore esterna si osserverebbe quasi istantaneamente anche nell'altro bordo della piscina distante 50 m.

Una diretta conseguenza di questa proprietà è *l'effetto fontana*, considerato l'effetto più spettacolare della superfluidità. Se si inserisce un piccolo capillare nell'elio superfluido e lo si riscalda anche esponendolo solo alla luce, l'elio superfluido fluisce velocemente nel tubo capillare per equilibrare la temperatura. Si ha quindi una repentina salita dell'elio superfluido lungo il capillare e la conseguente fuoriuscita dallo stesso zampillando come se fosse una fontana.

Anche se la spiegazione teorica della superfluidità è stata oggetto di un susseguirsi di teorie abbastanza complesse e per certi aspetti non ancora esaurienti, un'interpretazione intuitiva ci viene dal meccanismo della condensazione di Bose-Einstein, almeno per l'elio 4. Tutti i liquidi al di sotto di una certa temperatura transiscono nella fase solida; infatti, diminuendo la temperatura, le vibrazioni atomiche e molecolari si riducono, permettendo la formazione di legami molecolari sufficientemente forti da innescare la transizione alla fase solida. L'elio è l'unico elemento che anche allo zero assoluto non solidifica a meno che non si eserciti una pressione di circa 25 atmosfere. Ciò e dovuto alla debole interazione degli atomi di elio anche quando le vibrazioni termiche sono ridotte al minimo. L'elio, essendo formato da un numero di nucleoni pari (2 protoni e 2 neutroni), ha uno spin totale intero in quanto somma di un numero pari di spin seminteri. Quindi, per l'elio non vale il principio di esclusione di Pauli, conseguentemente tutti gli atomi possono occupare lo stesso stato energetico ed essere descritti da una funzione d'onda macroscopica, implicando un comportamento collettivo coerente di tutti gli atomi, come avviene nei condensati di Bose-Einstein esposti precedentemente.

Nel 1957, fu scoperta la superfluidità dell'elio 3, isotopo raro dell'elio 4 con un solo neutrone e due protoni ad una temperatura di circa 3 mK (3 millesimi di gradi sopra lo zero assoluto). Tale scoperta, confermò che il fenomeno non poteva essere ricondotto ad una semplice condensazione di Bose-Einstein. Infatti, l'elio 3 è un fermione per il quale vale il principio di esclusione di Pauli e non la condensazione di Bose-Einstein. Tuttavia, ad una temperatura vicino allo zero assoluto una debole interazione elettromagnetica può determinare la formazione di coppie di elio 3, che sono bosoni e il fenomeno può essere ricondotto a uno simile a quello dell'elio 4 o della superconduttività.

Esistono transizioni meno conosciute e scoperte solo in tempi recenti come quelle di cui si sono occupati i fisici David Thouless, Duncan Haldane e Michael Kosterlitz, vincitori del premio Nobel per la fisica del 2016, per le loro ricerche sulle fasi topologiche della materia e le relative transizioni che hanno permesso di individuare nuovi stati della materia. Si tratta di transizioni in materiali molto sottili (bidimensionali) che al di sotto di una certa temperatura sono caratterizzati dalla presenza di coppie di vortici fortemente legati i quali determinano un comportamento complessivo del materiale spiccatamente quantistico. Le transizioni di fase di cui stiamo parlando non sono semplici come quelle ghiaccio-acqua e la spiegazione ha richiesto l'utilizzo di sofisticati modelli matematici basati sulla topologia (branca della matematica che studia le proprietà degli oggetti che non cambiano quando questi vengono deformati senza strappi). Sviluppate agli inizi degli anni '80, le teorie delle transizioni topologiche hanno permesso di spiegare importanti fenomeni macroscopici quantistici quali l'effetto Hall quantistico scoperto nel 1980 da Klaus von Klitzing, insignito del premio Nobel per la fisica nel 1985. Il suddetto effetto prevede la quantizzazione della conduttività di un materiale al variare del campo magnetico applicato.

Ben presto i tre scienziati si resero conto che le transizioni topologiche consentivano di prevedere e studiare strutture di grande interesse teorico e sperimentale come le catene di atomi magnetici e i più recenti isolanti, semiconduttori e superconduttori topologici che rappresentano un nuovo stato della materia nonché una nuova frontiera della fisica della materia. Particolarmente interessanti sono gli isolanti topologici quali i *Quantum State Hall systems – QSH* che sono isolanti al loro interno e nello stesso tempo conducono in superficie in quanto dotati di stati superficiali caratterizzati dalla propagazione di elettroni con spin allineati. Questi materiali oltre ad avere un ruolo importante e forse fondamentale per lo sviluppo di bit quantistici elementari possono essere impiegati come strumento per indagare elusive particelle elementari quali *assioni* (forse responsabili della materia oscura) o i fermioni di Majorana, particelle identiche in tutto e per tutto alle loro antiparticelle.

Le straordinarie manifestazioni di effetti quantistici nella materia condensata non finiscono qui. In un materiale dalle proprietà molto particolari, è addirittura possibile assistere a fenomeni quantistici-relativistici, che, come tali, sono descritti dall'equazione di Dirac. Il materiale in questione è il grafene, ossia un foglio estremamente sottile di grafite (la comune matita per scrivere) formato da uno strato monoatomico di atomi di carbonio disposti a nido d'ape (Fig. 3.5), e può essere considerato a tutti gli effetti un materiale bidimensionale, in altri termini una porzione di un piano la cui altezza è nulla.

Anche se già previsto alla fine degli anni Quaranta del secolo scorso, il grafene è stato realizzato solo nel 2004 dal fisico inglese Andrej Gejm e dal suo dottorando Konstantin Novosëlov, con una tecnica molto semplice basata sull'esfoliazione della grafite tramite un nastro adesivo.

Da un punto di vista applicativo, il grafene ha enormi potenzialità legate alle sue caratteristiche davvero uniche: estremamente resistente, molto leggero, flessibile come la plastica, ottimo conduttore di calore ed elettricità e trasparente alla luce. La sua densità superficiale è estremamente bassa (0,77 mg/m^2), poco più di 5 grammi di grafene sarebbero sufficienti a coprire un campo di calcio. Inoltre, è così resistente (100 volte più dell'acciaio) che meno di un millesimo di grammo può sostenere il peso di circa 4 kilogrammi.

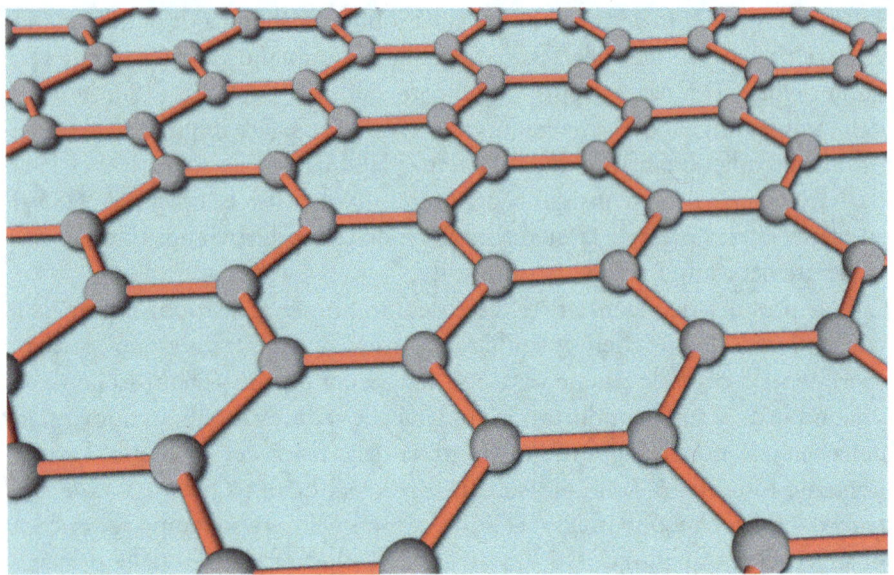

Figura 3.5 Modello molecolare del grafene. Gli atomi di carbonio formano una struttura a celle esagonali

Queste proprietà permettono di utilizzare il grafene in applicazioni di grande interesse come l'elettronica, la sensoristica, i rivelatori, l'ottica, la biomedicina, e il wellness (racchette da tennis, sci, caschi, telai e ruote di bici). Considerato un materiale dalle mille meraviglie, il grafene, a detta di molti scienziati, produrrà una vera e propria rivoluzione nella scienza e tecnologia dei materiali, per certi aspetti già iniziata considerando le numerose applicazioni di questo speciale materiale.

Ma le meraviglie del grafene includono anche gli effetti quantistici/relativistici davvero peculiari, permettendo di utilizzare il grafene per studiare fenomeni che richiederebbero i grandi acceleratori di particelle.

Nel grafene, a causa dell'interazioni degli atomi di carbonio disposti in una regolare struttura esagonale piana (Fig. 3.5), si forma una struttura a bande molto unica e profondamente diversa dalla classica struttura a bande dei metalli e semiconduttori ordinari. La forma delle bande di valenza e conduzione è simile a due coni di cui uno rovesciato e che si uniscono alla punta (clessidre), formando in sostanza una struttura priva di gap, al contrario degli isolanti e dei semiconduttori. Questa particolare struttura a bande conferisce agli elettroni delle caratteristiche atipiche: sono molto più veloci degli elettroni dei solidi raggiungendo velocità di circa 1000 km/s, possiedono un'energia che dipende dalla velocità e non dal quadrato della velocità, si muovono in una sola direzione e attraversano gli ostacoli per effetto tunnel. Queste proprietà sono tipiche di particelle relativistiche prive di massa e con spin pari a 1/2, previste per la prima volta nel 1929 da Hermann Weyl utilizzando l'equazione di Dirac e chiamate *fermioni di Dirac*. Quindi il grafene, oltre al suo straordinario impatto applicativo, ha consentito di verificare l'esistenza di queste particolari particelle e può essere un efficace laboratorio per indagare fenomeni quantistici/relativistici a costi relativamente bassi.

Altro comportamento peculiare del grafene, scoperto nel 2018, è quello di diventare un superconduttore in determinate configurazioni: se ad un foglio di grafene se ne sovrappone un altro sfalsato di un piccolo angolo (circa 1,1 gradi), per temperature inferiori a 1,7 K, il materiale non oppone resistenza al passaggio della corrente elettrica, comportandosi come un superconduttore; variando l'angolo si passa da un comportamento isolante ad uno superconduttivo.

La realizzazione di un materiale così straordinario come il grafene non è certamente passata inosservata all'Accademia reale svedese delle scienze che nel 2010 ha assegnato il premio Nobel per la fisica a Gejm e a Novosëlov per aver realizzato i primi fogli di grafene.

Concludiamo questo paragrafo con la seguente osservazione: nell'introduzione del famoso articolo di Peter Higgs del 1964 in cui veniva predetto l'anello mancante del modello standard ossia il meccanicismo di Higgs che permette alle particelle di acquisire massa, l'autore sostiene che il meccanismo che stava descrivendo era l'analogo relativistico di quello che l'anno precedente il fisico statunitense Philip Anderson aveva riportato in un articolo sui superconduttori in cui teorizzava che, in caso di rottura di simmetria, le eccitazioni dei campi (le particelle) acquisivano massa. Insomma, lo studio di un particolare tipo di materia condensata, i superconduttori, aveva fatto intuire ad Anderson un importante concetto che ha sicuramente ispirato Higgs.

A questo punto abbiamo abbastanza elementi per ritenere che Pauli aveva fatto una valutazione un po' affrettata nel ritenere la fisica dello stato solido una fisica "sporca".

Alla fine di questo brevissimo compendio sulla fisica della materia condensata, è doveroso precisare che si tratta di un campo molto vasto e ci siamo focalizzati sugli argomenti più rilevanti anche tenendo conto del loro impatto tecnologico, ma sicuramente sono stati trascurati altri argomenti altrettanto importanti.

3.3 La meccanica quantistica nella vita di tutti i giorni: l'impatto tecnologico della fisica quantistica

Nel capitolo precedente (Cap. 2), abbiamo visto che grazie alle correzioni relativistiche, il navigatore satellitare della nostra auto o del nostro smartphone ci permette di raggiungere destinazioni anche molto lontane con una precisione di pochi metri. Eppure, negli anni in cui è stata sviluppata la teoria, nessuno avrebbe mai pensato che avrebbe avuto un impatto nella vita di tutti i giorni.

La fisica quantistica, per certi versi ancora più strana e lontana dal senso comune rispetto alla teoria della Relatività, ha permesso la realizzazione di applicazioni che sono entrate in maniera capillare nella nostra vita quotidiana, al punto che è difficile immaginare un giorno in cui una persona non utilizzi un dispositivo o un sistema che si basa sui principi della fisica quantistica. Si tratta di una vera e propria rivoluzione tecnologica che ha cambiato il nostro modo di vivere al pari della rivoluzione elettromagnetica che ci ha portato illuminazione, motori elettrici, radio e televisione.

In questo breve paragrafo, proveremo a fare una rassegna delle più importanti applicazioni della fisica quantistica, soprattutto da un punto di vista dell'impatto tecnologico. Naturalmente, come per la fisica della materia, molte applicazioni non verranno menzionate non perché meno importanti, semplicemente perché sarebbe impossibile descriverle tutte in una sezione di un libro il cui scopo è quello di stimolare il lettore a dare un piccolo sguardo a questo strano e meraviglioso mondo della fisica moderna.

Iniziamo questa breve rassegna con l'applicazione che ci è più familiare: l'elettronica basata sui semiconduttori. È contenuta in tutti i dispositivi che utilizziamo dalla mattina alla sera, si pensi agli smartphone, ai computer, ai televisori, all'elettronica delle moderne automobili, etc. In ognuno di questi dispositivi vengono impiegati migliaia o centinaia di migliaia di transistor o altri elementi circuitali basati sui semiconduttori.

Ma alla base del funzionamento di un transistor c'è la teoria quantistica delle bande e l'effetto tunnel. In particolare, quest'ultimo effetto è alla base del funzionamento di alcuni tipi di diodi noti come diodi ad effetto tunnel o Esaki dal nome del loro inventore. In questo tipo di diodo il flusso di elettroni è regolato dall'altezza di una barriera di potenziale ed è costituito da elettroni che attraversano la barriera per effetto tunnel (vedi § 2.2). Questo flusso di elettroni si può interrompere molto velocemente agendo sulla barriera e siccome questa variazione può essere rapidissima (anche inferiore a 5×10^{-12} secondi) questo dispositivo è utilizzato quando occorrono risposte estremamente rapide.

I transistor possono essere impiegati sia come amplificatori di segnali che per realizzare complessi elementi di elettronica digitale come le memorie o i potenti microprocessori per il calcolo e l'elaborazione dei dati e/o delle immagini. Esistono due tipi di transistor: uno a giunzioni bipolare e l'altro ad effetto di campo. Anche se la descrizione dettagliata di queste tipologie di transistor esula dallo scopo di questo libro, in seguito avremo modo di descrivere con maggior dettaglio la *giunzione PN* che è alla base del funzionamento dei transistor.

È evidente che a partire dal primo prototipo di transistor del 1948 ci è stata una notevole evoluzione tecnologica inclusa la realizzazione dei circuiti integrati capaci di contenere in un unico chip di silicio un numero enorme di transistor sia di tipo a giunzione bipolare che ad effetto di campo. Il primo circuito integrato, realizzato nel 1958 dall'ingegnere elettrotecnico statunitense Jack St. Clair Kilby (premio Nobel per la fisica nel 2000), conteneva appena dieci componenti e segnò la nascita della microelettronica. Infatti, con lo sviluppo di tecniche di fabbricazione sempre più sofisticate si è arrivato ad un altissimo livello di integrazione consentendo una miniaturizzazione inimmaginabile fino a qualche anno fa. Attualmente, il chip più complesso e avanzato del mondo è quello realizzato dall'azienda statunitense "Nvidia". Il chip H100 è stato realizzato impiegando un'avanzata tecnologia di fabbricazione che consente di realizzare strutture di appena 4 nm (4 miliardesimi di metro) e contiene ben 80 miliardi di transistor capaci di eseguire un milione di miliardi di operazione al secondo.

Anche se molte volte ci si riferisce all'elettronica basata sui semiconduttori come elettronica classica per distinguerla da quella prototipale basata sui circuiti superconduttori o i bit quantistici, i principi di funzionamento si basano sulla fisica dei semiconduttori e quindi sulla fisica quantistica.

Altra applicazione della fisica quantistica su larga scala è sicuramente quella legata alla tecnologia del LASER acronimo di *Light Amplification by Stimulated Emission of Radiation* (amplificazione della luce tramite emissione stimolata di radiazione). Il primo prototipo funzionante di laser fu realizzato nel 1960 dall'ingegnere elettronico e fisico Theodore Maiman presso gli Hughes Research Laboratories di Malibu, California, basandosi su tre elementi fondamentali: il concetto di emissione stimolata introdotto da Einstein nel 1917, il suo uso per amplificare la radiazione teorizzato dal fisico russo Valentin Fabrikant nel 1939 e soprattutto gli studi fondamentali effettuati a metà degli anni '50 del secolo scorso da Charles Hard Townes, Nikolay Basov e Aleksandr Prokhorov i quali furono insigniti del premio Nobel per la fisica nel 1964.

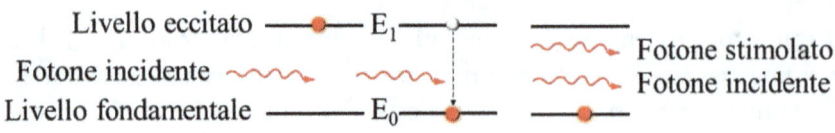
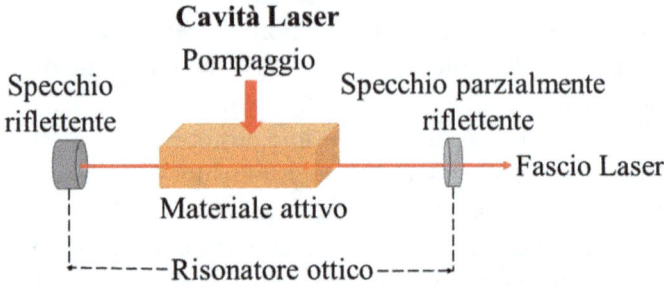

Figura 3.6 Schema elementare di funzionamento di un Laser. All'interno di una cavità risonante formata da due specchi si stimola l'emissione di fotoni (emissione stimolata). I fotoni vengono poi riflessi dagli specchi e stimolano altre emissioni di fotoni tramite una sorta di processo a catena

Come si intuisce dall'acronimo il laser è un dispositivo capace di amplificare la luce tramite un processo di stimolazione di una sostanza che prende il nome di *mezzo attivo* e che determina le caratteristiche principali del laser. I mezzi attivi possono essere solidi (semiconduttori, neodimio, rubino), gassosi (anidrite carbonica, argon, fluoro, cloro) o liquidi (laser a coloranti, metanolo, etanolo).

Per capire il principio di funzionamento di un laser, ricordiamo che, come visto nel § 2.1, i livelli energetici degli elettroni negli atomi sono quantizzati e che se un elettrone salta da un'orbita ad energia più alta ad una ad energia più bassa, l'atomo emette un fotone la cui frequenza è data dal rapporto tra la differenza delle energie delle orbite di partenza e di arrivo e la costante di Planck ($f = (E_f - E_i)/h$). Il salto quantico dell'elettrone e la conseguente emissione del fotone possono esser spontanei o, come intuì Einstein, stimolati dall'esterno tramite un altro fotone con la stessa energia di quello che sarà emesso (Fig. 3.6).

Ma poiché gli elettroni tendono ad occupare gli stati a energia più bassi, per avere un'emissione stimolata bisogna portare gli elettroni nel livello energetico superiore, bisogna effettuare quella che viene chiamata *un'inversione di popolazione*.

A tale scopo si usano principalmente due tecniche: pompaggio ottico ed eccitazione elettronica. Nel caso del pompaggio ottico viene utilizzata una sorgente ausiliaria di luce per portare gli elettroni sui livelli eccitati ed è particolarmente usato per laser a cristalli ionici (rubinio e neodimio).

Nel caso invece di eccitazione elettronica, elettroni energetici vengono iniettati nel materiale attivo e collidono con gli atomi nello stato fondamentale, il che produce un'eccitazione ai livelli energetici superiori. Si consideri come esempio una scarica elettrica attraverso un gas, tecnica tipicamente utilizzata per laser a gas e a semiconduttori. Va tuttavia precisato che in realtà le cose sono leggermente più complicate rispetto al semplice schema riportato in Fig. 3.6. Infatti, quando i due livelli hanno raggiunto lo stesso numero di elettroni, il numero di fotoni assorbiti è uguale a quello dei fotoni emessi per stimolazione e il materiale diventa di fatto trasparente. Per evitare questa condizione, si è soliti impiegare sistemi a tre o quattro livelli in cui i livelli estremi (primo e ultimo) sono utilizzati per l'assorbimento e quelli interni per la stimolazione. Nel caso di un sistema a tre livelli, in seguito all'assorbimento dei fotoni, gli elettroni passano dal primo al terzo livello (inversione di popolazione), e poi decadono velocemente al secondo livello dove vengono stimolati a decadere al primo livello da altri fotoni aventi una frequenza diversa da quelli utilizzati per l'inversione di popolazione.

Per amplificare la luce proveniente dall'emissione stimolata è indispensabile, tuttavia, realizzare una particolare struttura geometrica chiamata *cavità risonante o risonatore*. Quest'ultima ha la funzione di realizzare una sorta di reazione a catena allo scopo di amplificare la luce laser. Uno dei modi più semplici per realizzare una cavità risonante è quello di inserire il materiale sul quale verrà effettuata l'inversione di popolazione (materiale attivo) tra due specchi paralleli come mostrato in Fig. 3.6. Infatti, in tal caso, per effetto dell'emissione spontanea l'onda elettromagnetica (fotone) si propaga avanti e indietro nella direzione ortogonale agli specchi, e grazie al processo di emissione stimolata si generano fotoni ad ogni passaggio nel materiale attivo. A questo punto se uno dei due specchi è reso parzialmente trasparente, da esso verrà fuori il fascio utile di fotoni.

Rispetto alla luce, i laser in virtù dei principi di funzionamento sui quali si basano, posseggono delle proprietà molto peculiari come la monocromaticità, la direzionalità e la brillanza. Un fascio laser è un'ottima approssimazione di un'onda elettromagnetica monocromatica cioè avente una sola frequenza di oscillazione che nel caso del laser è $f = (E_f - E_i)/h$. Con i laser è possibile ottenere un fascio di luce con caratteristiche di monocromaticità decisamente superiori rispetto a quelle ottenibile mediante le sorgenti più monocromatiche di tipo convenzionale quali le lampade spettrali. Dal momento che il materiale è posto in una cavità risonante costituita da due specchi, solo un'onda elettromagnetica che si propaghi nella direzione ortogonale agli specchi potrà oscillare. Ciò conferisce al fascio di luce un'estrema direzionalità a differenza della luce di una normale lampadina a incandescenza che emette luce in tutte le direzioni. Inoltre, un fascio laser a grande distanza diverge in maniera minima: un fascio verde di un laser ad Argon con sezione in partenza di un centimetro di diametro si allarga fino ad una sezione di tre centimetri di diametro dopo un percorso di 500 metri.

Infine, la brillanza che è definita come la potenza emessa per unità di superficie e per unità di angolo solido. I laser hanno una brillanza molto elevata, conseguenza soprattutto del piccolo valore della divergenza del fascio e naturalmente anche dell'elevata potenza.

La prima applicazione commerciale di un laser risale al 1967 a Cambridge in Inghilterra, quando un raggio laser fu utilizzato per tagliare una lamiera di acciaio avente lo spessore di un millimetro, sfruttando l'elevata energia che i laser possono focalizzare su una area molto piccola. Questa prima applicazione aprì la strada negli anni Settanta all'utilizzo massiccio dei laser nell'industria delle automobili in cui i laser venivano impiegati per tagliare e saldare metalli. Successivamente laser di dimensioni più piccole furono utilizzati anche per la lavorazione di plastica e gomma. Oggi i laser sono impiegati in moltissimi campi, basti pensare ai lettori di codici a barre nei supermercati o ai lettori di CD e DVD. Anche nel campo medico, i laser sono impiegati con grande successo, in particolare in chirurgia, dermatologia, oncologia per l'ablazione di tumori superficiali, oftalmologia, otorinolaringoiatria.

Un'applicazione spettacolare dei laser è senza dubbio l'olografia, tecnica che consente di costruire delle immagini tridimensionali utilizzando fasci di luce. Anche se teorizzata nel 1948 dal fisico ungherese Dennis Gabor (premio Nobel per la fisica nel 1971), la tecnica iniziò ad aver successo solo a partire dai primi anni Sessanta utilizzando i primi fasci laser. Oggi l'olografia è estremamente evoluta e consente di ottenere immagini tridimensionali ad alta definizione anche di strutture molto piccole come i globuli rossi la cui morfologia fornisce preziose informazioni dal punto di vista medico.

Infine, dal punto di vista della ricerca, il laser è uno strumento di fondamentale importanza per lo studio di alcune branche della fisica quali la fotonica, l'ottica classica e quantistica, il computer quantistico fotonico, la fusione termonucleare inerziale.

Prima di passare ad un'altra applicazione, è opportuno ricordare che esistono avanzati sistemi laser utilizzati per studiare fenomeni molto veloci come la dinamica degli elettroni nella materia o in sistemi atomici e molecolari. Si tratta di sofisticati apparati sperimentali capaci di emettere impulsi di luce ultravioletta brevissimi che possono arrivare fino a qualche attosecondo (10^{-18} s). Per rendersi conto di quanto sia breve un evento della durata di un attosecondo, consideriamo che un secondo equivale ad 1 miliardo di miliardi di attosecondi e l'età dell'Universo è invece di circa mezzo miliardo di miliardi di secondi; quindi, in una scala temporale la distanza tra un attosecondo ed un secondo è la stessa che esiste tra un secondo e l'età dell'Universo!

L'importanza di questi strumenti che consentono di "fotografare" fenomeni rapidissimi non è sfuggita agli esperti della commissione del premio Nobel che hanno conferito nel 2023 il prestigioso premio per la fisica a Pierre Agostini, Ferenc Krausz e Anne L'Huillier per il loro fondamentale contributo allo sviluppo dei suddetti sistemi laser all'attosecondo.

A scanso di equivoci, è opportuno chiarire che questi laser eccezionali non permettono di filmare la traiettoria degli elettroni in quanto ciò non è possibile sia per la natura ondulatoria degli elettroni che per il principio di indeterminazione. Infatti, conoscere la traiettoria di una particella implica la conoscenza in ogni istante della posizione e della velocità, cosa non possibile in virtù del succitato principio di indeterminazione. Tuttavia, è possibile studiare processi ultraveloci come quelli legati alle transizioni di elettroni tra diversi stati quantici o ai fenomeni di interazione tra gli stessi elettroni, che sono molto utili per capire fondamentali aspetti di fisica atomica, fisica della materia condensata e di chimica molecolare. Tali studi avranno, molto probabilmente, un notevole impatto sulla scienza dei materiali nonché sulle tecnologie (elettronica, computazione quantistica) e sulla biomedicina in cui sarà possibile sviluppare avanzate tecniche diagnostiche in vitro su campioni di sangue.

Il principio di funzionamento dei laser ci introduce ad un'altra dirompente applicazione della fisica quantistica. Infatti, la luce emessa in seguito alla transizione di livelli energetici quantizzati è anche alla base dell'illuminazione moderna. Ormai la maggior parte delle lampadine nelle nostre abitazioni, nei luoghi pubblici, nelle strade e persino l'illuminazione degli schermi delle TV, dei PC e dei telefonini, si basano su LED, acronimo di *Light Emission Diode* (diodo ad emissioni di luce).

Un LED è costituito da due semiconduttori affacciati o sovrapposti, con diverse proprietà elettriche, uno con una contaminazione di atomi disposti a cedere elettroni, noti come semiconduttori di tipo *n*, e l'altro con atomi disposti a catturare elettroni creando cariche positive (*lacune*), semiconduttori di tipo *p*. Tale struttura prende il nome di giunzione *PN* e l'operazione di contaminazione dei due superconduttori si chiama *drogaggio* di tipo *p* o tipo *n*. I drogaggi si realizzano inserendo nel semiconduttore *p* atomi accettori di elettroni quali boro, alluminio o gallio che avendo solo tre elettroni nell'orbitale più esterno tendono a condividere uno dei quattro elettroni esterni del silicio formando un legame a carica positiva dovuto alla parziale assenza di un elettrone dal vicino atomo di silicio. Quindi il semiconduttore drogato p ha un eccesso di cariche positive dovuto a queste assenze di elettroni. Analogamente, per il semiconduttore n, si utilizza un atomo donatore di elettroni come il fosforo, arsenico o antimonio che, avendo cinque elettroni nell'orbitale più esterno tende a cedere parzialmente uno dei cinque elettroni al vicino atomo di silicio, producendo un eccesso di cariche negative.

All'interfaccia tra i due semiconduttori n e p, gli elettroni in eccesso tendono a diffondere dal semiconduttore n a quello p lasciando una zona a carica positiva nel semiconduttore n e formando una zona a carica negativa in quello p. Il processo ad un certo punto si arresta in quanto l'accumulo di cariche negative in prossimità dell'interfaccia si oppone alla diffusione di elettroni proveniente dal semiconduttore n. La regione formatasi in prossimità della zona di contatto tra i due semiconduttori si chiama regione di *svuotamento/carica spaziale o anche attiva*, ha una dimensione di qualche millesimo di millimetro ed è caratterizzata dalla presenza di una tensione (0,5–0,6 V per il silicio e 0,2 per il germanio) dovuta alla distribuzione di cariche elettriche positiva e negativa formatasi all'interfaccia dei due semiconduttori.

Ritornando al funzionamento di un LED, l'applicazione di un'opportuna tensione elettrica ai capi del diodo provoca la migrazione degli elettroni o delle lacune presenti rispettivamente nella banda di conduzione e di valenza, verso la zona attiva. Come detto nel paragrafo precedente le due bande sono energeticamente separate da un gap. Durante la migrazione nella zona attiva, gli elettroni transiscono dalla banda di conduzione a quella di valenza per ricombinarsi con le lacune, emettendo fotoni aventi frequenza nello spettro visibile (Fig. 3.7). I semiconduttori maggiormente utilizzati per la realizzazione di lampade a LED sono arseniuro di gallio, fosfuro di gallio, carburo di silicio e nitruro di gallio e indio.

Il grande vantaggio delle lampade a LED è il ridotto consumo energetico: a parità di illuminazione, è estremamente più basso rispetto alle lampade tradizionali. Considerando che circa un quarto del consumo di energia elettrica a livello mondiale è dovuto all'illuminazione, questa innovativa tecnologia d'illuminazione ha un notevole impatto anche da punto di vista ecologico.

Inoltre, i LED hanno una durata dieci volte più lunga rispetto alle lampade fluorescenti, non emettono luce ultravioletta, presente invece nelle lampade a neon, tantomeno luce infrarossa provocando riscaldamento. L'evidente impatto tecnologico ed ecologico di questo tipo di lampade ha rivoluzionato l'illuminazione, consentendo ai tre ricercatori giapponesi (Isamu Akasaki, Hiroshi Amano e Shuji Nakamura) di vincere il premio Nobel nel 2014 per la realizzazione del primo LED a luce blu avvenuta nel 1992.

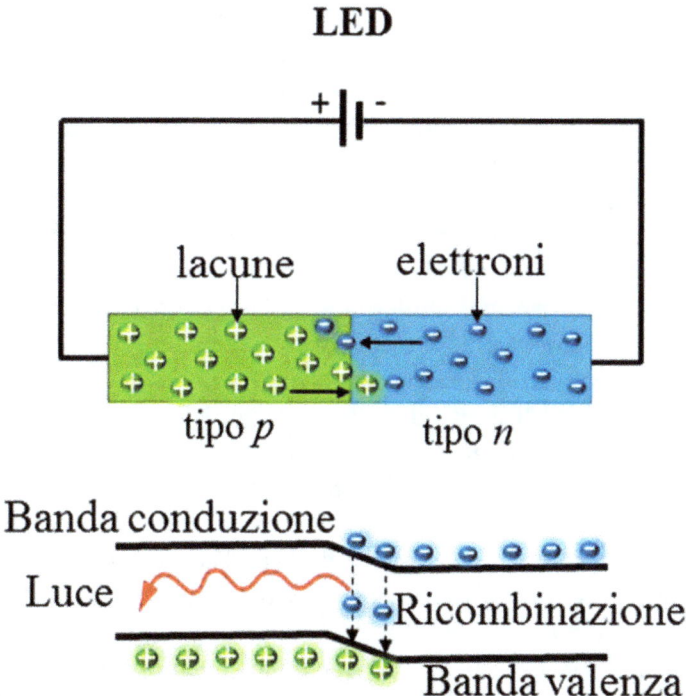

Figura 3.7 Schema di funzionamento di LED (diodo ad emissione di luce). La tensione applicata ai capi dei due semiconduttori p e n genera un flusso di elettroni che in prossimità dell'interfaccia dei due semiconduttori transiscono dalla banda di conduzione a quella di valenza, generando luce la cui frequenza è proporzionale alla differenza energetica tra le due bande

La realizzazione del LED a luci blu fu determinante per lo sviluppo dell'illuminazione a LED su larga scala a luce bianca. Infatti, i LED a luce verde e rossa già erano stati realizzati negli anni Sessanta ma per ottenere luce bianca occorreva il diodo a luce blu che unito agli altri due produceva luce bianca. L'unione dei tre differenti diodi consentiva di combinare opportunamente le tre luci fondamentali monocromatiche (rosso, verde e blu) per ottenere luce bianca o di qualsiasi altro colore. Alternativamente, la luce bianca può essere ottenuta utilizzando un LED a luce blu con un rivestimento al fosforo per convertire la luce blu in luce bianca tramite il processo di fluorescenza.

Passiamo adesso a due applicazioni molto diffuse e di notevole importanza. Basate sull'effetto fotoelettrico, le cellule fotoelettriche e i pannelli fotovoltaici hanno occupato un posto di grande importanza nella nostra vita quotidiana.

Ogni cancello, portone o serranda, azionati da un motore elettrico sono dotati di cellule fotoelettriche grazie alle quali l'oggetto movente si blocca e tipicamente torna indietro evitando spiacevoli incidenti o lunghe attese. Le cellule fotoelettriche consentono anche l'apertura automatica delle porte negli uffici, negozi o supermercati e sono inoltre utilizzate negli allarmi e antifurti. Il meccanismo di funzionamento si basa sull'utilizzo di un tubo a vuoto in cui sono presenti un catodo a tensione negativa e un anodo a tensione positiva. Un fascio di luce con una frequenza appropriata tale da assicurare l'effetto fotoelettrico (vedi § 2.1), colpisce il catodo producendo dei fotoelettroni attratti dall'anodo e producendo quindi una corrente elettrica foto-indotta. Se qualcosa (un oggetto, una persona) si interpone tra la sorgente luminosa e il catodo, quest'ultimo non emette più elettroni e la corrente si interrompe; in tal caso la conseguente assenza o diminuzione di corrente, aziona un dispositivo elettronico che a seconda dell'applicazione fornisce degli opportuni comandi quali apertura/blocco cancello, apertura porta automatica, attivazione antifurto o allarme, ecc. Attualmente le cellule fotoelettriche a tubo a vuoto sono quasi del tutto sostituite da quelle a semiconduttore in cui la luce produce una tensione elettrica ai capi di un cristallo di silicio. L'interruzione del circuito, in questo caso provoca una brusca riduzione della tensione anziché della corrente come nel caso del tubo a vuoto.

Questa tipologia di fotocellula è anche largamente utilizzata per la realizzazione di pannelli fotovoltaici che trasformano energia solare in energia elettrica, di fondamentale importanza per la transizione ecologica.

Il principio di funzionamento di un pannello fotovoltaico si basa su un effetto molto simile all'effetto fotoelettrico ossia l'effetto fotovoltaico scoperto nel 1839 da Alexandre Edmond Becquerel il quale osservò che, esponendo alla luce solare dei particolari elettrodi in una soluzione conduttiva, essi generavano un piccolo flusso di corrente. Ci vollero tuttavia molti anni per la realizzazione della prima cella fotovoltaica basata sul silicio che avvenne nel 1954 presso i laboratori Bell negli Stati Uniti. Questo primo prototipo produceva una modesta quantità di energia, era in grado di alimentare appena una piccola ricetrasmittente ma gettò le basi della nuova tecnologia fotovoltaica.

Analogamente all'effetto fotoelettrico, quando un materiale semiconduttore (tipicamente silicio) è colpito da radiazione luminosa, gli elettroni assorbono l'energia luminosa e passano dalla banda di valenza a quella di conduzione con la differenza che nei semiconduttori gli elettroni non fuoriescono dal materiale ma passano nella banda di conduzione con un'energia maggiore.

L'elemento di base di un pannello fotovoltaico è la singola cella fotovoltaica molto simile al LED ma con meccanismo inverso. Nel caso delle celle fotovoltaiche, la luce incidente produce una corrente e quindi una tensione ai suoi capi convertendo l'energia dei fotoni in energia elettrica al contrario dei LED in cui la corrente produce l'emissione di luce e quindi energia luminosa.

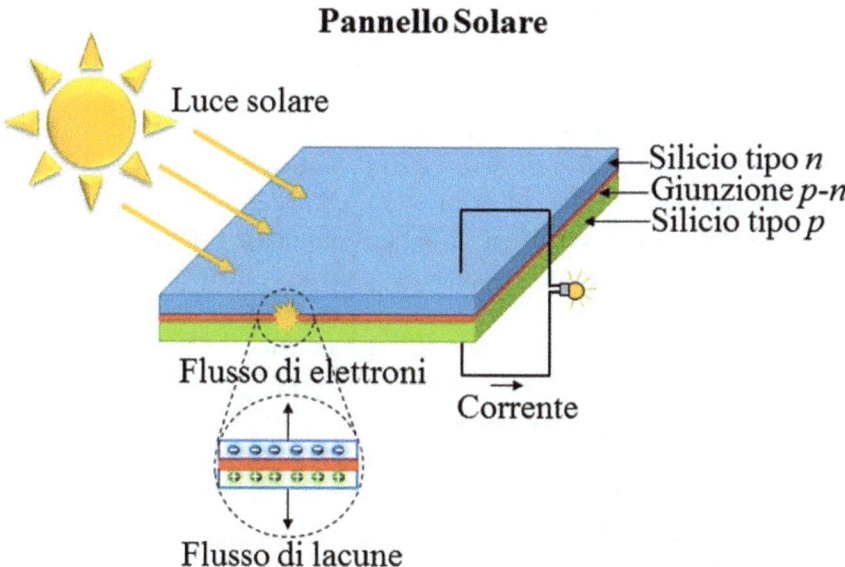

Figura 3.8 Schema di funzionamento di un pannello solare. La luce solare produce un flusso di elettroni che confluendo in un circuito chiuso genera una corrente

In particolare, quando la luce colpisce il semiconduttore di tipo *n* in cui c'è una maggiore quantità di atomi disposti a cedere un elettrone, si generano degli elettroni che passano nella banda di conduzione e spinti dalla tensione ai capi della giunzione PN, fluiscono in un circuito chiuso generando corrente (Fig. 3.8).

L'efficienza di conversione dell'energia solare in energia elettrica negli ultimi anni è aumentata notevolmente raggiungendo il 20%, ossia di tutta l'energia solare raccolta dal pannello il 20% viene trasformata in energia elettrica. Ciò consente di soddisfare l'esigenza energetica di una famiglia media (circa 3 kW) con una superficie di circa 30 m^2 di pannelli fotovoltaici istallati sul tetto dell'abitazione.

Adesso parleremo di applicazioni della fisica quantistica meno familiari e diffuse ma altrettanto importanti, iniziando da quelle in campo medico.

Un grande passo avanti nel progresso della medicina e chirurgia è stato senza dubbio possibile sia grazie alla diagnostica per immagini che ha consentito di fare diagnosi attendibili e precise che ad alcune tecniche terapeutiche basate sull'utilizzo di radiazioni e radiofarmaci. Basato su principi o fenomeni di fisica quantistica, questo importante settore della medicina prende il nome di *medicina nucleare*.

Prima di parlare delle tecniche diagnostiche più attuali e forse anche più interessanti da un punto di vista della fisica quantistica, vale la pena ricordare che la scoperta dei raggi X ad opera del fisico tedesco Wilhelm Conrad Röntgen nel 1895, determinò sin da subito una vera e propria rivoluzione in campo medico anche perché il fisico tedesco, resosi conto del valore della sua scoperta, rifiutò di brevettarla per velocizzarne l'applicazione. Infatti, dopo appena un anno dalla scoperta dei raggi X, si facevano già le prime radiografie sui campi di battaglia. Per questa rivoluzionaria scoperta Röentgen vinse il primo prestigioso premio Nobel istituito per la prima volta nel 1901. Ricordiamo brevemente che i raggi X sono onde elettromagnetiche aventi una lunghezza d'onda molto piccola, compresa tra 1 nm (10^{-9} m) e 1 pm (10^{-12} m) e proprio per questo sono molto penetranti. Attraversano il corpo umano e possono impressionare una pellicola fotografica posta dietro al corpo. Essi sono prodotti bombardando una lamina metallica con un fascio elettronico ad alta energia ottenuto applicando una tensione anche superiore a 25.000 volt tra il catodo che emette gli elettroni e l'anodo metallico.

Poiché una carica elettrica sottoposta ad un'accelerazione o decelerazione emette onde elettromagnetiche, il brusco rallentamento del fascio elettronico in seguito all'urto con la lamina metallica produce una radiazione elettromagnetica ad elevata frequenza e quindi a bassa lunghezza d'onda. Alternativamente, l'urto del fascio elettronico può causare la fuoriuscita di un elettrone appartenente agli orbitali più interni degli atomi della lamina; il conseguente decadimento di un elettrone più esterno al livello dell'elettrone espulso produce un fotone la cui energia, essendo uguale alla differenza di energia tra livelli molto separati tra loro, è molto elevata. Dal momento che l'energia di un fotone è proporzionale alla sua frequenza, è possibile ottenere in questo modo fotoni con frequenza nel range dei raggi X.

Durante una radiografia le ossa assorbono maggiormente i raggi X rispetto ai muscoli e la pelle; pertanto, la pellicola fotografica viene maggiormente esposta nella zona in cui non ci sono le ossa, mentre la restante parte rimane chiara in quanto poco esposta e riproduce l'immagine delle ossa con una buona definizione. Dalle prime immagini radiologiche, le radiografie a raggi X sono state notevolmente ottimizzate e migliorate fino ad arrivare alla tomografia assiale computerizzata (TAC) inventata nel 1971 dal giovane ingegnere inglese, Godfrey Hounsfield. La TAC, grazie all'ausilio di tecniche di ricostruzione computerizzate, consente di ottenere immagini tridimensionali dei vari tessuti. Utilizzando notevoli dosi di raggi X, la TAC rimane comunque un esame invasivo e come tale non può essere effettuata frequentemente.

Negli anni Ottanta, nasce un'altra rivoluzionaria tecnica diagnostica basata su un fenomeno di meccanica quantistica noto già dalla fine degli anni

Quaranta: la risonanza magnetica nucleare (RMN). Non utilizzando raggi X o radiazioni ionizzanti la RMN è una tecnica non invasiva con enormi potenzialità dal punto di vista diagnostico. Il principio di funzionamento della RMN si basa sul fenomeno della risonanza magnetica nucleare osservata indipendentemente per la prima volta nel 1946 dai fisici Felix Bloch e Edward Purcell insigniti del premio Nobel per la fisica nel 1952.

Come riportato nel § 2.1, tutti i costituenti della materia stabile sono dotati di spin, una sorta di momento angolare intrinseco che implica, nel caso di una particella carica, anche un momento magnetico. In altre parole, un protone si comporta come un microscopico magnete. Sappiamo che se mettiamo un magnete in un campo magnetico esterno, come l'ago di una bussola nel campo magnetico terrestre, il magnete tende ad allinearsi con il campo magnetico esterno. Infatti, l'ago della bussola punta sempre al nord magnetico in quanto si allinea con il campo magnetico terrestre. In presenza di un campo magnetico statico (campo di polarizzazione), i protoni presenti nel corpo e quindi essenzialmente tutti i protoni dell'acqua contenuta nel nostro corpo tendono ad allinearsi al campo magnetico esterno. Tuttavia, così come una trottola sottoposta al campo gravitazionale della Terra ruota sia attorno al proprio asse che attorno alla direzione del campo gravitazionale (moto di precessione), allo stesso modo il momento magnetico M del protone esegue un moto di precessione attorno alla direzione del campo magnetico esterno, la cui frequenza (detta di Larmor) dipende dall'intensità del campo e dal tipo di atomo a cui appartiene il protone. Nel caso dell'idrogeno, elemento più diffuso nel corpo umano, la frequenza di Larmor è di 42,58 MHz per ogni tesla applicato. Nella RMN i campi magnetici di polarizzazione applicati variano da 1,5 a 3,0 Tesla (1 Tesla è pari a 20.000 volte il campo magnetico terrestre) a cui corrisponde una frequenza di Larmor nel campo delle radiofrequenze (60–150 MHz).

Sono necessari campi magnetici così elevati, in quanto il rapporto segnale/rumore che fornisce la qualità del segnale e quindi anche delle immagini è direttamente proporzionale al campo magnetico statico applicato.

Se adesso applichiamo un impulso elettromagnetico a radiofrequenza (campo di eccitazione) anche di modesta intensità ma con una frequenza pari a quella di Larmor ed ortogonale al campo statico di polarizzazione, si induce il ribaltamento del momento magnetico dei protoni M_z nel piano ortogonale al campo statico o in un piano che forma un angolo qualsiasi con il piano contenente il campo statico a seconda della durata dell'impulso magnetico a radiofrequenza (Fig. 3.9). È come se l'aghetto magnetico della bussola ruotasse di 90° rispetto alla posizione iniziale in cui indicava il nord. Rimossa la radiazione magnetica a radiofrequenza i magnetini protonici tendono a ritornare

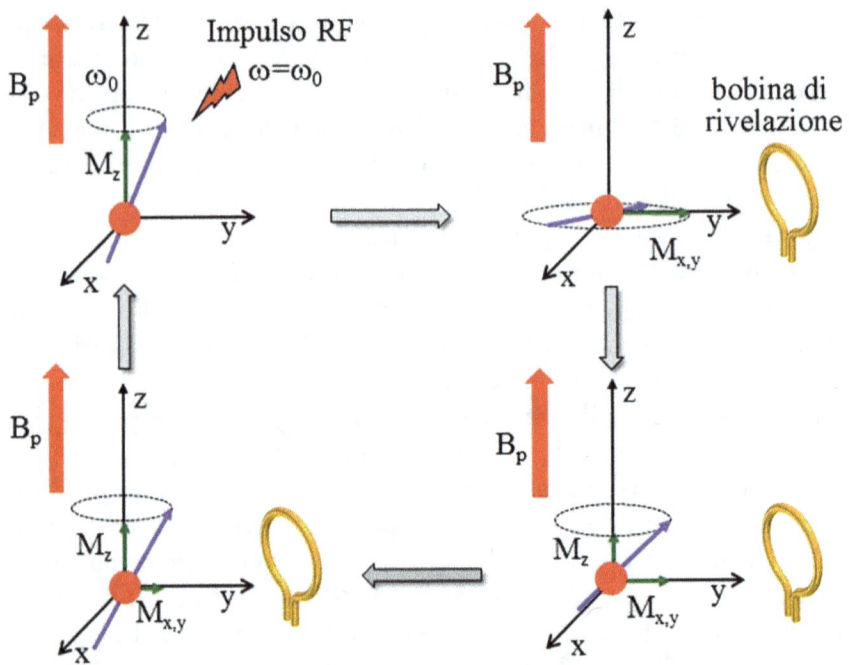

Figura 3.9 Schema di principio della risonanza magnetica nucleare. Il momento magnetico dei protoni effettua un moto di precessione attorno alla direzione del campo statico di polarizzazione con la frequenza di Larmor ω_o. Un impulso elettromagnetico a radiofrequenza (RF) avente una frequenza ω_o produce un ribaltamento della magnetizzazione M_z nel piano x-y (M_{xy}). Rimosso l'impulso, il sistema ritornerà allo stato iniziale con dei tempi caratteristici che dipendono dal tessuto che si sta analizzando. I segnali elettrici indotti nelle bobine di rivelazione durante il ritorno alla condizione iniziale vengono opportunamente elaborati per costruire le immagini anatomiche-morfologiche

nella loro posizione iniziale e nel farlo inducono una tensione elettrica nelle bobine di rilevazione tramite il noto fenomeno di induzione elettromagnetica.

Sono propri questi segnali rilevati dalle bobine che, opportunamente elaborati, forniscono l'immagine dell'organo o tessuto che si vuole analizzare. Affinché si abbia un segnale misurabile, è necessario un cospicuo numero di protoni che dopo la rimozione del campo di eccitazione tornano nella posizione iniziale, processo quest'ultimo noto anche come *rilassamento*. L'ampiezza del segnale indotto dal rilassamento dipende dal numero di protoni mentre il tempo impiegato per ritornane allo stato iniziale dipende dalle caratteristiche chimico-fisiche dell'agglomerato di cellule o porzione di tessuto che si sta analizzando. In particolare, esistono due tipi di rilassamento: il primo è quello dovuto a M_z che passa da zero al suo valore iniziale e il secondo è invece dovuto alla componente ribaltata (M_{xy}) che passa dal suo valore massimo a zero (Fig. 3.9). Il tempo impiegato da M_z per tornare al suo valore iniziale, noto come $T1$, è maggiore di quello che impiega M_{xy} a tornare a zero ($T2$), anche se apparentemente i due tempi dovrebbero essere uguali. In realtà i momenti magnetici dei protoni ribaltati nel piano x-y si sfasano velocemente e si annullano a vicenda determinando una magnetizzazione M_{xy} nulla prima che M_z sia tornato al suo massimo valore.

Da un punto di vista clinico $T1$ è legato all'anatomia dei tessuti molli e adiposi invece $T2$ è legato ai liquidi e alle condizioni patologiche come tumori, traumi o infiammazioni.

Oltre al campo magnetico statico e a quello a radiofrequenza, per distinguere ed identificare i segnali provenienti dalle varie zone della struttura analizzata, è necessario l'uso di gradienti di campi magnetici ossia di campi magnetici spazialmente variabili aventi una diversa intensità a seconda del punto considerato. Questi campi di piccola intensità si sommano al campo statico determinando una diversa frequenza di Larmor per ogni punto considerato. In questo modo quando si applica il campo di eccitazione con una precisa frequenza vengono eccitate solo le zone caratterizzate dalla frequenza di Larmor corrispondente al campo di polarizzazione in un determinato punto. Cambiando la frequenza di eccitazione, cambia il punto in cui essa è uguale alla frequenza di Larmor e ciò consente di effettuare una completa scansione della zona del corpo da indagare senza muovere il paziente.

L'utilizzo dei gradienti di campo magnetico, introdotti per la prima volta nel 1972 dal chimico statunitense Paul Lauterbur, permise di ottenere le prime immagini bidimensionali e tridimensionali. L'uso di particolari algoritmi matematici, sviluppati successivamente dal fisico inglese Peter Mansfield, consentì di elaborare i dati e produrre immagini di alta qualità in pochi secondi invece di alcune ore.

Per questo fondamentale passo in avanti nell'utilizzo del fenomeno della risonanza magnetica nucleare in campo biomedico, i due scienziati ricevettero nel 2002 il premio Nobel per la medicina. I campi magnetici statici, quello a radiofrequenza e i gradienti di campo magnetico sono generati da particolari bobine che circondano il lettino sul quale è posizionato il paziente.

Questa tecnica diagnostica, considerata molto meno invasiva rispetto alla TAC per l'assenza di radiazioni ionizzanti, ha il vantaggio di fornire delle immagini di alta qualità anche per i tessuti molli nonché di variare molto il contrasto delle immagini. Naturalmente le immagini di tessuti meno ricchi di acqua come le ossa mostrano una qualità inferiore; pertanto, in questi casi è preferibile utilizzare la TAC.

La RMN è impiegata per scopi diagnostici prevalentemente di patologie a carico del sistema nervoso centrale, dei legamenti articolari, del sistema cardio-circolatorio e delle cartilagini, fornendo delle immagini estremamente utili per diagnosticare la presenza e/o l'avanzamento di tumori o qualsiasi malformazione morfologica/anatomica.

Utilizzando dei campi magnetici molto intensi, questa indagine è controindicata per i portatori di protesi metalliche o pacemaker, inoltre poiché le vibrazioni delle bobine utilizzate per i gradienti di campi, dovute all'interazione con il campo statico di polarizzazione, generano rumori molto intensi al limite della soglia del dolore (circa 120 dB), è necessario indossare delle cuffie otoprotettrici durante l'esame, la cui durata varia da 20 a 30 minuti.

Negli ultimi anni sono stati sviluppati sistemi RMN con un campo statico di polarizzazione di 7 Tesla, che permette di ottenere delle immagini di altissima qualità e una migliore risoluzione spaziale ovvero una maggiore capacità di distinguere due zone contigue. Questi nuovi sistemi consentono di distinguere meglio le lesioni cerebrali della sclerosi multipla, di fare diagnosi precoci in caso di malattie neurodegenerative e più in generale di osservare particolari anatomico-morfologico, praticamente invisibili con i sistemi standard.

Un'altra tecnica diagnostica molto utile soprattutto per le patologie oncologiche e neurodegenerative è la tomografia a emissione di positroni (PET – Positron Emission Tomography). Realizzata da due fisici e una radiobiologa nell'ambito dello sviluppo di applicazioni mediche utilizzando le tecnologie del CERN, la PET fu presentata per la prima volta nel 1977 mostrando un'immagine dello scheletro di un topo. Il principio di funzionamento di tale diagnostica si basa sull'annichilazione tra elettroni e positroni emessi in seguito al decadimento di particolari elementi radioattivi. In particolare, viene iniettato nel paziente per via endovenosa un radiofarmaco, consistente in una soluzione glucosica al quale è legato un radionuclide che, decadendo, emette dei positroni. Questi ultimi si annichilano quasi istantaneamente con gli elettroni dei tessuti circostanti trasformandosi in energia sotto forma di due raggi gamma che, dopo aver attraversato tutti i tessuti circostanti, vengono rilevati da opportuni sensori di raggi gamma. Poiché le cellule tumorali sono particolarmente avide di glucosio, la distribuzione dei raggi gamma rilevati fornisce informazioni sulle quantità e posizione delle cellule tumorali. Dal momento che anche il cervello si nutre principalmente di ossigeno e glucosio, disfunzioni metaboliche del glucosio a livello cerebrale forniscono informazioni importanti per le malattie neurodegenerative come la sindrome di Alzheimer. Infatti, la PET viene spesso utilizzata per la diagnosi iniziale di queste patologie cerebrali.

I sensori di raggi gamma sono posti in un anello che circonda il paziente in modo da rilevare le coppie di raggi gamma che, per la conservazione del-

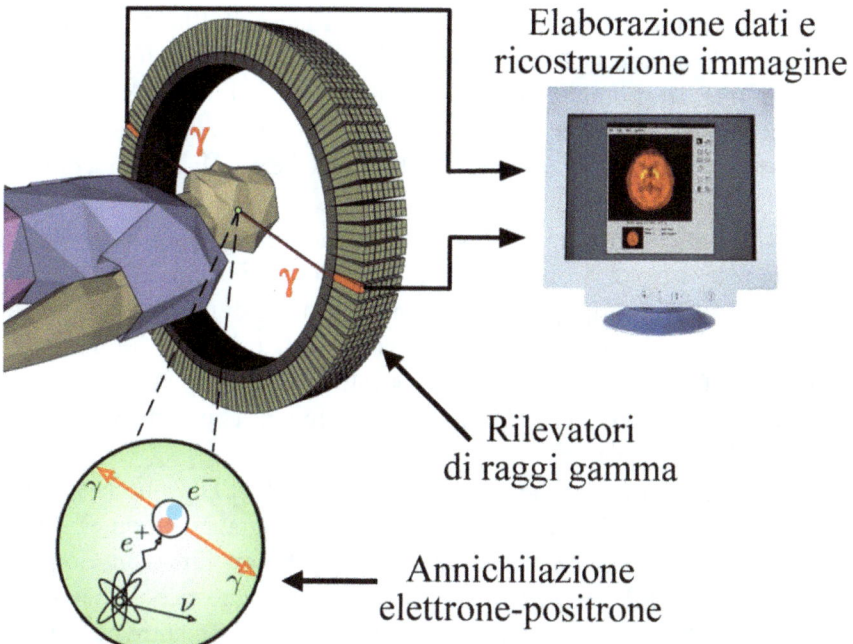

Figura 3.10 Schema della tomografia ad emissione di positroni (PET). Le coppie di elettroni-positroni prodotti dal decadimento del radionuclide iniettato nel paziente, si annichilano generando due raggi gamma rivelati da opportuni sensori. Poiché il radionuclide è veicolato da una soluzione a base di glucosio, l'esame identifica le zone in cui il glucosio si è accumulato. Essendo i tumori molto avidi di glucosio, le zone con maggiore accumulo di glucosio corrispondono tipicamente alle neoplasie cancerogene

la quantità di moto, si allontanano in direzioni opposte formando tra loro un angolo di 180° (Fig. 3.10). I due fotoni tipicamente attraversano percorsi diversi nel tessuto prima di essere rilevati; pertanto, dalle due misure di diversa attenuazione si riesce a risalire al punto in cui la coppia di fotoni è stata generata. Le immagini ottenute forniscono informazioni sulle attività delle cellule, attribuendo un colore più o meno acceso a seconda dell'intensità dell'attività metabolica. Muovendo il lettino sul quale è posizionato il paziente all'interno dell'anello contenente i sensori è possibile eseguire una scansione e produrre una serie di immagini bidimensionali corrispondenti ad una sezione (fetta) dell'organo o della struttura in esame. Utilizzando opportuni software, si uniscono le immagini relative alle singole sezioni e si ottiene un'immagine tridimensionale.

Tipicamente il radiofarmaco utilizzato nella PET è il fluordessoglucosio (FDG), chimicamente molto simile al glucosio in cui un gruppo ossidrile

(OH⁻) è sostituito con un atomo di fluoro radioattivo (fluoro 18; si ricordi che il numero che segue l'elemento si riferisce al numero di massa atomica, cioè la somma dei protoni e dei neutroni all'interno del nucleo).

Dal momento che il tempo di dimezzamento del fluoro radioattivo è di circa 2 ore, a distanza di poco tempo dalla fine dell'esame la quantità di fluoro radioattivo è trascurabile.

In ambito oncologico, la PET fornisce anche informazioni relative all'aggressività della patologia oncologica, all'efficacia delle chemio e radioterapie e alla presenza di eventuali metastasi. Poiché si tratta di una diagnostica funzionale nel senso che evidenzia il funzionamento/la fisiologia di un organo o tessuto e non la morfologia e l'anatomia, a volte la PET viene combinata con la TAC in modo da sovrapporre l'immagine morfologica-anatomica con quella funzionale fornita dalla PET.

Altre tecniche diagnostiche molto utili e simili alla PET sono la scintigrafia e la sua versione tridimensionale ovvero la tomografia computerizzata da emissione di singolo fotone (SPECT – Single Photon Emission Computer Tomography). A differenza della PET, le suddette diagnostiche si basano sull'emissione di raggi gamma piuttosto che di antielettroni mentre per il resto il principio di funzionamento è uguale. Il radiofarmaco viene iniettato nel paziente e dopo un tempo di attesa necessario affinché il radiofarmaco raggiunga l'organo o il tessuto bersaglio, inizia l'esame durante il quale vengono rilevati tramite una *gamma camera* i raggi gamma prodotti dal decadimento del radionuclide legato al radiofarmaco, tipicamente tecnezio 99 o tallio 201. Nel caso della SPECT l'acquisizione dei dati si effettua mediante la rotazione delle testate di rilevazione della gamma camera intorno al corpo del paziente. Ad ogni diversa angolazione, viene acquisita un'immagine planare detta proiezione; l'insieme di tali proiezioni consente poi di ottenere delle informazioni in tre dimensioni.

A seconda dell'organo o tessuto che si vuole indagare si usano differenti radiofarmaci. Ad esempio, per la scintigrafia ossea si utilizza il bifosfonato marcato con il tecnezio, oppure per quella tiroideo sodio pertecnetato con tecnezio. La scintigrafia e la SPECT sono utilizzate per la diagnosi di patologie e tumori a carico di diversi organi come il cuore, le ossa, il cervello, fegato, polmoni, reni.

Le applicazioni della fisica moderna alla medicina non si limitano solo alla diagnostica, ma anche alla terapia. Al di là delle già citate applicazioni terapeutiche del laser e della nota radioterapia basata sull'utilizzo di raggi X mirati alla distruzione di masse tumorali, vanno sicuramente ricordate le terapie oncologiche tramite *adroterapia* e radiofarmaci. Entrata a fa parte delle terapie essenziali previste dal sistema sanitario nazionale nel 2017, l'adroterapia utilizza dei fasci collimati di protoni o di carbonio 11 ad alta energia e viene utilizzata nei casi in cui l'ordinaria radioterapia è inefficace. I fasci di particelle vengono accelerati tramite un acceleratore di particelle fino a raggiungere velocità di oltre 60.000 km/s in modo da raggiungere l'energia sufficiente per distruggere definitivamente le cellule tumorali eliminando la possibilità che possano rigenerarsi. La distruzione definitiva delle cellule avviene per la molteplice rottura dei legami chimici all'interno del DNA della cellula tumorale impendendone la riproduzione, condizione non sempre garantita dalla radioterapia. Inoltre, l'adroterapia consente di essere ancora più selettivi, in quanto, essendo molto veloci, le particelle del fascio interagiscono poco con i tessuti superficiali e rilasciano la maggior parte della loro energia quando si fermano, fenomeno fisico noto come picco di Bragg. È quindi possibile tarare l'energia del fascio in modo che i protoni o gli atomi di carbonio si fermino proprio nel punto desiderato.

I radiofarmaci, oltre ad avere una funzione diagnostica, possono essere impiegati anche a scopi terapeutici. Infatti, una volta raggiunto il bersaglio grazie alla molecola *carrier*, gli atomi radioattivi emettono radiazione gamma o radiazione beta che, se opportunamente dosata, può distruggere le cellule tumorali presenti nelle immediate vicinanze del radiofarmaco. Il principale vantaggio di questa tecnica è l'alta selettività dovuta alla precisione con cui i radiofarmaci raggiungono e si legano alle cellule tumorali. Eccellenti risultati sono stati ottenuti per il tumore alla tiroide utilizzando come radionuclide lo iodio 131 per eliminare, a valle dell'intervento chirurgico, eventuali residui tumorali o metastasi nei linfonodi del collo. Tuttavia, queste terapie si stanno rilevando efficaci anche per altre tipologie di tumori come quelli della vescica, della prostata, del tratto gastro-enterico-pancreatico e i linfomi non Hodgkin.

Infine, parlando di radionuclidi, non possiamo fare a meno di citare un'altra applicazione, non medica, ma di estrema importanza: la datazione con il *carbonio 14*. Sviluppata nel 1947 dal fisico americano Willard Frank Libby (premio Nobel per la chimica nel 1960), questa tecnica rappresenta un potente strumento di indagine in molti settori quali l'archeologia, la paleontologia, l'idrologia, l'oceanografia, la geologia e la biomedicina. Il carbonio 14 è un isotopo del carbonio avente 6 protoni e 8 neutroni ed è presente in atmosfera in una piccolissima percentuale rispetto al carbonio 12 costituito da 6 protoni e 6 neutroni. Si stima che ci sia un atomo di carbonio 14 ogni 10^{12} (mille miliardi) atomi di carbonio. Questo rarissimo isotopo si forma nell'atmosfera in seguito alle collisioni tra i neutroni dei raggi cosmici e l'azoto 14 che rappresenta circa l'80% dell'atmosfera terrestre. Trasformatosi in anidride carbonica, il carbonio 14 viene assimilato dalle piante e quindi anche dagli animali che si nutrono delle piante nonché dagli animali e dagli esseri umani che si nutrono di animali e vegetali.

Sin dalla sua formazione, il carbonio 14, essendo debolmente radioattivo, si trasforma in azoto 14 tramite la trasformazione di un neutrone in un protone e la conseguente emissione di un elettrone (decadimento beta, vedi § 2.4). Il tempo di dimezzamento, ovvero il tempo affinché il numero iniziale di atomi di carbonio si dimezzi è di circa 5700 anni. Poiché il carbonio 14 viene continuamente prodotto ed assorbito con altrettanta continuità dalle piante e dagli animali sotto forma di anidride carbonica, si crea un equilibrio dinamico grazie al quale la quantità di carbonio 14 presente nelle piante, negli animali e negli esseri umani è costante. Il processo di assorbimento si arresta in seguito alla morte e la quantità di carbonio 14 inizia a diminuire lentamente. In particolare, si riduce della metà dopo 5700 anni, di un quarto dopo 11.400 anni, di un ottavo dopo 17.100 anni e così via. Dopo circa 50.000 anni scompare completamente. La tecnica di datazione si basa sulla misura della quantità di carbonio 14 residuo nel campione che si vuole analizzare. In base alla percentuale residua misurata si può risalire all'ultima volta in cui c'è stato assorbimento di carbonio 14 e quindi all'età dell'oggetto in esame.

È ovvio che questa tecnica è applicabile essenzialmente per campioni organici o inorganici che contengono carbonio. Nel caso in cui la quantità di carbonio 14 in un campione è nulla o comunque al di sotto della sensibilità degli strumenti di rilevazione, si deduce che il campione ha un'età superiore a 50.000 anni come il caso delle ossa dei dinosauri.

La misura più famosa in termini di risonanza mediatica effettuata tramite la tecnica di datazione basata su carbonio 14 fu quella eseguita il 21 aprile del 1988 sulla sacra Sindone, la più importante reliquia della cristianità. L'esito della misura, pubblicata sulla prestigiosa rivista *Nature*, attribuì alla Sindone un'età risalente al tardo medioevo (1260–1390) o non al primo secolo dopo Cristo. Negli anni seguenti, sono state avanzate diverse ipotesi che hanno messo in evidenza eventuali fattori che avrebbero messo in dubbio l'attendibilità della misura. In particolare, le numerose contaminazioni e maneggiamenti subite dal sacro sudario nel corso dei secoli avrebbero minato l'attendibilità dei risultati. Con grande soddisfazione del Clero, uno studio condotto nel 2022 dall'Istituto di Cristallografia del Consiglio Nazionale delle Ricerche ha evidenziato che le misure effettuate su un campione della Sindone con una tecnica basata sull'utilizzo di raggi X sono compatibili con una datazione delle reliquie di circa 2000 anni.

Per non perdere di vista l'aspetto quantistico di queste applicazioni, ricordiamo che i processi di decadimento radioattivo (vedi § 2.3) sono fenomeni prettamente quantistici governati dall'interazione debole e spiegati nell'ambito della teoria quantistica elettrodebole.

Altre applicazioni di cui vale sicuramente la pena parlare sono quelle connesse alla superconduttività descritta nel § 2.4. Quando si pensa alla superconduttività e quindi alla totale assenza di resistenza al passaggio di corrente elettrica, la prima applicazione che viene in mente è la realizzazione di cavi superconduttori per il trasporto dell'energia elettrica senza nessuna dissipazione dovuta all'effetto Joule. In effetti, la produzione di cavi elettrici superconduttori rappresenta un'importante applicazione della superconduttività ma non tanto per sostituire i normali cavi della rete elettrica, alquanto impraticabile per la necessità di utilizzare i liquidi criogenici, ma per realizzare dei potentissimi elettromagneti capaci di generare campi magnetici anche di una decina di tesla. Un elettromagnete è essenzialmente formato da una bobina di filo a bassa resistività: la corrente che passa nelle spire della bobina genera il campo magnetico che è direttamente proporzionale all'intensità della corrente. Uno dei problemi connessi alla realizzazione di potenti elettromagneti è la potenza dissipata che porta inevitabilmente alla fusione del filo se la corrente è eccessiva. L'utilizzo di un cavo superconduttore risolve completamente il problema in quanto, avendo resistenza nulla, non dissipa energia per effetto Joule e quindi non si riscalda. In tal modo si riescono a realizzare anche magneti che producono campi magnetici superiore ai 40 Tesla ossia 800.000 volte più intensi del campo magnetico terrestre!

Di solito si utilizzano dei cavi multi-filamenti di una lega superconduttiva formata da niobio e stagno (Nb_3Sn) oppure niobio e titanio (Nb–Ti), la cui temperatura di transizione è rispettivamente di 18,3 K e 9,2 K.

I magneti superconduttori così realizzati si applicano nelle RMN che, come visto, richiedono campi fino a 7 Tesla e nei grandi acceleratori di particelle come il CERN di Ginevra in cui i campi magnetici ad alta intensità (8–10 Tesla) sono utilizzati per deflettere e collimare i fasci di particelle elementari.

I magneti superconduttori del CERN sono raffreddati con elio liquido superfluido ad una temperatura di circa −271 °C (1,9 K) e formati da singoli blocchi che vengono uniti con particolari saldature per oltre 18 km pari al 66% dell'intero anello di ben 27 km. La corrente circolante nei cavi per generare campi così intensi è di circa 8700 ampere. È facile immaginare l'estrema attenzione richiesta durante la fase progettuale e di montaggio del super-magnete al fine di evitare qualsiasi dissipazione indesiderata di energia. Infatti, in presenza di una corrente così elevata, la transizione a metallo normale anche di una piccola porzione del cavo superconduttore produrrebbe un'enorme dissipazione di energia causando dei gravi danni. Questo fenomeno noto come *quenching* non è raro negli acceleratori di particelle; infatti, durante la fase di collaudo dell'acceleratore LHC (*Linear Hadron Collider – Collimatore lineare di adroni*) del CERN nel 2008, un'interconnessione difettosa provocò il quenching del magnete superconduttore causando un grave incidente. I potenti magneti superconduttori sono impiegati anche per la costruzione dei grandi reattori per la fusione nucleare con la tecnica del confinamento magnetico in cui, come visto nel § 1.4, dei potentissimi campi magnetici confinano il plasma di trizio e deuterio in una geometria toroidale. Il reattore ITER (vedi § 1.2), prevede un magnete superconduttore alimentato da una corrente di 68.000 ampere in grado di produrre un campo magnetico di circa 12 Tesla.

Altra suggestiva applicazione dei magneti superconduttori è legata alla possibilità di realizzare la levitazione magnetica dovuta alla repulsione di poli magnetici uguali.

Prese due calamite, sappiamo dall'esperienza, che esse si attraggono o si respingono a seconda di come le avviciniamo tra loro. Come per le cariche elettriche, anche nel magnetismo poli uguali di respingono e poli contrari si attraggono. La differenza, non banale, è che nel caso del magnetismo non possiamo isolare il polo magnetico come facciamo per le cariche elettriche.

Realizzando poli magnetici che si respingono tramite potenti elettromagneti è quindi possibile realizzare mezzi di trasporto a levitazione magnetica con l'ovvio vantaggio di ridurre al minimo gli attriti e quindi guadagnarne in velocità e consumo di carburante.

Un esempio è il treno a levitazione magnetica che viaggia senza toccare le rotaie noto come MAGLEV (abbreviazione e contrazione di magnetica e levitazione), che utilizza i potenti elettromagneti superconduttori. Realizzato per la prima volta in Giappone, il treno superconduttore MAGLEV di ultima generazione, utilizza elettromagneti superconduttori posti sul treno e ha raggiunto in fase di collaudo una velocità massima di 603 km/h superando tutti i record precedenti. Quando è fermo o a velocità al di sotto di 150 km/h, il treno poggia su ruote di gomme mentre ad alte velocità i magneti superconduttori sotto il treno interagiscono con gli elettromagneti posti sui binari e il treno si alza dalle rotaie di circa 10 cm. Il moto avviene grazie alla spinta delle stesse forze elettromagnetiche che lo fanno alzare. La frenata del treno è ottenuta invertendo la polarità degli elettromagneti e utilizzando aerofreni basati sull'attrito con l'aria.

La corsa al treno superveloce coinvolge anche altri paesi industrializzati. In particolare, la Cina mira alla realizzazione di un treno MAGLEV che coprirebbe il tratto Pechino-Shangai (1300 km) in appena 2 ore e 30 minuti. Attualmente è già presente un treno MAGLEV in Cina su una breve tratta di 30 km che collega l'aeroporto di Pudong (Shangai) con il centro di Shangai in circa 7 minuti.

3 Materia condensata e la prima rivoluzione quantistica 135

Altrettanto importanti ed interessanti sono le applicazioni su piccola scala della superconduttività, soprattutto quelle basate sull'effetto Josephson. Teorizzato nel 1962 dal fisico gallese Brian Josephson e osservato per la prima volta nel 1963 dal fisico norvegese Ivar Giaever (entrambi premi Nobel per la fisica nel 1973), l'effetto Josephson prevede l'effetto tunnel di coppie di Cooper attraverso una barriera classicamente proibita. Quindi un tunnel non del singolo elettrone ma di una coppia in cui la distanza tra gli elettroni può essere anche di alcune centinaia di nanometri. Tale effetto si verifica quando due superconduttori sono separati da una sottilissima barriera di un materiale isolante (circa 1 nanometro). Una struttura di questo genere prende il nome di giunzione Josephson. Se forniamo corrente alla giunzione, non si osserva nessuna tensione ai suoi capi fino ad un certo valore di corrente oltre il quale il dispositivo commuta in un tempo brevissimo (10^{-12} secondi) in uno stato a tensione finita. La corrente che non produce caduta di tensione ai capi della giunzione è dovuta all'effetto tunnel delle coppie di Cooper e prende il nome di corrente o supercorrente Josephson mentre il valore di soglia oltre il quale la giunzione commuta si chiama corrente Josephson critica. Considerate queste caratteristiche, una delle prime cose che venne in mente agli scienziati fu quella di utilizzare questi dispositivi per realizzare un'elettronica digitale molto veloce sfruttando come bit 0 lo stato zero a tensione nulla, quando la corrente è al disotto della soglia critica, e come bit 1 lo stato a tensione finita per correnti maggiori di quella critica. In effetti a partire dalla metà degli anni '70, è stata sviluppata questo tipo di elettronica superconduttiva basata sulle giunzioni Josephson. La diffusione su larga scala di questa elettronica digitale molto performante è stata chiaramente limitata dalla necessità di raffreddare i superconduttori, rendendo svantaggioso il loro impiego rispetto all'elettronica basata sui semiconduttori le cui prestazioni miglioravano sempre di più.

Esistono, tuttavia, diverse applicazioni in cui le prestazioni dei dispositivi superconduttori sono così superiori rispetto ad altri dispositivi da portare in secondo piano il disagio dovuto all'utilizzo di liquidi criogenici o complessi sistemi di raffreddamento. Una di queste applicazioni sicuramente riguarda l'utilizzo di dispositivi superconduttori ad interferenza quantistica, costituiti da due giunzioni Josephson poste in un anello superconduttore. Questi dispositivi, meglio noti come SQUIDs (acronimo di Superconducting Quantum Interference Devices), sono i migliori sensori di campo magnetico esistenti con una sensibilità tale da essere in grado di misurare i campi magnetici prodotti dalle correnti neuronali. Essi riescono a misurare campi magnetici pari a 50 miliardi di volte più piccoli del campo magnetico terrestre. Grazie a questa enorme sensibilità, tali dispositivi sono impiegati in vari campi come

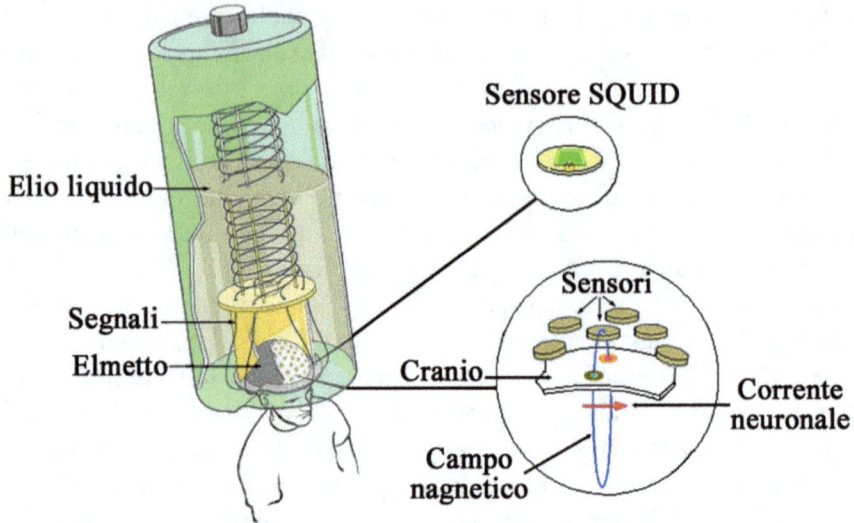

Figura 3.11 Schema di un sistema per Magnetoencefalografia. I sensibilissimi sensori SQUID misurano il campo magnetico generato dalle deboli correnti neuronali avente un'intensità di 10–100 fT (pari a qualche miliardesimo del campo magnetico terrestre). Per raffreddare i sensori al di sotto della temperatura critica viene utilizzato l'elio liquido ($T = 4\,\text{K} = -269\,°\text{C}$)

la microscopia magnetica, l'analisi non distruttiva dei materiali, la geofisica, l'astrofisica, il nanomagnetismo, il computer quantistico e la biomedicina.

La più importante applicazione degli SQUIDs riguarda proprio il campo biomedico e in particolare la neurologia. Grandi sistemi contenenti alcune centinaia di sensori SQUID vengono impiegati per studi di magnetoencefalografia (MEG), tecnica completamente non-invasiva finalizzata alla misura del campo magnetico generato dalle correnti che fluiscono nei neuroni invece dei potenziali elettrici che vengono misurati tramite l'elettroencefalografia (EEG).

I sistemi MEG sono costituiti da un contenitore cilindrico super-isolato termicamente (*dewar*), all'interno del quale sono posti i sensori SQUID su un supporto a forma di elmetto per adattarsi alla forma della testa del paziente (Fig. 3.11); il *dewar* viene riempito con elio liquido per raffreddare i sensori. La distanza tra i sensori alla temperatura di $-269\,°\text{C}$ e la testa del paziente è di appena 2 cm. Il super-isolamento termico garantisce che la temperatura sulla superficie esterna del *dewar* sia uguale a quella dell'ambiente. L'intero sistema è posto in una cabina ad alto schermaggio elettromagnetico al fine di evitare che i segnali magnetici ambientali, molto più intensi dei segnali generati dal cervello, perturbino la misura coprendo completamente il segnale magnetico che si vuole misurare. A differenza della RMN, i sistemi per magnetoencefalografia forniscono delle immagini funzionali estremamente utili sia per studi di neuroscienze di base che per applicazioni cliniche come l'identificazione dei focolai epilettici e la mappatura delle aree cerebrali prima di interventi chirurgici al fine di rendere l'intervento meno invasivo. Sempre in campo clinico di notevole interesse è l'utilizzo della MEG per lo studio di malattie neurodegenerative (sindrome di Alzheimer, morbo di Parkinson, sclerosi laterale amiotrofica, demenza frontotemporale). Rispetto all'EEG, la MEG permette la ricostruzione delle sorgenti che hanno generato il campo magnetico in maniera più precisa e chiara in quanto i tessuti al di sopra della corteccia cerebrale (cranio, scalpo) sono praticamente trasparenti al campo magnetico mentre distorcono il campo e i potenziali elettrici misurati dall'EEG.

Grazie ad opportuni algoritmi basati sulla teoria delle reti, è possibile utilizzare la MEG per studiare la *connettività cerebrale* funzionale, che gioca un ruolo fondamentale nella comprensione del funzionamento del cervello.

Sebbene esista una chiara specializzazione tra le regioni della corteccia cerebrale, il vero potere del cervello sembra derivare dalla capacità di quelle regioni di lavorare insieme su una gamma di scale spaziali, come un insieme di reti riccamente interconnesse e complesse. Le suddette reti cerebrali sono costituite da regioni distribuite spazialmente ma funzionalmente connesse ed elaborano le informazioni, facilitando l'integrazione e la coordinazione di varie funzioni.

Un'anormale connettività è legata alla presenza di patologie come quelle neurodegenerative (ad esempio la sindrome di Alzheimer), il che rende lo studio della connettività di grande interesse anche in campo clinico. Nonostante le notevoli potenzialità, i sistemi MEG sono prevalentemente impiegati per la ricerca clinica e quella neurologica di base.

Altre applicazioni dell'effetto Josephson riguardano i rilevatori di particelle elementari, la metrologia quantistica per la definizione del campione di tensione elettrica e la realizzazione di bit quantistici per la computazione quantistica di cui parleremo nel prossimo capitolo (Cap. 4).

Un'altra applicazione della fisica quantistica degna di nota è la microscopia ad effetto tunnel, ma prima di scoprirne il fascino, è doveroso aprire una piccola parentesi sulla microscopia in generale. L'invenzione e l'utilizzo dei microscopi è stata di fondamentale importanza in quasi tutti i settori scientifici permettendo un notevole passo avanti nella conoscenza dei fenomeni naturali. Grazie alla microscopia gli scienziati hanno potuto confermare e verificare le loro ipotesi e teorie, guardando con i propri occhi ciò che avevano solo immaginato. Per osservare strutture sempre più piccole bisogna utilizzare sofisticati strumenti basati su diversi principi di funzionamento. I microscopi ottici permettono di osservare strutture fino a qualche millesimo di millimetro. Questo perché, essendo la lunghezza d'onda della luce compresa tra 0,4 e 0,7 millesimi di millimetro, quando gli oggetti da osservare sono paragonabili o inferiori alla lunghezza d'onda della luce che viene riflessa dal campione, appaiono fenomeni di interferenza o diffrazione tipici del carattere ondulatorio della luce impedendo di ottenere immagini nette e nitide. Il microscopio elettronico noto anche come SEM (acronimo di Scanning Electron Microscope) utilizza un fascio di elettroni la cui velocità è tale da ottenere per gli elettroni una lunghezza d'onda di De Broglie molto più piccola di quella della luce e ciò consente di osservare oggetti fino a qualche milionesimo di millimetro quindi tre ordini di grandezza più piccoli di quelli osservabili con il microscopio ottico. Gli elettroni riflessi dal materiale vengono rilevati da opportuni rilevatori, generando dei segnali elettrici che producono l'immagine su uno schermo o monitor del computer. Nel caso di campioni con spessori dell'ordine di 50–100 nanometri (meno di un decimillesimo di millimetro), il microscopio elettronico può essere utilizzato anche per osservare la sezione del campione. Si parla in questo caso di TEM (acronimo di Transmission Electron Microscope) in cui il fascio elettronico attraversa completamente il materiale e colpisce uno schermo fluorescente in cui vengono proiettate le immagini della sezione con una risoluzione di circa un angstrom (0,1 nanometro), ossia qualche decimilionesimo di millimetro. Una sensibilità del genere permette di osservare anche i singoli atomi nei solidi.

La versione criogenica del TEM (cryo-TEM), in cui i campioni sono raffreddati alla temperatura dell'azoto liquido (−196 °C), è molto utile per studiare le macromolecole di interesse biologico e chimico. Il raffreddamento, oltre a limitare i danni del fascio elettronico, permette di conservare l'idratazione delle molecole affinché non venga compromessa la forma e la struttura originale. Ciò è facilmente comprensibile se pensiamo ad esempio ai funghi porcini secchi e congelati. Nel primo caso ci appare evidente che la forma e la struttura del fungo viene alterata dall'essiccazione che comporta essenzialmente una totale disidratazione; se invece il fungo viene congelato la forma rimane praticamente inalterata in quanto conserva la quantità di acqua che gli consente di avere quella forma particolare. Al di là delle complessità costruttive di un microscopio elettronico a scansione o a trasmissione, possiamo sicuramente affermare che il fenomeno quantistico sul quale si basa e che ci consente di guardare molto a fondo all'interno della materia, è la natura ondulatoria dell'elettrone.

Ma il microscopio sul quale si vuole porre l'accento si basa sull'effetto tunnel e consente di acquisire delle straordinarie immagini delle superfici dei materiali con una risoluzione atomica, permettendo di vedere i singoli atomi sulla superficie del materiale osservato. Il microscopio a scansione ad effetto tunnel (STM, Scanning Tunneling Microscope), indispensabile per lo studio delle su-

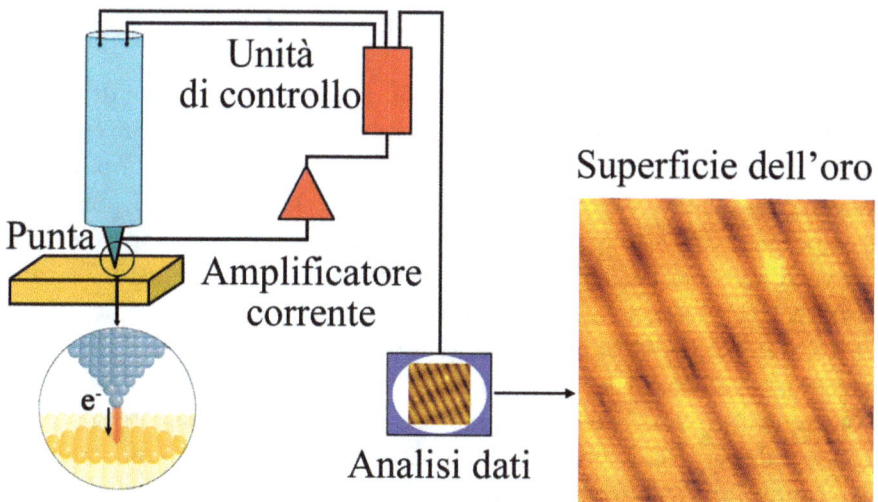

Figura 3.12 Schema di un microscopio ad effetto tunnel (STM). Una punta estremamente sottile viene avvicinata ad una piccolissima distanza dalla superficie del materiale da analizzare. Gli elettroni migrano dalla punta al materiale per effetto tunnel permettendo tramite particolari algoritmi di ricostruire la morfologia della superficie. A destra è riportata un'immagine di una superficie d'oro in cui sono evidenti i singoli atomi di silicio di colore giallo chiaro

perfici dei solidi, è stato inventato da Gerd Binnig e Heinrich Rohrer nel 1981, che per questa invenzione furono insigniti del premio Nobel per la fisica nel 1986.

Il microscopio è costituito da una punta metallica che può essere avvicinata a piccolissime distanze dalla superficie del materiale da esaminare (Fig. 3.12). Variando la distanza tra la punta metallica e la superficie del campione è possibile visualizzare la morfologia delle strutture superficiali.

Se la distanza tra la punta e il materiale è sufficientemente piccola, un elettrone può saltare da una parte all'altra per effetto tunnel; infatti i due atomi della punta e del materiale pur non toccandosi direttamente tra loro vengono ad essere leggermente a contatto in corrispondenza della regione increspata costituita dalla nube elettronica. Esiste quindi una sovrapposizione delle funzioni d'onda associate agli elettroni più esterni degli atomi e questo determina, come visto nel Cap. 2, l'effetto tunnel degli elettroni. L'intensità della corrente di tunnel, estremamente sensibile alla distanza tra la punta del microscopio e gli atomi di superficie, viene rilevata durante la scansione della superficie. In questo modo la punta riesce a seguire il profilo di una fila di atomi ricostruendo la topografia della superficie del campione. Con un STM si possono raggiungere delle precisioni molto elevate fino a 0,1 nanometri appena il doppio della dimensione di un atomo di idrogeno.

Concludiamo questa breve rassegna sulle maggiori applicazioni della fisica quantistica con qualche cenno ad un argomento di nanotecnologia che, oltre ad essere interessante dal punto di vista fisico, sta avendo un vistoso impatto tecnologico anche su prodotti ad ampia diffusione, i *punti quantici*, meglio noti come *quantum dots*, argomento per il quale è stato conferito il premio Nobel per la chimica nel 2023 a Moungi Bawendi, Louis Brus e Alexei I. Ekimov. Si tratta di nano-cristalli semiconduttori aventi una dimensione dell'ordine di pochi miliardesimi di metro (1–10 nm). Avendo dimensioni così piccole, paragonabili alla lunghezza d'onda di De Broglie degli elettroni contenuti in essi, i quantum dots manifestano spiccati comportamenti quantistici, il più evidente dei quali è la presenza di livelli energetici discreti, a differenza dei semiconduttori macroscopici in cui, come visto nel § 3.1, esistono le bande energetiche. Quindi, pur avendo la struttura di un solido, i quantum dots presentano comportamenti simili ai singoli atomi, per questo vengono considerati *atomi artificiali*. Questo comportamento non ci deve meravigliare, in quanto come visto nel Cap. 2, la quantizzazione dei livelli energetici nasce quando una particella è costretta a stare confinata in uno spazio confrontabile con la sua lunghezza d'onda di De Broglie, come l'elettrone in un atomo d'idrogeno o come in questo caso in una *nano-scatola* costituita dal monocristallo di semiconduttore.

In particolare, quando un quantum dot viene eccitato con una radiazione elettromagnetica, ad esempio luce ultravioletta, gli elettroni passano dalla banda di valenza a quella di conduzione formando delle coppie elettrone-lacune. A causa della dimensione nanoscopica del cristallo semiconduttore, si formano dei sistemi simili ai singoli atomi in cui il nucleo positivo è costituito dalla lacuna. Questi sistemi pseudo-atomici, noti come *eccitoni*, presentano livelli energetici discreti la cui separazione è tipicamente inferiore all'energia dei raggi ultravioletti utilizzati per eccitare il quantum dot. Quindi se i quantum dots sono investiti da luce ultravioletta, si formano gli eccitoni che, decadendo in livelli energetici più bassi, restituiscono una luce con frequenza più bassa, tipicamente nello spettro visibile (fenomeno della *fluorescenza*, Fig. 3.13).

Un'altra caratteristica peculiare è data dal fatto che la dipendenza della separazione tra il livello fondamentale e il primo livello eccitato dipende dalla dimensione del quantum dot: man mano che diminuisce la loro dimensione aumenta la distanza tra i due livelli energetici. Ad esempio, in un tipico quantum dot di selenuro di cadmio (CdSe) tale separazione varia da 1,8 eV per quelli grandi a 3 eV per i più piccoli. Questo intervallo di energia copre tutto lo spettro ottico delle radiazioni elettromagnetiche, il che equivale a dire che

Figura 3.13 Flaconcini contenenti quantum dots di dimensioni differenti irraggiati con luce ultravioletta. La frequenza della luce emessa aumenta al diminuire della dimensione dei dots

i quantum dots possono assorbire e/o emettere luce in tutto lo spettro visibile e cambiando le loro dimensioni possiamo scegliere la frequenza in cui i quantum dots emettono e/o assorbono la luce.

Poiché la separazione tra i livelli energetici è maggiore nei quantum dot piccoli (2–3 nm), la luce emessa da questi ultimi ha una frequenza maggiore (verde, blu, viola), mentre quelli con dimensione maggiore (5–7 nm) emettono luce con frequenze minori (rosso, arancione, giallo). Va infine detto che l'efficienza con cui questi nanomateriali assorbono ed emettono la luce è estremamente elevata, in particolari configurazioni essi riescono ad emettere quasi tutta la luce assorbita, risultando oggetti particolarmente brillanti (Fig. 3.13).

Attualmente i quantum dots vengono utilizzati come emettitori di luce di alta qualità negli schermi TV (QLED – Quantum dot led) e per l'imaging biomedico in cui, grazie alla loro notevole fluorescenza, si ottengono immagini di organelli cellulari o proteine molto intense e vivide. Ma tante altre applicazioni come le celle solari ad alto rendimento (oltre il 60%), il computer quantistico e la farmacologia, potrebbero essere disponibili a breve.

A valle di questo breve compendio sulle applicazioni della fisica quantistica, è naturale rimanere meravigliati del fatto che alla base di queste preziose tecnologie che hanno cambiato il nostro modo di vivere, ci sia il bizzarro e strano mondo quantistico in cui le particelle sono anche onde, hanno il dono dell'ubiquità, compaiono e scompaiono, si trasformano in energia, saltano da un'orbita ad un'altra e passano attraverso barriere pur non avendo l'energia per farlo insomma un mondo apparentemente degno dei migliori film di fantascienza!

Ma le meraviglie quantistiche non finiscono qui. Come vedremo nel prossimo capitolo (Cap. 4) esse stanno determinando un'altra rivoluzione quantistica che avrà un impatto tecnologico davvero notevole.

4

La seconda rivoluzione quantistica e le tecnologie quantistiche

Il 4 ottobre 2022, l'accademia reale svedese delle scienze ha assegnato il premio Nobel per la Fisica ad Alain Aspect, John F. Clauser e Anton Zeilinger per i loro esperimenti su un fenomeno squisitamente quantistico conosciuto come *entanglement* quantistico e per avere posto le basi sperimentali dell'informazione e della computazione quantistica.

In questo quarto capitolo proveremo ad illustrare i concetti fondamentali di questo interessante e per certi aspetti misterioso argomento che ha avuto e avrà un grande impatto sulle attuali e sulle future tecnologie.

4.1 L'interpretazione di Copenaghen e i paradossi del gatto di Schrödinger e della freccia quantistica di Zenone

I fondamenti concettuali della meccanica quantistica sono stati oggetti e per certi aspetti lo sono ancora oggi, di animate dispute e controversie dovute alle diverse interpretazioni. Quando Erwin Schrödinger scrisse la sua famosa equazione si ispirò senza alcun dubbio alla natura ondulatoria della materia proposta da De Broglie, gli parve quindi naturale interpretare la funzione d'onda (soluzione dell'equazione di Schrödinger) come un'onda elettronica dal momento che lui la scrisse inizialmente per l'elettrone. Ma gli esperimenti d'interferenza della doppia fenditura (Fig. 2.3) ci dicono che l'elettrone è rivelato sullo schermo come una particella, cioè quando passano uno o più elettroni noi vediamo sullo schermo uno o più punti e non un'onda. La figura d'interferenza si inizia ad intravedere quando sono passati attraverso la doppia fenditura diverse centinaia o migliaia di elettroni. È quindi evidente che l'interpretazione della funzione d'onda di Schrödinger era contraddetta dai fatti sperimentali. Come già detto nel capitolo secondo, ben presto fu avanzata e accettata dalla maggior parte dei fisici l'interpretazione probabilistica della funzione d'onda secondo la quale il modulo quadrato della funzione d'onda rappresenta la probabilità di trovare la particella in un dato punto ad un certo istante. L'interpretazione della funzione d'onda è tuttavia solo un aspetto di un'interpretazione più generale della meccanica quantistica che considera anche altri aspetti e di cui ci occuperemo in questo paragrafo.

L'interpretazione più diffusa della meccanica quantistica è quella di Copenaghen o ortodossa sviluppata alla fine degli anni Venti del secolo scorso dalla maggior parte dei padri fondatori della nuova teoria: Bohr (in primis), Born, Pauli, Heisenberg. Oltre al significato statistico-probabilistico della funzione d'onda, tale interpretazione ipotizza che in generale un sistema o stato quantistico può essere descritto da una funzione d'onda soluzione dell'equazione di Schrödinger e che tale funzione può essere scritta dalla sovrapposizione o combinazione lineare di altre funzioni d'onda che rappresentano altri stati quantistici ognuno pesato con una certa probabilità (*principio di sovrapposizione*). Una combinazione lineare di un insieme di elementi non è altro che la loro somma in cui ogni elemento è moltiplicato per un numero arbitrario. Se ad esempio si considerano due soluzioni Ψ_1 e Ψ_2, anche le infinite funzioni date da $a\Psi_1 + b\Psi_2$ con a e b numeri arbitrari sono ancora soluzioni dell'equazione di Schrödinger. Dopotutto, da un punto di vista matematico la combinazione lineare di due o più soluzioni dell'equazione di Schrödinger è ancora soluzione dell'equazione. In questo senso, il principio di sovrapposizione è una conseguenza matematica della equazione fondamentale della meccanica quantistica. In alcuni casi le soluzioni sono infinite e quindi qualsiasi combinazione lineare di queste infinite soluzioni è ancora soluzione. Partendo quindi da un insieme di soluzioni, si possono costruire infinite funzioni ancora soluzioni dell'equazione di Schrödinger, così come i pezzi di un lego possono essere montati per costruire tantissime strutture. Queste funzioni d'onda, combinazioni lineari delle varie funzioni d'onda devono comunque soddisfare alla condizione di normalizzazione (vedi Cap. 2), il che implica che la somma dei quadrati dei coefficienti numerici deve essere uguale a 1. Quindi il quadrato di ogni coefficiente può assumere un valore compreso tra 0 e 1. Quanto più un coefficiente si avvicina a 1, tanto maggiore sarà il peso della relativa funzione d'onda ad esso associato. Le funzioni matematiche soluzioni dell'equazione di Schrödinger possono essere considerate come dei vettori in uno spazio a n dimensioni dove n può essere anche infinito. Ricordiamo che nell'accezione più comune, un vettore è un segmento orientato nello spazio euclideo tridimensionale dotato di intensità proporzionale alla sua lunghezza, direzione e verso. Qualsiasi vettore nello spazio, può essere scritto come la combinazione lineare di tre vettori di lunghezza unitaria e perpendicolari tra loro, cioè tre vettori che giacciono lungo i tre assi cartesiani. Allo stesso modo una qualsiasi funzione d'onda o vettore di stato, soluzione dell'equazione di Schrödinger, può essere scritta come combinazione lineare di vettori tra essi perpendicolari e a loro volta soluzioni dell'equazione di Schrödinger. Ad esempio, se consideriamo l'atomo di idrogeno, esistono infinite soluzioni dell'equazione di Schrödinger ed ognuna di esse è legata ad uno degli infiniti livelli energetici dell'elettrone. Quindi in linea di principio, una combinazione lineare delle infinite soluzioni è ancora un possibile stato per l'atomo di idrogeno.

Il punto cruciale è l'interpretazione che si attribuisce al principio di sovrapposizione e alla misura. Secondo l'interpretazione di Copenaghen, se un sistema è descritto da una funzione d'onda che è la sovrapposizione di due o più stati, non è possibile in nessun modo conoscere, prima di effettuare una misura, in quale stato il sistema si trova. Nel momento della misura la funzione d'onda collassa in uno degli stati di cui è composta; prima della misura non ha senso chiedersi in quale stato il sistema si trova, tutt'al più si può dire che sta simultaneamente in tutti gli stati ma con probabilità diversa a seconda dello stato (*coerenza quantistica*). Secondo l'interpretazione ortodossa, la sovrapposizione di stati quantistici è una proprietà intrinseca ed irriducibile della natura non dovuta alla limitata conoscenza delle condizioni fisiche del sistema in considerazione.

Si può immaginare la sovrapposizione di due stati quantistici come qualcosa di analogo a quello che si osserva quando si guardano alcuni quadri in cui coesistono due diverse immagini, come ad esempio il vaso di Edgar Rubin (Psicologo e filosofo danese, 1886–1951), riportato in Fig. 4.1. Se si guarda il quadro da destra a sinistra e viceversa si osservano due volti di profilo, se invece lo si guarda dal basso in alto e viceversa, notiamo la presenza di un vaso.

Un altro esempio di immagine bistabile è rappresentato dall'anatra-coniglio (Fig. 4.1), proposta nel 1892 dallo psicologo statunitense Joseph Jastrow (1863–1944) al fine di mostrare un'illusione ottica. Anche in questo caso la figura è composta da un'unica immagine che, alternativamente, può essere interpretata come un coniglio che guarda verso destra oppure un'anatra che guarda verso sinistra. Ovviamente si tratta solo di una analogia, anche perché in seguito all'osservazione le immagini continuano a coesistere, invece nel caso di una misura su un sistema quantistico a due stati, ne sopravvive solo uno.

Nel caso particolare della posizione di una particella descritta da una funzione d'onda non ha senso chiedersi in quale punto dello spazio la particella

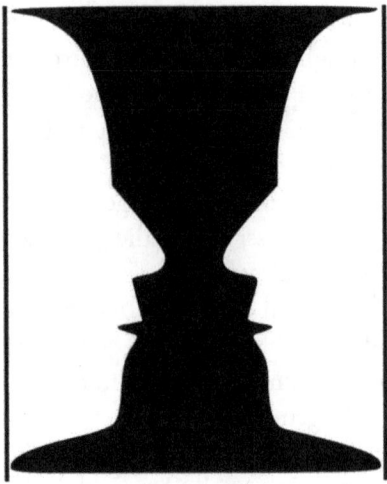

Figura 4.1 Esempi di due immagini bistabili in cui coesistono due diverse immagini. A sinistra il vaso di Rubin rappresenta contemporaneamente due volti di profilo e due vasi mentre a destra l'anatra-coniglio rappresenta un coniglio che guarda verso destra e/o un'anatra che guarda verso sinistra. In fisica quantistica succede qualcosa di analogo con due stati quantistici, prima della misura sono contemporaneamente in entrambi gli stati

stia prima della misura ovvero si trova contemporaneamente in tutte le posizioni e il processo di misura fa collassare la funzione d'onda nel punto in cui si trova la particella a valle della misura (Fig. 4.2).

Da quanto detto, si può dedurre che secondo l'interpretazione di Copenaghen, il ruolo della misura è fondamentale per scoprire le caratteristiche di un sistema e lo strumento di misura diventa un tutt'uno con il sistema da misurare.

Per sottolineare l'insensatezza di certi interrogativi in meccanica quantistica, il fisico e filosofo della scienza David Albert sosteneva che chiedersi dove si trovi la particella prima di misurarla è equivalente a chiedersi se una particella elementare è sposata! Come vedremo a breve, quando consideriamo due particelle, al dono di ubiquità delle particelle quantistiche si aggiungono altre proprietà ancora più straordinarie che ci inducono a pensare che forse ha senso chiedersi se una particella è sposata o più correttamente se è indissolubilmente legata ad un'altra particella.

Ritornando al collasso della funzione d'onda, va precisato che esso si applica a qualsiasi quantità fisica misurabile come l'energia, il momento angolare, lo spin, etc. Un sistema quantistico può stare in una sovrapposizione di stati con diversa energia, momento angolare, o spin e solo nel momento della

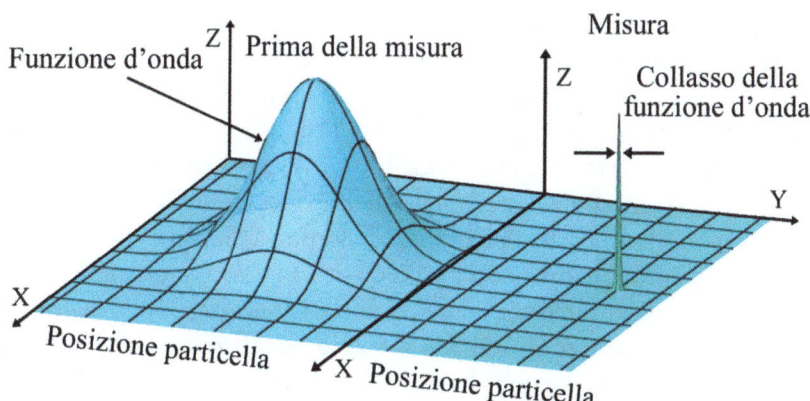

Figura 4.2 Collasso della funzione d'onda: prima della misura la funzione è delocalizzata in un'ampia regione dello spazio, dopo la misura essa diventa molto piccata e localizzata nel punto in cui viene rilevata la particella

misura sapremo il valore della quantità fisica che stiamo considerando. Prima della misura possiamo solo dire che abbiamo una certa probabilità di trovare una certa quantità. Questa probabilità è uguale al quadrato del coefficiente che compare davanti alla funzione d'onda corrispondente a quella quantità. Continuando a considerare l'esempio dell'atomo di idrogeno, se esso si trova in un generico stato, combinazione lineare degli infiniti stati relativi alle energie quantizzate dell'elettrone, prima della misura non è possibile dire quale energia abbia l'atomo, l'operazione della misura costringe l'atomo ad assumere una delle energie disponibili cioè quelle corrispondenti ad un certo numero quantico principale n. Eventuali altre misure danno sempre lo stesso risultato, a meno che non si riporti l'atomo di idrogeno in uno stato generico. Nella pratica, un atomo di idrogeno, a temperatura ambiente, sta sempre nel livello fondamentale e qualsiasi misura di energia si faccia, si troverà sempre la stessa energia. Questo perché l'energia termica è molto più piccola dell'energia necessaria per eccitare l'elettrone nell'orbitale successivo.

Vale la pena sottolineare ancora una volta che la meccanica quantistica non è una teoria statistica/stocastica ma è estremamente deterministica, nel senso che possiamo conoscere l'esatta evoluzione spaziale e temporale della funzione d'onda risolvendo l'equazione di Schrödinger. Tuttavia, il processo di misura, come detto precedentemente, nel caso in cui ci sia una sovrapposizione di stati, include un'incertezza intrinseca legata al misterioso collasso della funzione d'onda in uno degli stati di cui è composta. Ma non sempre i sistemi quantistici sono in una sovrapposizione di stati, ad esempio, come detto sopra, gli stati energetici degli elettroni di un atomo, a temperatura ambiente, non sono in una sovrapposizione di vari stati e se si effettua una misura dei livelli energetici si trovano sempre gli stessi valori che sono in perfetto accordo con le previsioni teoriche, cioè si sa esattamente l'energia di ogni elettrone anche prima di fare la misura. Ma anche quando si utilizza l'aspetto probabilistico della funzione d'onda o delle statistiche quantistiche (vedi Cap. 1), si riescono a fare delle previsioni con una precisione sbalorditiva. Si pensi che nell'ambito dell'elettrodinamica quantistica, ci sono quantità come il momento magnetico anomalo dell'elettrone il cui valore calcolato ha una precisione di una parte su un miliardo, cioè se confrontiamo il valore calcolato e quello misurato la prima deviazione la osserviamo dopo 9 cifre decimali!

Riepilogando, un sistema quantistico può trovarsi in una sovrapposizione di stati e niente si può dire prima di effettuare una misura, tuttalpiù si può stimare qual è la probabilità di trovare un certo stato a valle della misura. Il processo di misura distrugge la sovrapposizione degli stati costringendo il sistema a collassare in uno degli stati possibili. Da qui si intuisce il ruolo fondamentale della misura in fisica quantistica nonché la sua intima connessione con il processo fisico che si sta osservando. Dopotutto, come detto nel capitolo secondo a proposito dell'esperimento della doppia fenditura, se si guarda anche in maniera poco invasiva l'elettrone mentre passa attraverso la doppia fenditura, scompare l'aspetto ondulatorio della particella e rimane solo quello corpuscolare.

La posizione di Einstein era nettamente contraria all'interpretazione di Copenaghen. In particolare, egli sosteneva che esistevano delle variabili nascoste (teoria delle variabili nascoste) che non si riuscivano a determinare e che erano origine del comportamento statistico-probabilistico dei fenomeni quantistici, pertanto, secondo il genio tedesco, la meccanica quantistica era una teoria incompleta. La posizione di Einstein è ben descritta dalla famosa frase "Dio non gioca a dadi" oppure dall'ironica domanda che faceva a Bohr, accanito sostenitore dell'interpretazione di Copenaghen: "Veramente lei è convinto che la luna esiste solo se la si guarda?" Einstein era profondamente convinto che le leggi della natura dovessero essere di tipo locale, cioè ogni fenomeno, corpo o più in generale un sistema deve essere condizionato solo da quello che accade nelle immediate vicinanze. Come già detto nel primo capitolo, Einstein era molto critico anche nei confronti della teoria della gravitazione universale di Newton che prevedeva una forza a distanza. Einstein sosteneva che se il Sole scomparisse, la Terra non uscirebbe immediatamente fuori orbita, ma lo farebbe dopo il tempo necessario affinché la luce raggiunga la Terra partendo dal Sole, cioè circa 9 minuti. Ed è proprio questa radicata posizione di reali-

Figura 4.3 Rappresentazione del paradosso del gatto di Schrödinger. Secondo l'interpretazione di Copenaghen il gatto è contemporaneamente vivo e morto e solo quando apriamo la scatola induciamo tramite il collasso della funzione d'onda uno dei due stati (vivo o morto)

smo locale che porterà Einstein ad assumere un atteggiamento molto scettico e critico sui fondamenti concettuali della meccanica quantistica.

Lo stesso Schrödinger non era molto convinto dell'interpretazione ortodossa, infatti nel 1935 ideò un esperimento mentale noto come paradosso del gatto di Schrödinger, in cui immaginava di chiudere un gatto in una scatola in cui era presente una fiala di cianuro che tramite un opportuno meccanismo si rompeva se uno degli atomi presenti in una sostanza radioattiva si disintegrava emettendo una radiazione che innescava il meccanismo di rottura della fiala (Fig. 4.3).

Supposto che in un determinato tempo la probabilità di disintegrazione di un atomo radioattivo fosse del 50%, Schrödinger sosteneva che secondo l'interpretazione ortodossa della meccanica quantistica, prima di aprire la scatola il gatto fosse in una sovrapposizione dei due stati, gatto vivo e gatto morto contemporaneamente e nel momento in cui si apriva la scatola, si faceva collassare la funzione d'onda che descrive il gatto in uno dei due possibili stati: vivo o morto. È evidente che una tale sovrapposizione di stati vivo/morto non viene mai osservata, da qui l'aspetto paradossale dell'esperimento. Il paradosso metteva in luce due aspetti concettuali fondamentali. La meccanica quantistica vale a livello macroscopico o la possiamo usare solo per descrivere fenomeni microscopici? In caso affermativo, in che modo si spiegano i fenomeni in cui c'è interazione tra il mondo microscopico (atomo che si disintegra) e quello macroscopico (la fiala che si rompe)?

Molti esperimenti effettuati tra la fine del secolo scorso e l'inizio di questo secolo hanno mostrato in maniera inequivocabile che la meccanica quantistica vale anche a livello macroscopico mettendo in chiara evidenza alcuni effetti quantistici macroscopici come la sovrapposizione quantistica di diversi stati macroscopici tramite la misura della coesistenza di una piccola corrente in un anello superconduttore in due distinti stati: corrente in senso orario e antiorario. Un esperimento che lascia pochi dubbi sull'esistenza di effetti quantistici macroscopici è stato realizzato nel 2023: la sovrapposizione di due stati è stata osservata in un cristallo di materiale piezoelettrico avente una massa di 16 microgrammi corrispondenti a circa 100 milioni di miliardi di atomi, un oggetto decisamente macroscopico (un gatto di Schrödinger di 16 microgrammi!). Un materiale piezoelettrico è in grado di deformarsi/oscillare se si applica ai suoi capi un campo elettrico. Il cristallo piezoelettrico in questione, sottoposto ad un opportuno campo elettrico anch'esso in una sovrapposizione di stati, è stato fatto oscillare contemporaneamente in due direzioni opposte, riproducendo l'esperimentale mentale di Schrödinger.

Allora come si risolve il paradosso nell'ottica dell'interpretazione di Copenaghen? Attualmente la soluzione che convince di più è fornita dalla teoria della *decoerenza quantistica*. Un sistema quantistico deve essere considerato non un sistema isolato ma in continua interazione con l'ambiente circostante incluso l'apparato di misura, la luce che lo illumina o l'aria che lo circonda. Tale interazione è di solito molto complessa, soprattutto per i sistemi macroscopici, e produce una sorta di disturbo che tende a far scomparire la sovrapposizione coerente degli stati (da qui il termine decoerenza) e quindi le proprietà quantistiche. Come afferma Brian Greene nel suo libro *la trama del cosmo*: "la decoerenza permette alla stranezza della fisica quantistica di sparire dagli oggetti macroscopici poiché, bit per bit, la stranezza quantica è portata via dalle interazioni con innumerevoli particelle dell'ambiente". Più in particolare, le singole particelle di un sistema macroscopico in seguito all'interazione con le particelle dell'ambiente circostante, modificano la loro funzione d'onda in maniera indipendente le une dalle altre e la delicata sovrapposizione degli stati sparisce rapidamente, perdendo la necessaria coerenza che è alla base del comportamento quantistico di un insieme di particelle. Maggiore è il numero di particelle che costituisce il sistema quantistico, più rapido è il processo di decoerenza. In sistemi quantistici relativamente semplici e accuratamente isolati dall'ambiente circostante si parla di tempi record dell'ordine di un millesimo di secondo. Nel caso di un sistema macroscopico estremamente complesso come il gatto quantistico costituito da migliaia di miliardi di miliardi di atomi, il tempo di decoerenza sarebbe così piccolo da essere impossibile misurarlo. Inoltre, la stessa interazione tra le varie molecole che lo compongono produce decoerenza e annulla i fenomeni quantistici. La decoerenza è la ragione per cui quasi tutto il mondo macroscopico ci appare classico, e non quantistico, ovvero popolato da gatti di Schrödinger!

Un altro paradosso legato al problema della misura in meccanica quantistica è quello della freccia di Zenone o anche noto come *effetto Zenone quantistico*. Zenone di Elea, lo stesso del famoso paradosso di Achille e la tartaruga, ideò un altro paradosso, quello della freccia. Egli immaginava di scagliare una freccia contro un bersaglio e di osservare la freccia in un certo istante, sostenendo che, se si fissa un preciso instante, la freccia appare ferma come i fotogrammi di un film. Poiché il tempo è fatto di tanti istanti uno dietro all'altro nei quali la freccia è immobile, Zenone deduceva che la freccia era immobile e non poteva mai raggiungere il bersaglio. Al pari del paradosso di Achille e la tartaruga, il paradosso si risolve facilmente con il calcolo infinitesimale, facendo notare a Zenone che quelli che lui considerava istanti sono in realtà intervalli di tempo molto piccoli (infinitesimali), e in questi intervalli infinitesimali la freccia percorre un tratto infinitesimale. Dal momento che la somma di infiniti intervalli infinitesimali, secondo il calcolo differenziale, dà un numero finito, la freccia raggiunge il bersaglio in un tempo finito.

Dal punto di vista quantistico questo paradosso ha ispirato il seguente effetto/paradosso: se si considera un sistema descritto da una funzione d'onda ad un certo istante, sovrapposizione di vari stati, la meccanica quantistica ci dice che l'evoluzione della funzione d'onda temporale è descritta dall'equazione di Schrödinger ma ci dice anche che nel momento in cui si fa una misura il sistema collassa in uno dei possibili stati di cui è costituita la funzione d'onda, quindi la misura impedisce in qualche modo l'evoluzione della funzione d'onda. Gli stessi meccanismi di decadimento radioattivo sono legati all'evoluzione di uno stato quantistico, che può essere inibita se si fanno misure ripetute e molte veloci prima che l'atomo decada. Ciò implica che, in linea di principio, è possibile rallentare un processo di decadimento o addirittura bloccarlo. Quindi, così come la freccia di Zenone si ferma quando è osservata in un dato istante, alcuni processi possono essere rallentati o bloccati se si perturba tramite misure veloci e ripetute il loro stato prima che esso evolva. Anche se il fenomeno è effettivamente paradossale, sono stati eseguiti esperimenti che sembrano evidenziare il rallentamento/congelamento di alcuni processi quantistici e quindi l'esistenza dell'effetto Zenone. Tra i più importanti esperimenti in questo senso, ricordiamo quello del 1990 su atomi di Be 9 in cui fu evidenziato un congelamento dell'atomo in un livello energetico, attivando un'opportuna sorgente laser che bloccava il decadimento.

Altri due esperimenti interessanti sull'effetto Zenone sono stati effettuati nel 2014 e 2015 su un condensato di Bose-Einstein di atomi di rubidio, in cui, nel primo esperimento è stato osservato il congelamento della dinamica degli atomi tramite una forte perturbazione, mentre nell'altro la formazione di particelle a spin zero data dall'unione di due particelle con spin uguale ed opposto veniva inibita dall'interazione con un opportuno laser. Possiamo quindi concludere che, con buona probabilità, se il povero gatto di Schrödinger sapesse fare misure ripetute e molto veloci sulla sorgente radioattiva prima che questa decada rompendo la fiala di cianuro, uscirebbe dalla scatola sempre vivo!

4.2 Paradosso EPR, "entanglement" e interpretazioni alternative della meccanica quantistica

Ma arriviamo ad uno dei fenomeni più controversi e bizzarri della meccanica quantistica, l'entanglement *quantistico* o *correlazione quantistica*, termine introdotto da Schrödinger, la cui traduzione in italiano è groviglio, intreccio. L'inventore della famosa equazione fondamentale della meccanica quantistica considerava l'entanglement il fenomeno più peculiare della fisica quantistica.

A tal proposito ricordiamo un altro famoso paradosso ideato da Einstein, Boris Podolsky e Nathan Rosen (sempre nel 1935) basato su un esperimento ideale e noto come paradosso EPR dal nome delle iniziali dei tre autori. Considereremo la versione semplificata formulata dal fisico e filosofo statunitense David Bohm.

Immaginiamo che da una sorgente in una scatola vengano emesse ad un certo istante due particelle dotate di spin aventi la stessa direzione ma versi opposti (Fig. 4.4).

Per la legge di conservazione del momento angolare totale, lo spin (vedi Cap. 1) totale del sistema costituito dalle due particelle si deve conservare e nel caso in questione deve essere zero in quanto è zero prima dell'emissione delle particelle. Quindi una particella deve avere spin verso alto e l'altra spin verso il basso. In base alla meccanica quantistica le due particelle (*coppie EPR*) potranno essere descritte da una funzione d'onda che è la sovrapposizione di due stati: uno in cui la particella che viaggia verso destra ha spin in alto e quella che viaggia verso sinistra ha spin in basso, l'altro stato è quello invertito ossia

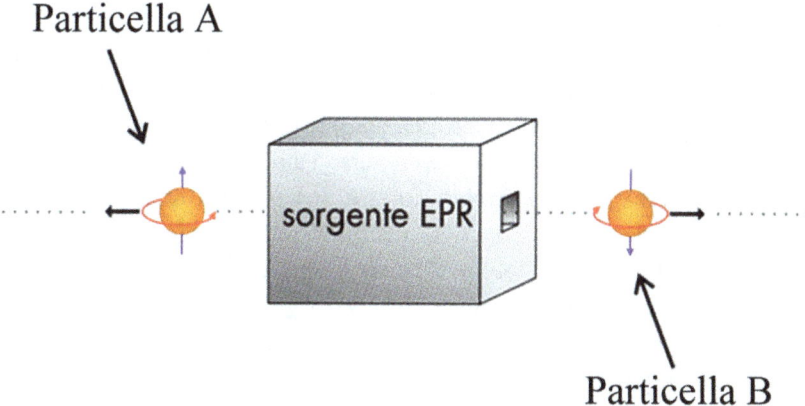

Figura 4.4 Schema del paradosso EPR: le particelle vengono emesse nella stessa direzione ma con versi opposti. La misura dello stato di spin di una particella determina istantaneamente lo stato dell'altra particella (entanglement)

particella di destra con spin in basso e quella di sinistra con spin in alto, ovvero quella rappresentata in Fig. 4.4.

L'interpretazione di Copenaghen ci dice che non ha senso chiedersi in quale stato si trovano le due particelle prima della misura ed è l'atto della misura che fa collassare la funzione d'onda in uno dei due stati. Ciò significa che, anche se le particelle si trovano a migliaia di chilometri di distanza, nel momento in cui si misura lo spin su una particella, la funzione d'onda collassa e istantaneamente l'altra particella assume spin opposto. Esiste quindi una sorta di legame telepatico tra due particelle quantisticamente correlate (*entangled*), quello che Einstein, in completo disaccordo con questa interpretazione, chiamava "spettrale azione a distanza". Inoltre, secondo Einstein questo implicava una violazione dei principi della Relatività ed in particolare l'impossibilità di viaggiare ad una velocità maggiore di quella della luce.

Quindi secondo Bohr e i suoi seguaci, la meccanica quantistica è una teoria non-locale nel senso che quello che succede in un punto condiziona istantaneamente quello che succede in altro punto anche a grandissime distanze, mentre secondo Einstein ciò non è possibile e dietro alla telepatia delle particelle o all'indeterminazione quantistica c'è semplicemente una conoscenza non completa di tutte le variabili del sistema.

Al famoso paradosso EPR, Bohr rispondeva che non c'è nessun'informazione che si propaga ad una velocità maggiore della luce in quanto lo spin di una delle particelle è determinato solo quando si effettua la misura. In particolare se la particella che viaggia verso destra viene misurata da un osservatore *A* dando come esito spin rivolto verso l'alto, fino a quando l'osservatore *B* non misura la particella che viaggia verso sinistra non saprà mai in quale stato di spin si trova la particella, quindi deve aspettare che arrivi la particella che viaggia con una velocità inferiore a quella della luce oppure aspettare che l'osservatore A gli invii un messaggio in cui gli dice che la particella di sinistra ha spin verso il basso dal momento che la sua ha spin verso l'alto.

Ebbene a questo punto è necessario fare una precisazione affinché non si confonda la correlazione quantistica con quella classica. Se immaginiamo di estrarre due biglie di diversi colori (rosso e blu) da un'urna ad occhi chiusi e di lanciarle in direzioni opposte, una verso destra e l'altra verso sinistra, non sappiamo prima di aprire gli occhi in quale direzione abbiamo lanciato la biglia rossa o quella blu. Supponiamo di voltarci verso destra ed aprire gli occhi, scopriamo allora il colore della biglia che è stata lanciata verso destra e di conseguenza anche se non ci voltiamo verso sinistra sappiamo con certezza il colore dell'altra biglia. Anche questo è un esempio di correlazione tra due corpi, ma in questo caso non si tratta di un sistema *entangled*, chiunque osservi il nostro banale esperimento osserva la direzione delle biglie dall'inizio e prima che noi apriamo gli occhi conosce la direzione delle due biglie colorate. In realtà, già nel momento del lancio la biglia blu andava in una direzione e quella rossa nell'altra e questo dipende da come è stata agitata l'urna, da come e quando sono state prese le biglie, e da altri fattori impossibili da valutare esattamente e che conferiscono all'esperimento un carattere di casualità. Questo è sicuramente il caso delle variabili nascoste di cui parlava Einstein, ma nel mondo microscopico o in particolari sistemi macroscopici, la meccanica quantistica ci dice che prima di effettuare la misura e quindi indurre il collasso della funzione d'onda non ha senso chiedersi che tipo di particella è andata in una direzione o in un'altra e nell'istante in cui viene rilevata una delle due particelle, istantaneamente si induce l'altra particella ad assumere uno dei due stati.

Il concetto di correlazione quantistica è difficile da digerire, non perché sia difficile da capire ma perché è completamente fuori dal senso comune ed è per certi aspetti un concetto dogmatico. Il dogma sta nel collasso della funzione d'onda, che rimane ancora uno dei misteri inspiegati dei fondamenti della meccanica quantistica.

A proposito del collasso della funzione d'onda, è sicuramente istruttivo menzionare un altro paradosso della meccanica quantistica meno noto di quello del celebre gatto ma altrettanto interessante: il *paradosso dell'amico di Wigner*. Il paradosso riguarda il problema della misura in meccanica quantistica nonché l'apparente contraddizione dovuta all'evoluzione deterministica della funzione d'onda da un lato e la natura probabilistica della misura dall'altro. Secondo Wigner se in un laboratorio isolato è presente un suo amico che effettua delle misure su un sistema quantistico e lui lo osserva dall'esterno, il sistema isolato formato dal suo amico e dall'esperimento che sta effettuando è contemporaneamente deterministico in quanto il sistema è isolato e probabilistico dal momento che l'amico di Wigner sta effettuando delle misure. Si potrebbe facilmente risolvere il paradosso affermando che il laboratorio e l'amico di Wigner sono sistemi macroscopici per i quali non vale la meccanica quantistica, ma sappiamo bene che molti sistemi macroscopici evidenziano spiccate proprietà quantistiche.

Il matematico e filosofo John von Neumann nel suo trattato del 1932, *I principi matematici della meccanica quantistica*, propone che la coscienza dell'osservatore sarebbe all'origine del collasso della funzione d'onda. Questa ipotesi, alquanto metafisica, risolveva il paradosso dell'amico di Wigner asserendo semplicemente che il collasso è causato dal primo osservatore cosciente ossia dall'amico che effettua misure nel laboratorio chiuso.

L'altra soluzione è tirare in ballo la decoerenza come fatto per il gatto di Schrödinger oppure provare a trovare una teoria che riesca a tener conto dei sistemi macroscopici classici e di quelli microscopici quantistici e dare una spiegazione del collasso della funzione d'onda. Una delle più importanti teorie che si propone questo ambizioso obiettivo è stata la teoria GRW dalle iniziali dei tre fisici che l'hanno proposta: Giancarlo Ghirardi, Alberto Rimini e Tullio Weber. Scopo principale della teoria è quello di spiegare in maniera oggettiva il misterioso collasso della funzione d'onda, fornendo quindi un'interpretazione alternativa a quella ortodossa di Copenaghen. L'idea centrale della teoria GRW è l'assunzione che il processo di collasso della funzione d'onda sia spontaneo e non legato alla misura, cioè una particella si localizza in maniera spontanea senza nessun osservatore o strumento di misura che stimoli il processo come previsto dalla scuola di Copenaghen. Il collasso spontaneo della funzione d'onda, secondo la teoria GRW, dipende dal rapporto tra il numero di particelle N e un tempo τ molto grande (dell'ordine di 10^{15} secondi), pertanto per sistemi macroscopici in cui ci sono un numero di particelle paragonabili al numero di Avogadro ($6,022 \times 10^{23}$), la probabilità di collasso spontaneo è molto elevata, il collasso è quasi istantaneo. Invece nel caso della singola particella o comunque di un insieme di particelle non eccessivamente grande, la probabilità di collasso spontaneo resta piccolissima. Naturalmente gli esperimenti di meccanica quantistica macroscopica come quello citati nel paragrafo precedente, hanno in qualche modo messo in crisi la validità della teoria.

La teoria GRW non è l'unica interpretazione alternativa a quella ortodossa, ne esistono altre e forse vale la pena aprire una piccola parentesi per dire qualcosa sulle altre interpretazioni alternative. L'interpretazione di Copenaghen rimase e rimane quella più diffusa, ma, oltre alla succitata posizione di

Einstein e alla teoria GRW appena descritta, nel corso degli anni nacquero diverse altre interpretazioni alcune anche ad opera di alcuni padri fondatori della meccanica quantistica, i quali mostravano una certa insofferenza a quello che reputavano il "dogma di Copenaghen". Tra le più interessanti c'è l'interpretazione di De Broglie-Bohm, inizialmente sviluppata da De Broglie nello stesso periodo in cui prese piede quella di Copenaghen. L'ipotesi di De Broglie, presentata alla quinta conferenza Solvay (Bruxelles, 1927) consisteva nel considerare la funzione d'onda non come un'entità puramente matematica, ma una sorta di onda reale che determina il moto delle particelle su traiettorie definite. La cosiddetta "onda pilota" di De Broglie, pilotava appunto le particelle in maniera causale e deterministica. A differenza del dualismo onda-corpuscolo per la materia, questa nuova idea di De Broglie fu praticamente ignorata. A distanza di circa 25 anni, David Bohm riprese l'idea dello scienziato francese, la approfondì e la estese, dimostrando che era possibile tener conto di tutti i risultati sperimentali con questa interpretazione alternativa. In effetti, sia l'equazione di Schrödinger che tutta la struttura matematica rimanevano le stesse, ma cambiavano i presupposti concettuali. Per Bohm l'equazione della funzione d'onda conteneva informazioni relative ad un "potenziale quantistico" una sorta di energia che si propaga nello spazio e determina il moto delle particelle su certe traiettorie, spiegando le apparenti stranezze mostrate dalle particelle quantistiche. Nel caso dell'esperimento della doppia fenditura, di cui abbiamo parlato nel primo capitolo, l'elettrone passa da una sola fenditura guidato dal potenziale quantistico, il quale interagendo con la doppia fenditura predispone un cammino interferometrico per gli elettroni. Nel momento in cui proviamo a guardare da che parte passano gli elettroni, disturbiamo il potenziale quantistico e l'interferenza scompare. Inoltre, una qualsiasi perturbazione del potenziale quantistico si trasferisce istantaneamente in tutto lo spazio, conferendo alla teoria di Bohm un forte aspetto di non località.

Nella teoria di Bohm, le particelle sono ben definite e localizzate e non più oggetti estesi e delocalizzati e cade l'assunzione dogmatica del collasso della funzione d'onda nonché l'insensatezza di chiedersi dove sia la particella prima di misurarla, assiomi alla base dell'interpretazione di Copenaghen. Inoltre, l'impossibilità di determinare con esattezza la traiettoria di una particella è legata alla mancata conoscenza di alcune variabili del moto (teoria delle variabili nascoste di Einstein). Quindi, al pari di Einstein, secondo Bohm la meccanica quantistica era una teoria incompleta che impediva di dare una descrizione deterministica della natura ma a differenza di Einstein, Bohm conservava l'aspetto non-locale della teoria.

Ci sono ulteriori interpretazioni della meccanica quantistica, per certi aspetti un po' più metafisiche, il cui scopo è sempre quello di proporre una visione alternativa a quella di Copenaghen. Tra queste vale la pena citare quella proposta nel 1957 dal fisico americano Hugh Everett III, nota anche come interpretazione a *molti mondi*. Come lo stesso nome ci fa intuire, la stravagante idea di Everett prevede l'esistenza di infiniti Universi paralleli, ognuno dei quali corrisponde ad un possibile stato quantistico. Quindi il principio di sovrapposizione non è altro che la vetrina in cui sono esposti tutti gli Universi paralleli possibili, che si sovrappongono tra loro. Ritornando di nuovo all'esperimento della doppia fenditura, in un Universo la particella passa attraverso una fenditura e in un secondo Universo passa attraverso l'altra. Ci sono quindi due Universi possibili per l'elettrone che si sovrappongono nella regione della doppia fenditura dove avviene l'interferenza. Oppure nel caso dell'entanglement appena descritto, in un Universo la particella che va verso destra ha spin in su e l'altra che va verso sinistra ha spin in giù, e nell'altro Universo parallelo accade la situazione complementare. A causa della decoerenza, i due Universi si separano, non interagiscono più tra loro e noi osserviamo uno solo dei due possibili Universi. Quindi, il mistero del collasso della funzione d'onda e della misura è risolto, sostituendolo con quello degli Universi paralleli, forse non meno sconvolgente e surreale. Quest'interpretazione non ha avuto molto successo, ciononostante si sono susseguite alcune sue varianti, come l'interpretazione del *multiverso*, l'interpretazione a *molte storie* e quella a *molte menti*.

Possiamo quindi affermare che i peculiari e stravaganti aspetti della fisica quantistica hanno dato adito a molti dibattiti e molte interpretazioni della meccanica quantistica anche di tipo filosofico e metafisico, ma secondo l'ala più pragmatica della meccanica quantistica andavano circostanziati e non confusi con la sua straordinaria capacità predittiva. Nel mondo dei fisici quantistici si diffuse il monito, forse erroneamente attribuito a Feynman: "Zitto e calcola". Detto in altre parole, si lasci perdere l'aspetto filosofico e si concentri su quello pragmatico ereditato dal metodo sperimentale galileiano.

4.3 Disuguaglianza di Bell ed esperimenti di Aspect

Una svolta ci è stata nel 1964 quando il fisico irlandese John Bell trovò un modo rigoroso per capire chi tra Einstein e Bohr avesse ragione portando la discussione sui fondamenti concettuali della meccanica quantistica da un livello filosofico/metafisico ad uno molto più pragmatico di fisica sperimentale.

Bell era molto affascinato dalla teoria di Bohm che finalmente riusciva a spiegare i fenomeni quantistici in termini di particelle che si muovevano seguendo precise orbite come succedeva in fisica classica e lo facevano a prescindere dall'osservatore. Tuttavia, pur risolvendo il problema del realismo oggettivo sollevato da Einstein, Bohm prevedeva in maniera ancora più marcata la non località, tanto odiata da Einstein che la definiva, come già detto, una spettrale azione a distanza. Bell provò ad eliminare la non località dalla meccanica di Bohm ma i suoi tentativi furono vani e quindi gli venne il serio sospetto che ciò non era possibile e che la meccanica quantistica fosse intrinsecamente non-locale. Iniziò quindi a lavorare per trovare un modo rigoroso per dimostrare che non è possibile costruire una teoria quantistica eliminando la non-località.

In particolare, in un famoso articolo del 1964, intitolato *On the Einstein Podolsky Rosen Paradox (paradosso di Einstein, Podolsky e Rosen)*, formulò delle disuguaglianze matematiche note come *disuguaglianze di Bell* che, se violate, avrebbero indiscutibilmente dato ragione a Bohr e quindi alla visione della meccanica quantistica che prevede questa sorta di telepatia a distanza tra le particelle, se invece fossero state conservate, la ragione l'avrebbe avuta Einstein e quindi l'interpretazione delle variabili nascoste. Senza l'utilizzo di un minimo di formalismo matematico non è facile spiegare in cosa consistono le suddette disuguaglianze, e si corre il serio rischio di fare discorsi prolissi ed ingarbugliati che molto probabilmente avrebbero come unico risultato quello di confondere il lettore. In ogni caso, senza scendere nei suddetti dettagli, Bell parte dall'esperimento mentale EPR fatto con i fotoni caratterizzati da diversi stati quantistici (*polarizzazione*) e costruisce una *funzione di correlazione* il cui valore tiene conto di quante volte due fotoni distanti tra loro verranno misurati nello stesso stato. La suddetta funzione assume un valore minore di 1 se non c'è correlazione quantistica ossia se la teoria è locale come sosteneva Einstein. Se si considerano invece gli effetti non locali legati all'entanglement, si trova un valore maggiore di 1 violando la suddetta disuguaglianza. Equivalentemente possiamo dire che, nel caso di violazione della disuguaglianza, qualunque teoria locale di variabile nascosta è incompatibile con la meccanica quantistica e la telepatia tra le particelle *entangled* è reale. Tuttavia, la teoria di Bell non vieta che la meccanica quantistica possa avere un'interpretazione in termini di teoria di variabili nascoste, ma ci dice che qualunque sia la sua interpretazione deve essere necessariamente non locale.

Bell aveva quindi lanciato una sfida ai fisici sperimentali a realizzare degli esperimenti che potessero confermare se la meccanica quantistica violasse o meno la sua disequazione. Tali esperimenti non erano facili da realizzare e si dovette aspettare oltre 15 anni affinché il progresso tecnologico consentisse di effettuare esperimenti ripetibili ed affidabili.

Nel 1981 e 1982, Alain Aspect (premio Nobel per la Fisica nel 2022) e il suo gruppo di ricerca effettuarono tre importanti esperimenti in cui verificarono la violazione delle disuguaglianze di Bell utilizzando, come coppia di particelle, due fotoni *entangled*. Come detto sopra, i fotoni sono i quanti di luce e come tali obbediscono alle leggi della meccanica quantistica, e per questo motivo è possibile costruire delle coppie di fotoni *entangled* utilizzando lo stato di polarizzazione, ossia la direzione in cui oscilla il campo elettrico. Poiché il concetto di polarizzazione della luce o dei fotoni è fondamentale anche per il seguito del capitolo, apriamo una piccola parentesi per fornire alcuni elementi relativi a questa caratteristica della luce.

Nel primo capitolo abbiamo visto che la luce è una radiazione elettromagnetica con un certo intervallo di lunghezze d'onda (0,4–0,7 μm) e sappiamo anche che un'onda elettromagnetica consiste in una coppia di campi elettrici e magnetici tra di loro perpendicolari che oscillano ad una certa frequenza data dal rapporto tra la velocità della luce e la lunghezza d'onda. I campi elettrici e magnetici oltre ad essere ortogonali tra loro sono anche ortogonali alla direzione di propagazione (onde trasversali). Tipicamente nella luce che proviene dal Sole, ma anche in quella di una lampadina, i campi elettrici e magnetici oscillano nell'intero piano perpendicolare alla direzione di propagazione della luce e non lungo un asse (ad esempio l'asse orizzontale, quello verticale oppure uno obliquo). Si parla in questo caso di luce non polarizzata, ma se si utilizzano particolari filtri ottici è possibile ottenere un'onda elettromagnetica le cui oscillazioni dei campi elettrici e magnetici avvengono solo lungo una direzione (Fig. 4.5). Per convenzione si fa sempre riferimento alla direzione lungo la quale oscilla il campo elettrico. Ad esempio, se si usa un filtro verticale, all'uscita del filtro il campo elettrico oscillerà solo lungo l'asse verticale e di conseguenza il campo magnetico lungo l'asse orizzontale.

In effetti il filtro taglia le oscillazioni del campo elettrico lungo tutte le direzioni tranne quelle lungo l'asse verticale. Ovviamente si possono usare filtri per ottenere la luce polarizzata in tutte le direzioni: verticale, orizzontale, obliqua ad un certo angolo, o anche contemporaneamente in due direzioni sia verticale che orizzontale oppure obliqua con due diversi angoli. Quindi, l'utilizzo dei filtri ci consente di selezionare il piano in cui vogliamo che oscilli il campo elettrico eliminando gli altri. I filtri polarizzatori sono molti utilizzati in fotografia e in alcuni tipi di occhiali per bloccare la luce polarizzata riflessa da alcune superfici quali i vetri e gli specchi di acqua, ma vengono usati anche negli occhiali 3D dei cinema, permettendoci di vedere un'immagine tridimensionale.

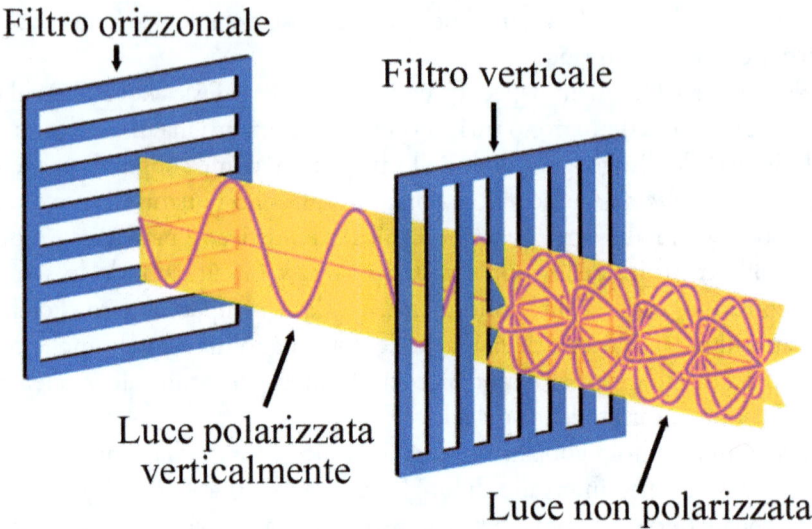

Figura 4.5 Schema di un filtro polarizzatore. La luce non polarizzata passa attraverso un filtro verticale che elimina tutte le componenti del campo elettrico tranne quelle che oscillano in un piano verticale. Poiché il campo magnetico è ortogonale a quello elettrico, esso oscillerà in un piano orizzontale

Tornando agli esperimenti di Aspect, al fine di verificare la teoria di Bell, si utilizzava una sorgente di atomi di calcio il cui decadimento produceva una coppia di fotoni *entangled* che si muovevano lungo percorsi opposti e venivano rivelati ad una distanza di 13 m l'uno dall'altro (Fig. 4.6). Prima di essere rivelati, i fotoni attraversavano dei filtri polarizzatori che potevano essere entrambi verticali, orizzontali, obliqui o misti, ad esempio uno verticale e l'altro orizzontale come quelli rappresentati in Fig. 4.6.

La polarizzazione dei fotoni era per entrambi verticale o orizzontale alla direzione di propagazione dei fotoni, pertanto in questo stato *entangled* la misura della polarizzazione di un fotone avrebbe dovuto consentire di dedurre e predire con esattezza la polarizzazione dell'altro. In pratica se i due filtri avevano la stessa polarizzazione, i fotoni *entangled* venivano entrambi rivelati se avevano la stessa polarizzazione dei filtri oppure non veniva rivelato nessuno dei due. I segnali dei rivelatori venivano inviati ad un contatore di coincidenze per valutare la correlazione delle coppie di fotoni. Analizzando i dati sperimentali, si dedusse che la misura dello stato di un fotone consentiva di leggere istantaneamente lo stato del secondo fotone come previsto dall'interpretazione ortodossa della meccanica quantistica. Quindi, la disuguaglianza di Bell era violata e fu dimostrato sperimentalmente che la meccanica quantistica

4 La seconda rivoluzione quantistica e le tecnologie quantistiche

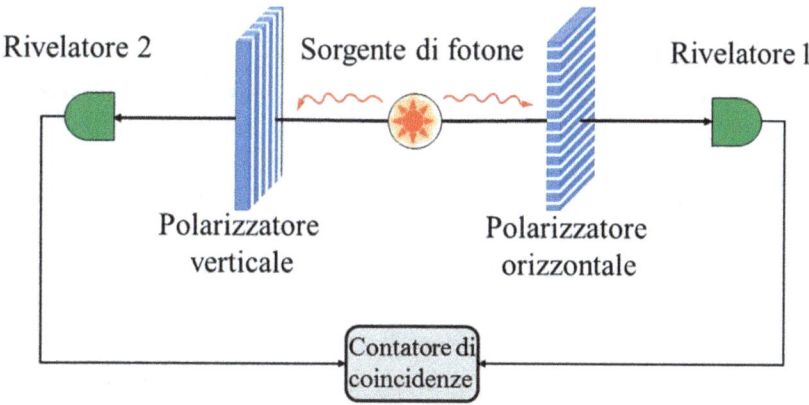

Figura 4.6 Schema dell'esperimento di Alain Aspect per verificare le disuguaglianze di Bell. Due fotoni viaggianti in direzione opposte venivano fatti passare attraverso dei filtri polarizzatori e successivamente rivelati. Un contatore di coincidenze verificava la correlazione tra le coppie di fotoni. Nel caso rappresentato in figura, essendo i polarizzatori orientati in maniera ortogonale tra di loro, alla rivelazione di un fotone verticale dal rivelatore 2 non corrispondeva un'altrettanta rivelazione del fotone gemello dal rivelatore 1, in quanto i fotoni dell'esperimento avevano la stessa polarizzazione (verticale o orizzontale)

era una teoria intrinsecamente non locale. Il che equivale a dire che Einstein aveva torto e la spettrale azione a distanza era reale!

A partire dai pionieristici esperimenti di Aspect, ci sono state numerose conferme sperimentali della violazione della disuguaglianza di Bell anche a distanze notevolmente maggiori. In particolare, nel 2017 utilizzando dei satelliti è stato dimostrato il fenomeno dell'entanglement su una coppia di fotoni ad una distanza di 1203 km e nel 2022 il misterioso effetto è stato dimostrato su singoli atomi di rubidio ad una distanza di 33 km.

L'evidenza sperimentale sembra quindi dar ragione a Bohr mettendo in chiara evidenza che la meccanica quantistica è una teoria non-locale in cui quello che accade su un sistema non è necessariamente causato dall'immediate vicinanze ma può essere dovuto anche da eventi accaduti a migliaia di km di distanza.

In altre parole, i numerosi esperimenti dimostrano che la misteriosa telepatia tra le particelle è reale. Naturalmente anche in questo caso possiamo ripetere quanto detto a proposito del paradosso del gatto di Schrödinger: il fenomeno della decoerenza non ci permette di osservare nella vita di tutti i giorni queste "spettrali azioni a distanza"!

Alcuni studi sembrano indicare che fenomeni quantistici come l'entanglment e la coerenza quantistica siano naturalmente utilizzati anche da alcuni esseri viventi come il pettirosso europeo per orientarsi durante il suo lungo viaggio dalle zone scandinave a quelle mediterranee con l'avvicinarsi della stagione fredda, al punto da guadagnarsi l'appellativo di *pettirosso quantistico*. Questi straordinari volatili sono dotati di sensibili magneto-recettori proteici noti anche come *criptocromi* presenti nelle cellule della retina dell'occhio e che fungono da bussola magnetica per guidarli lungo il loro lungo viaggio. Il funzionamento di questa speciale bussola potrebbe basarsi, secondo questi studi, su un sottile effetto quantistico legato alla sovrapposizione coerente di stati quantistici. Quando i criptocromi vengono colpiti da luce blu, una reazione fotochimica induce il salto di un elettrone da una biomolecola presente al loro interno ad un'altra molto vicina e sempre interna al criptocromo, creando in questo modo una coppia di molecole cariche (coppie di radicali). Poiché entrambe le molecole eccitate hanno un numero dispari di elettroni, lo spin totale di ogni molecola non è nullo rendendo possibile due possibili stati quantistici: uno in cui gli spin delle due molecole hanno versi opposti e l'altro con entrambi gli spin rivolti nello stesso verso. A questo punto si innescherebbe un'oscillazione coerente tra i due stati quantistici, ovvero una velocissima danza quantistica in cui la coppia di molecole passa da uno stato all'altro in poco meno di un milionesimo di secondo. Questa danza quantistica viene influenzata dal campo magnetico terrestre che interagisce con gli spin delle molecole e quando, a causa degli inevitabili fenomeni di decoerenza, il processo termina (dopo circa 1 decimillesimo di secondo) e le biomolecole tornano al loro stato iniziale, i segnali che arrivano al neurotrasmettitore ottico dipendono dall'orientamento dell'uccello nel campo magnetico terrestre. Questo velocissimo processo si ripeterebbe in continuazione, consentendo al pettirosso di identificare con precisone la sua direzione di volo rispetto al nord magnetico e quindi di apportare eventuali correzioni.

A questo punto è naturale chiedersi se i suddetti esperimenti sull'*entanglment* abbiano messo una pietra tombale sui dibattiti relativi ai fondamenti della meccanica quantistica. La disuguaglianza di Bell e gli esperimenti di Aspect hanno sicuramente dissolto ogni dubbio sull'esistenza dei fenomeni non locali come *l'entanglement* e l'impossibilità di spiegarlo in termini di una teoria locale a variabili nascoste. Tuttavia, le riflessioni sui fondamenti concettuali della meccanica quantistica sono continuate e ancora oggi sono oggetto di interessanti dibattiti e interpretazioni.

Ricordiamo a tal proposito, la posizione di un noto fisico teorico dei giorni nostri, Carlo Rovelli, il quale propone un'*interpretazione relazionale* della meccanica quantistica focalizzandosi sull'importanza dell'interazione di un oggetto o sistema quantistico con il mondo circostante: solo l'interazione rende reale un sistema quantistico. Detto in altri termini, i sistemi quantistici esistono in quanto interagenti con altri sistemi e non esiste uno stato quantistico intrinseco o assoluto. Come sostiene nel suo libro Helgoland: "Gli oggetti sono caratterizzati dal modo con cui interagiscono ... e non ci sono proprietà al di fuori delle interazioni". Non ha quindi senso parlare delle caratteristiche di un sistema completamente isolato, ciò che osserviamo di un sistema è sempre frutto di un'interazione con qualche altro sistema e questa interazione cambia da sistema a sistema definendo di volta in volta le sue proprietà. A proposito del famigerato gatto di Schrödinger, secondo l'interpretazione di Copenaghen, per noi che osserviamo la scatola da fuori, il gatto non è né vivo né morto, cioè, è in una sovrapposizione di stati. Tuttavia, secondo l'interpretazione relazionale di Rovelli, l'interazione definisce le proprietà del sistema cambiando a seconda degli oggetti o dei sistemi con cui interagisce. Il sistema interagente costituito dal gatto, dall'atomo radioattivo e dalla bottiglietta di cianuro potrebbe avere un esito definito e quindi il gatto potrebbe essere sicuramente vivo o morto indipendentemente dagli osservatori esterni, cioè il gatto è vivo o morto prima che si apre la scatola.

La possibilità di poter manipolare in maniera attiva gli stati quantistici della materia ed in particolare gli stati *entangled* ha dato vita a quella che va sotto il nome di *seconda rivoluzione quantistica* che sta permettendo lo sviluppo di tecnologie quantistiche destinate ad avere un notevole impatto sulla nostra società.

4.4 Tecnologie Quantistiche

In questo paragrafo conclusivo, proveremo a fare una breve panoramica delle nuove tecnologie quantistiche anche chiamate *tecnologie quantistiche 2.0*. Naturalmente le tecnologie quantistiche sono anche quello di cui abbiamo parlato ampiamente nel terzo capitolo (elettronica, laser, luce LED, pannelli solari, diagnostica per immagini, ecc.), considerate quelle di prima generazione. Tuttavia, quando oggi si parla di tecnologie quantistiche 2.0 ci si riferisce soprattutto a quelle che utilizzano i singolari fenomeni della coerenza quantistica e dell'entanglement, nonché a quelle tecnologie che si basano sulla manipolazione di sistemi quantistici relativamente complessi.

4.4.1 Computer quantistico

Proprio negli anni in cui Aspect faceva i suoi famosi esperimenti, Feynman ipotizzò che il mondo fisico nella sua complessità poteva essere decifrato tramite dei calcolatori che utilizzassero fenomeni quantistici, ossia i computer quantistici. In particolare, egli pubblicò nel 1982 un articolo sul computer quantistico in cui dimostrava che nessun calcolatore classico è in grado di simulare particolari fenomeni fisici senza un inevitabile rallentamento esponenziale delle prestazioni. Al contrario, un simulatore o computer quantistico lo avrebbero potuto fare in maniera molto più efficiente. L'articolo del grande fisico non fu ignorato e nel 1985 David Deutsch dell'Università di Oxford sviluppa la prima teoria della calcolabilità quantistica, inaugurando il nuovo ed affascinante campo della computazione quantistica.

Per intuire il vantaggio della computazione quantistica rispetto a quella classica, ricordiamo che il computer classico si basa sui bit che possono assumere solo due stati, ad esempio alto o basso, vero o falso oppure semplicemente zero o uno (logica binaria) e che sono in pratica realizzati utilizzando dispositivi elettronici (transistor, diodi). Quindi un bit di informazione è essenzialmente un sistema a due stati e può anche essere codificato in un sistema quantistico che prevede due stati come, ad esempio, fotoni con due polarizzazioni diverse, due particelle/atomi aventi due diversi stati di spin o un anello superconduttore con due correnti che circolano in un senso o in un altro. A tal riguardo, la meccanica quantistica ci dice che, oltre ai due stati logici di base 0 e 1, un bit quantistico (*qubit*) può essere preparato in una sovrapposizione coerente dei due stati analoga ai due stati del gatto di Schrödinger. Questo significa che il qubit, si trova contemporaneamente nei due stati 0 e 1, e come conseguenza, esso può codificare ad un dato istante sia lo stato 0 che lo stato 1 e grazie al fenomeno dell'entanglement è possibile immaginare due o più qubit correlati. Possiamo ad esempio pensare di rappresentare un qubit con lo spin di un elettrone, dove l'elettrone non sia in uno stato definito, ma in sovrapposizione di stati 0 e 1 corrispondenti a spin up e down o viceversa. Un qubit può essere descritto in termini quantomeccanici dalla funzione d'onda $\Psi = a\Psi(0) + b\Psi(1)$ dove $\Psi(0)$ e $\Psi(1)$ sono rispettivamente gli stati 1 e 0, mentre a e b sono dei coefficienti il cui quadrato ci fornisce la probabilità di trovare lo stato 0 e 1 rispettivamente a valle di una misura. Ma prima della misura il qubit può essere contemporaneamente nei due stati e quindi può codificare entrambi gli stati.

Consideriamo adesso un registro di due qubit *entangled*: un registro classico così composto può rappresentare, ad ogni istante, un solo numero tra le 4 possibilità; vale a dire il registro può trovarsi in uno solo dei 4 possibili stati 00, 01, 10 e 11, mentre un registro quantistico di 2 bits può rappresentare ad ogni istante tutti gli stati possibili in una sovrapposizione coerente. Se consideriamo 3 qubit i possibili stati passano a 8 e quindi un registro a 3 qubit può codificare contemporaneamente 8 stati. Le otto combinazioni possono essere memorizzate e manipolate contemporaneamente. Se invece utilizziamo dei bit classici abbiamo bisogno di 8 bit per codificare contemporaneamente gli 8 stati per i quali occorrono solo 3 qubit. In generale, occorrono di 2^N bits classici per codificare la stessa informazione di N qubit.

Si realizza quindi un massivo processo parallelo che aumenta notevolmente la capacità di calcolo. Se aggiungiamo ulteriori qubit al registro, la sua capacità di rappresentare simultaneamente stati aumenta in maniera esponenziale, in particolare aumenta di 2^N dove N è il numero di qubit. Con 256 bit si possono rappresentare contemporaneamente un numero di stati (2^{256}) pari al numero di atomi presenti nell'Universo visibile!

Un computer quantistico raddoppia la potenza di calcolo con ogni qubit aggiunto: ad esempio per raddoppiare la potenza di calcolo di un computer quantistico a 32 qubit basta aggiungerne uno solo (33 qubit) mentre per raddoppiare la potenza di calcolo di un computer digitale a 32 bit bisogna raddoppiarli (64 bit). Ciò implica che i computer quantistici non hanno bisogno di centinaia di milioni o miliardi di bit come nel caso dei computer classici.

Ed è proprio la peculiare caratteristica di poter rappresentare simultaneamente tutti gli stati disponibili che conferisce al computer quantistico indiscutibili vantaggi rispetto ai computer classici. Si tratta quindi della possibilità di effettuare un perfetto calcolo in parallelo. Il fisico informatico statunitense Seth Lloyd sostiene che "La computazione classica è come un assolo, una linea melodica pura che si succede. La computazione quantistica è come una sinfonia: molte linee melodiche si sovrappongono tra di loro".

Tuttavia, la lettura del risultato di un calcolo quantistico è sempre un'operazione classica che inevitabilmente fa collassare la funzione d'onda facendo scomparire la sovrapposizione degli stati e dal registro quantistico si legge sempre un solo numero, quindi solo una parte del risultato del processo è utilizzabile. Per questi motivi, gli algoritmi quantistici si focalizzano più sulle proprietà globali di alcune funzioni anziché sui singoli valori numerici.

Dopo qualche anno dalla teoria di David Deutsch che dimostrava la fattibilità del calcolo quantistico, si iniziarono a sviluppare i primi algoritmi quantistici. Ricordiamo brevemente che in generale un algoritmo è una successione di operazioni elementari o istruzioni che permettono di risolvere un problema.

Il primo algoritmo quantistico fu sviluppato nel 1992 da David Deutsch e Richard Jozsa, dimostrando per la prima volta la possibilità di risolvere un problema computazionale con una velocità nettamente superiore a quella di un analogo algoritmo classico. Si tratta di un algoritmo di scarso interesse applicativo ma molto importante da un punto di vista della fattibilità del calcolo quantistico. L'algoritmo prevede un sistema di cui non si conosce il contenuto (scatola nera o oracolo), l'ingresso del sistema è costituito da una serie di 2^N valori binari e l'uscita della scatola nera può essere solo 1 oppure 0. Se l'uscita è sempre 0 oppure 1, la funzione è definita costante, se invece l'uscita assume il valore 1 per una metà degli input e il valore 0 per l'altra metà, la funzione si dice che è bilanciata. Scopo del suddetto algoritmo è quello di determinare se la funzione è costante oppure è bilanciata. Se dopo i primi due input binari la scatola nera fornisce due risultati diversi (0 e 1 oppure 1 e 0), si deduce subito che la funzione è bilanciata, ma nel peggiore dei casi è necessario interrogare l'oracolo un numero di volte pari alla metà dei casi possibili più uno ossia $(2^N/2) + 1 = 2^{(N-1)} + 1$. Nel caso invece del suddetto algoritmo quantistico, basterebbe interrogare l'oracolo una sola volta per determinare la natura della funzione, incrementando esponenzialmente la velocità con cui si risolve il quesito rispetto al caso classico. In sostanza è come se l'oracolo venisse interrogato contemporaneamente su tutti i $2^{(N-1)} + 1$ casi possibili e fornisse alla fine una sola risposta: costante o bilanciata!

In generale, un'operazione matematica su 2^N numeri codificati nei computer classici con N bit richiede 2^N passi o processori paralleli, invece la stessa operazione su 2^N numeri codificata da N qubit richiede un solo passaggio.

I prossimi algoritmi quantistici che illustreremo sono invece di grande interesse applicativo.

Nel 1994 Peter Shor dimostrò che il problema di fattorizzazione di un numero intero poteva essere efficientemente risolto su un computer quantistico. Fattorizzare un numero significa scomporlo in numeri primi (numeri divisibili solo per sé stessi), che moltiplicati tra loro ci danno il numero di partenza. Ad esempio, la fattorizzazione di 35 è semplicemente data da 7 e 5; infatti 7 e 5 sono due numeri primi il cui prodotto è 35. In questo caso il procedimento è immediato, ma se già pensiamo a 391, l'operazione non è proprio immediata. Se poi il numero da fattorizzare ha più di 100 cifre decimali, anche i supercalcolatori impiegano un tempo lunghissimo. Da un punto vista computazionale si dice che un problema del genere ha una difficoltà esponenziale, nel senso che il tempo e la memoria utilizzata aumenta esponenzialmente con l'aumentare delle cifre del numero da fattorizzare. Questo tipo di operazione potrebbe risultare apparentemente di poco interesse, ma in realtà è alla base delle maggiori tecniche di crittografia attualmente utilizzate.

Utilizzando l'algoritmico quantistico di Shor, la difficoltà diventa di tipo *polinomiale* ossia il tempo di computazione aumenta come un polinomio e non come un esponenziale. Per aver contezza di quanto velocemente aumenti l'andamento esponenziale rispetto ad uno polinomiale, si consideri ad esempio n^2 (polinomiale) e 2^n (esponenziale) per $n = 20$, nel primo caso abbiamo

$20^2 = 400$, nel secondo caso $2^{20} = 1.048.576$. Per essere più concreti, se consideriamo un numero a 2048 bit, equivalente ad un numero con 617 cifre ($2^{2048} \cong 10^{(0,301 \times 2048)} \cong 10^{617}$), la sua fattorizzazione potrebbe richiedere diverse decine di anni anche utilizzando un supercalcolatore e solo pochi minuti con un computer quantistico che utilizza l'algoritmo di Shor. Una cosa simile si ha per l'algoritmo quantistico di Deutsch-Jozsa.

Dal momento che la maggior parte dei protocolli crittografici attuali si basa proprio sulla difficoltà di fattorizzare in numeri primi, l'algoritmo di Shor ha aperto nuove problematiche e preoccupazioni mettendo in evidenza che la sicurezza informatica potrebbe essere messa in crisi dalla criptoanalisi quantistica. Ma come vedremo, la soluzione ci viene dallo stesso mondo quantistico da cui è nato l'algoritmo di Shor.

Nel 1996 Lov Grover mostrò che il problema della ricerca in un database disordinato può essere velocizzato sfruttando la computazione quantistica. Per chiarire meglio, si consideri il classico esempio dell'elenco telefonico: supponiamo di voler trovare un numero di telefono di una persona di cui conosciamo il nome e cognome; l'operazione è abbastanza facile. A meno di eventuali casi di omonimie, nel giro di qualche secondo riusciamo a trovare il numero di telefono. Questo perché, l'elenco telefonico è scritto in ordine alfabetico, si tratta quindi di un database ordinato se lo si guarda a partire dai nomi delle persone. Ma se vogliamo trovare il nome e cognome a partire dal numero di telefono, l'operazione non è per niente semplice. Infatti, in questo caso si tratta di un database disordinato e per trovare il nome corrispondente al numero telefonico che conosciamo, dovremmo iniziare dalla prima pagina e girarle tutte fino a quando non abbiamo trovato il nostro numero. Si tratta quindi di fare una ricerca seriale e nessun algoritmo classico può migliorare il metodo di ricerca. L'algoritmo quantistico di Groove permette invece di effettuare una ricerca in parallelo, riducendo molto i tempi di ricerca. Detto in altri termini, il suddetto algoritmo quantistico ci consente di leggere contemporaneamente più pagine. Anche questo tipo di algoritmo mina la sicurezza di alcuni codici crittografici ed in particolare del *DES* (Data Encryption Standard) a 56 bit che richiede una ricerca tra circa 70 milioni di miliardi di possibilità (2^{56}), oppure del più recente ed avanzato standard di crittografia, *AES* (Advanced Encryption Standard) a 256 bit che richiede una ricerca tra 2^{256} combinazioni diverse pari ad un numero a 78 cifre, operazione quest'ultima quasi impossibile per un computer classico ma non per uno quantistico che utilizza l'algoritmo di Grover. In pratica il vantaggio è legato al fatto che, mentre un algoritmo di ricerca classico in un database disordinato di N elementi deve fare almeno $N/2$ passi, l'algoritmo di Grover prevede un numero di passi pari alla radice quadrata di N e quindi decisamente inferiori. Se ad esempio $N = 1.000.000$, la ricerca con l'algoritmo di Grover si completerà al massimo con 1000 passi, mentre sono necessari 500.000 passi per un algoritmo di ricerca classico ossia 500 volte in più che in termini di tempo computazionale si tratta di una differenza veramente notevole.

Agli algoritmi menzionati, si aggiunsero interessanti e promettenti studi sulla possibilità di implementare le porte logiche quantistiche nonché linguaggi di programmazione per computer quantistici (*Q-gol, qCGL, quantum C-Language*) finalizzati allo sviluppo di un linguaggio che permettesse di utilizzare il formalismo simile a quello dei linguaggi esistenti. Possiamo pertanto affermare che i risultati dell'informatica quantistica sviluppata negli ultimi venti anni del secolo scorso erano molto lusinghieri e lasciavano ben sperare.

A questo punto mancava solo la realizzazione fisica dei primi qubit, mancava cioè l'hardware quantistico. Ricordiamo che i bit classici sono realizzati con elementi a semiconduttore, transistor che non operano come amplificatori, bensì in condizioni di saturazione, cioè la loro uscita è caratterizzata da uno stato di tensione nulla (stato 0 del bit) oppure da uno stato a tensione finita (stato 1 del bit). Come sono fatti invece i qubit? Quanti tipi di qubit esistono? Non è difficile immaginare che la realizzazione di bit quantistici non è semplice e solo lo sviluppo di tecnologie avanzate, come quello che si è avuto nei primi vent'anni del nuovo millennio, ha permesso la loro realizzazione.

Un qubit deve innanzitutto essere un sistema a due stati, cioè prevedere uno stato a cui possiamo associare lo stato 0 e un secondo stato al quale associare lo stato 1. Ma non basta, è necessario che si possa realizzare la sovrapposizione degli stati e mantenerla per un tempo ragionevole in modo che il qubit possa operare, ossia il tempo di decoerenza non deve essere troppo breve. Ricordiamo che la decoerenza è il processo che distrugge la correlazione quantistica e come tale rappresenta il problema principale per la realizzazione di qubit e più in generale del computer quantistico. Sono stati realizzati diversi prototipi di bit quantistici, i più promettenti sono quelli basati sui superconduttori, ioni intrappolati e fotoni.

I qubit superconduttori, tra i primi ad essere realizzati, prevedono un raffreddamento a temperatura vicina allo zero assoluto (0,01 K), hanno il vantaggio di essere scalabili e miniaturizzati come i chip a semiconduttore e sono controllabili con segnali elettrici, magnetici o microonde (Fig. 4.7). I due stati quantistici sovrapposti sono generalmente rappresentati da due stati energetici del dispositivo come, ad esempio, le correnti elettriche che circolano in un senso o nell'altro in un anello superconduttore. Gli svantaggi sono rappresentati dall'utilizzo di tecnologie criogeniche avanzate per potere raggiungere temperature estremamente basse e da tempi di decoerenza abbastanza brevi.

Figura 4.7 Fotografia del processore quantistico superconduttore (chip Sycamore) utilizzato nel computer quantistico di Google. (Riprodotto con l'autorizzazione di Springer Nature [Frank Arute et al., Nature, vol. 574, 505, 2019])

Nei qubit a ioni intrappolati, l'utilizzo di opportuni campi elettromagnetici permette di intrappolare e raffreddare gli ioni in una sovrapposizione di stati energetici eccitati. In particolare, vengono utilizzati due orbitali dell'atomo per codificare gli stati 1 e 0 e tramite laser si eccitano gli ioni, portando un elettrone da un orbitale a minor energia ad uno a maggiore energia. Quando un elettrone decade emette un fotone, il quale viene rivelato da particolari sensori che rappresentano gli occhi per vedere se gli atomi emettono o non emettono fotoni e permettono di codificare gli stati 0 e 1, corrispondenti all'assenza o alla presenza di emissione di un fotone, rispettivamente. Questi qubit hanno il vantaggio di essere molto stabili con tempi di decoerenza ragionevoli ma la loro realizzazione richiede l'uso di molti laser e quindi non presentano una buona scalabilità.

Sicuramente i più semplici bit quantistici dal punto di vista realizzativo sono quelli fotonici, i cui stati quantistici possono corrispondere a due diverse polarizzazioni dei fotoni. Hanno tempi di decoerenza abbastanza lunghi, ma la scalabilità è abbastanza complicata, nonostante la possibilità di implementarli su chip fotonici.

Ci sono inoltre nuove piattaforme molto promettenti come gli atomi neutri intrappolati da fasci laser focalizzati, chiamati *pinzette laser*. In questi sistemi, per realizzare la sovrapposizione di stati, si sfruttano i livelli energetici degli elettroni o gli stati di spin dei nuclei atomici. A differenza degli ioni intrappolati, con un unico fascio laser, opportunamente diviso in tante pinzette laser, si possono controllare anche alcune centinaia di atomi ed in prospettiva anche qualche migliaio. Inoltre, gli atomi neutri, distanti pochi micrometri gli uni dagli altri, mostrano un tempo di decoerenza molto lungo (diversi secondi).

Un'altra tecnica molto interessante, ma ancora allo stato embrionale, prevede la realizzazione di qubit all'interno di un semiconduttore, utilizzando dei campi elettrici per codificare l'informazione quantistica negli spin dei singoli elettroni. Il grande vantaggio di questi qubit basati sui semiconduttori sarebbe quello di utilizzare la consolidata tecnologia dei semiconduttori capace di realizzare dispositivi affidabili con risoluzione nanometrica.

Come visto esistono diverse tipologie di qubit abbastanza promettenti, ma al momento non è facile predire quale qubit si affermerà nella corsa verso il computer quantistico definitivo.

Naturalmente oltre alla difficoltà di realizzare qubit affidabili, l'altro aspetto fondamentale ai fini della realizzazione di un computer quantistico è quello di collegare i qubit tra di loro in modo da realizzare una rete di qubit che siano quantisticamente correlati (*entangled*) tra di loro. Un solo qubit non serve a molto: per poter eseguire dei calcoli sfruttando la potenza del perfetto calcolo parallelo quantistico sono necessarie almeno alcune decine di qubit. L'interdipendenza dei qubit dovuti all'entanglement consente la condivisione istantanea delle informazioni tra i qubit, permettendo l'implementazione degli algoritmi quantistici utilizzati per la risoluzione di problemi in maniera più veloce ed efficiente rispetto alla computazione classica.

Il primo accoppiamento quantistico tra due qubit fu realizzato nel 1995 da Ignacio Cirac e Peter Zoller, utilizzando qubit a ioni intrappolati. Essi realizzarono il primo prototipo di una porta logica quantistica, la porta *controlled-not* (CNOT), componente fondamentale per l'implementazione del computer quantistico. Una porta CNOT svolge la seguente funzione: dato un input binario la CNOT inverte il secondo bit solo se il primo bit è 1. Ad esempio se l'ingresso è (1,1) l'uscita sarà (1,0); se invece ho (0,1) l'uscita rimane (0,1) e così via.

Oltre al numero di qubit, forse l'aspetto più importante per il buon funzionamento dei computer quantistici è la riduzione degli errori, e quindi lo sviluppo di protocolli affidabili ed efficaci per la correzione degli errori. In realtà, anche nei computer classici ci sono errori che devono essere corretti. Ma in questo caso la procedura è molto più semplice e si basa sulla ridondanza e il valore più probabile. Per ogni bit si creano dalle 3 alle 9 copie uguali, e si scegli come bit corretto quello più probabile ossia quello che si manifesta per un numero maggiore di volte. Ciò significa che per ottenere un bit affidabile noto anche come *bit logico* occorrono dai 3 ai 9 bit fisici, cioè i bit veramente efficaci per i calcoli sono molto di meno del numero totale dei bit presenti. Nel caso quantistico la situazione è molto più complicata, in quanto la tecnica statistica del valore più probabile non si può applicare in quanto presuppone una misura sul singolo bit che perturba lo stato quantistico. Bisogna quindi utilizzare procedure più complicate che prevedono molti più bit fisici per ottenere un singolo bit logico.

Un modo per quantificare la bontà di un calcolo quantistico nonché la riduzione dell'errore è la *gate fidelity* (fedeltà del gate) o *error rate* (tasso di errore) che misura l'accuratezza con cui viene eseguita un'operazione quantistica. La gate fidelity si misura in percentuale: un alto valore indica che l'operazione che si sta eseguendo corrisponde con un'elevata probabilità all'operazione prevista e presenta pochi errori introdotti durante il processo. Un'elevata gate fidelity, o bassi tassi di errore, sono cruciali per l'esecuzione accurata degli algoritmi quantistici, poiché gli errori possono accumularsi e degradare il calcolo complessivo. Valori accettabili di gate fidelity devono essere superiori al 99%. In particolare l'attuale stato dell'arte comprende un valore del 99,5% raggiunto su un chip con 72 qubit superconduttori, un valore compreso tra 99,4 e 99,6% per una catena di 32 ioni e 99,5% per un sistema a 60 atomi neutri.

Dalla realizzazione dei primi prototipi di qubit e di porte logiche, sono stati fatti straordinari progressi che hanno portato alla realizzazione dei primi computer quantistici (Fig. 4.8) anche grazie all'interesse di grandi multinazionali come Google, IBM e Intel e alla nascita di innovative aziende start-up come le canadesi D-Wave, Xanadu, le statunitensi IonQ, Righetti e l'italo-anglo-americana SEEQC.

In particolare, nel 2019 Google ha realizzato un computer quantistico con un processore (Sycamore) a 53 qubit basati su dispositivi superconduttori e ha dimostrato la cosiddetta *supremazia quantistica* ossia la capacità di risolvere in pochi secondi o minuti un problema che avrebbe richiesto circa 10000 anni con gli attuali supercalcolatori.

A giugno 2022 la canadese Xanadu ha presentato un computer quantistico realizzato in collaborazione con il *National Institute of Standards and Technology*, USA, con 216 qubit fotonici capace di eseguire un calcolo complesso in soli 36 milionesimi di secondo e che avrebbe richiesto più di 9000 anni se effettuato con un supercalcolatore classico.

A novembre 2022 l'IBM ha presentato un nuovo processore quantistico (Osprey) con 433 qubit superconduttori. Mentre a dicembre 2023 è stato presentato sempre da IBM un processore da 1121 qubit (Condor) dimostrando che la tecnologia basata sui superconduttori è perfettamente scalabile come

Figura 4.8 Foto delle parti interne di un computer quantistico realizzato da IBM basato su qubit superconduttori. Sono evidenti i cavi usati per controllare i qubit. Il funzionamento di tale computer richiede temperature prossime allo zero assoluto implicando sofisticate tecnologie criogeniche. (Riprodotto con l'autorizzazione di Springer Nature [Philip Ball, Nature, vol. 599, 542, 2021])

quella dei semiconduttori per l'elettronica e i computer convenzionali. Ma forse il risultato più importante di IBM presentato nel 2023 è il processore quantistico a 133 qubit *Heron*, che, sfruttando un'architettura di nuova concezione, riduce notevolmente gli errori rispetto al precedente processore *Eagle* a 127 qubit, migliorandone le prestazioni di circa cinque volte.

A puntare invece sui quibit realizzati con singoli ioni intrappolati, è la IonQ che pianifica di sostituire gli atomi di itterbio realizzati finora con quelli di bario. Questi offrono maggiori vantaggi rispetto ai precedenti in termini di un minore tasso di errore, maggiore scalabilità e un migliore rivelamento dello stato quantistico.

In realtà, in alcuni casi la supremazia quantistica è stata smentita, nel senso che hanno dimostrato che lo stesso problema poteva essere risolto con un supercalcolatore in un tempo ragionevole come è successo nel 2019 con il computer quantistico della Google. Infatti, dopo poco tempo, gli scienziati dell'IBM dimostrarono che lo stesso problema risolto dal computer quantistico della Google poteva essere risolto in poco più di due giorni anziché i

10.000 anni di cui parlavano gli scienziati della Google. Tuttavia utilizzando una particolare strategia per la riduzione degli errori, Google ci riprova e nel 2024 sostiene di aver eseguito in 6 secondi una serie di calcoli con prestazioni decisamente superiori al migliore supercomputer classico esistente (*Frontier*). I risultati, pubblicati sulla prestigiosa rivista *Nature*, mostrano che gli stessi calcoli effettuati con Frontier, richiedono un tempo di circa 10.000 anni.

Oggi c'è la tendenza a non parlare di supremazia quantistica ma piuttosto di *vantaggio quantistico*, anche perché per le sue peculiarità il computer quantistico non è utilizzabile per risolvere qualsiasi problema computazionale e quei problemi in cui c'è un'effettiva supremazia quantistica, al momento sono solo dimostrativi e di interesse applicativo molto limitato. La realizzazione del vantaggio quantistico, inteso come ottimizzazione e miglioramento dei processi esistenti, ha un approccio molto più pragmatico, e mira alla soluzione di problemi specifici utilizzando l'integrazione tra algoritmi classici e quantistici.

La computazione quantistica potrà essere impiegata per studiare i sistemi complessi con prospettive di importanti scoperte e ulteriori progressi tecnologici in molti campi quali: medicina, biologia, chimica, farmacologia, bioingegneria, fisica dell'atmosfera, intelligenza artificiale, trasporti ecc. Si pensi ad esempio al vantaggio di fare delle mappature genetiche in pochissimo tempo oppure di comprendere a livello atomico il funzionamento di biomolecole o anche alla possibilità di fare complesse simulazioni di eventi ambientali ed atmosferici.

4.4.2 Crittografia e teletrasporto quantistico

Oltre al computer quantistico un'altra applicazione dei fenomeni quantistici esposti in questo capitolo è la *crittografia quantistica*. In generale quando si parla di crittografia ci si riferisce alle tecniche che consentono di trasmettere messaggi in piena segretezza impendendo a persone non autorizzare di leggere o modificare i messaggi.

Con la progressiva digitalizzazione, è assolutamente necessario utilizzare tecniche crittografiche digitali in grado di proteggere i nostri dati sensibili. Si immagini alle transizioni bancarie che oggi avvengono quasi totalmente tramite l'home banking, oppure alle comunicazioni di messaggi sensibili via e-mail o anche all'acquisto tramite carte di credito sui siti web.

Storicamente per evitare che persone terze leggessero i messaggi, si usavano delle scritture cifrate utilizzando degli opportuni codici che conoscevano solo il mittente e il destinatario. Il messaggio veniva consegnato a mano o, in tempi più recenti, trasmesso telegraficamente.

Un esempio molto semplice di cifratura è quello di Cesare, uno dei più antichi cifrari conosciuti. Descritto per la prima volta dal biografo romano Svetonio, il suddetto cifrario veniva frequentemente utilizzato da Cesare per le sue corrispondenze private. Si tratta di un cifrario a *sostituzione* il cui principio di funzionamento può essere facilmente compreso con il seguente esempio: supponiamo di volere cifrare il nome MARIO utilizzando come codice l'algoritmo che sostituisce ogni lettera con una che dista di tre posti nell'alfabeto latino. La M diventa P, la A diventa D e così di seguito fino ad ottenere al posto di MARIO la parola PDULR che non ha niente a che fare con la parola da cui siamo partiti. Se non si conosce il codice di cifratura è molto difficile risalire alla parola. Con l'avvento dei computer e di internet, il principio di base è rimasto lo stesso ma è cambiato la modalità di trasmissione. I messaggi continuano ad essere cifrati e per decifrarli è necessario avere una chiave informatica, ovvero una stringa alfanumerica, che permette tramite un algoritmo matematico di criptare e decriptare il messaggio. Se la chiave è unica si parla di *crittografia simmetrica* e ha lo svantaggio di utilizzare un gran numero di chiavi, una per ogni coppia di interlocutori, dal momento che la chiave deve essere segreta. Se invece la chiave per la cifratura è diversa da quella della decifratura, si parla di *crittografia asimmetrica* che è quella maggiormente utilizzata. La chiave per la cifratura è pubblica, tutti la possono vedere, quella di decifratura è invece segreta e la detiene solo il ricevente.

Il nome chiave evoca una cassetta con una serratura. Per capire meglio il principio di funzionamento dei protocolli simmetrici con chiave segreta e asimmetrici con chiave pubblica, possiamo immaginare proprio una cassetta a combinazione meccanica. Nel caso di crittografia simmetrica, riponiamo il nostro messaggio segreto all'interno della cassetta e la chiudiamo, successivamente inviamo la cassetta al destinatario che può leggere il messaggio dopo aver aperta la cassetta con il codice di apertura ricevuto dal mittente attraverso un canale sicuro (invio chiave). Nel caso di protocollo asimmetrico, il destinatario del messaggio invia al mittente la cassetta aperta, di cui solo lui conosce il codice di apertura. Il mittente dopo aver messo il messaggio all'interno, la chiude e la rispedisce al destinatario che può facilmente aprirla dal momento che è in possesso del codice di apertura (non c'è invio di chiave).

L'unico algoritmo di crittografia classica a sicurezza perfetta è il cifrario di Vernam, sviluppato da Gilbert Vernam nel 1917. Esso prevede l'utilizzo di una unica chiave (crittografia simmetrica) con una dimensione pari al messaggio da trasmettere ed utilizzabile una sola volta. Per questo motivo, il cifrario di Vernam è chiamato anche *One Time Pad* (OTP), che letteralmente significa taccuino/cifrario monouso. Il grosso svantaggio di questo sistema crittografico è la necessità di trasmettere chiavi attraverso un canale sicuro, il che ne limita molto l'uso.

Invece, il protocollo crittografico per generare chiavi più diffuso e utilizzato soprattutto per proteggere file che vengono inviati all'esterno è quello asimmetrico basato sull'algoritmo RSA, dal nome dei tre ricercatori che nel 1977 lo hanno sviluppato, Ron Rivest, Adi Shamir e Leonard Adleman. Il suddetto algoritmo utilizza la fattorizzazione in numeri primi di un numero intero con molte cifre (centinaia di cifre decimali). La chiave pubblica è legata, tramite un algoritmo noto, al numero intero, mentre la chiave segreta ai due numeri primi il cui prodotto è uguale al numero della chiave pubblica. Per impadronirsi della chiave segreta è quindi necessario fattorizzare il numero pubblico in due numeri primi. La crittografia basata sul protocollo RSA è abbastanza sicura, anche utilizzando supercalcolatori, il tempo necessario per determinare la chiave segreta è così grande da rendere improbabile che un eventuale intruso riesca a decriptare il messaggio ed impossessarsi di informazioni sensibili. Tuttavia a causa della mole di calcoli aritmetici soprattutto per numeri molti grandi, la cifratura dei dati risulta particolarmente lenta, anche mille volte inferiore rispetto ai protocolli DES e AES menzionati nel paragrafo precedente. Pertanto, il protocollo RSA viene spesso usato solo per trasmettere la chiave segreta di un messaggio inviato con DES o AES. Le chiavi RSA a 2048 bit comunemente utilizzate nei protocolli crittografici come ad esempio quelli per la protezione delle firme e i certificati digitali o anche quelli per proteggere i dati che viaggiano sul WEB sono molto sicure, in quanto per determinarle bisognerebbe fattorizzare un numero con 617 cifre ($2^{2048} \cong 10^{(0,301 \times 2048)} \cong 10^{617}$). Nel 2021 Craig Gidney, ricercatore della Google, ha dimostrato che per rompere una chiave a 2048 bit in 8 ore utilizzando l'algoritmo quantistico di Shor occorrerebbero 14.238 qubit logici corrispondenti a qualche centinaio di migliaia o addirittura qualche milione di qubit fisici. Pertanto, al momento siamo ancora lontani dal violare la sicurezza dei protocolli esistenti.

Tuttavia nel futuro prossimo le potenzialità del computer quantistico con particolare riferimento alla possibilità di fattorizzare in tempi ragionevoli numeri primi tramite l'algoritmo di Shor, potrebbero mettere a serio rischio la sicurezza informatica. Ma sono proprio i principi sui quali si basa il computer quantistico a scongiurare questa eventualità. Infatti, sovrapposizione ed entanglement di stati quantistici, hanno permesso la nascita della crittografia quantistica che permette di realizzare delle chiavi praticamente inviolabili.

Il primo protocollo di crittografia quantistico è stato sviluppato da Charles Bennett e Gilles Brassard nel 1984 e prende il nome di BB84 dal nome delle iniziali dei suoi autori e dall'anno in cui è stato sviluppato. Il suddetto protocollo si basa sull'utilizzo di singoli fotoni che vengono polarizzati trami-

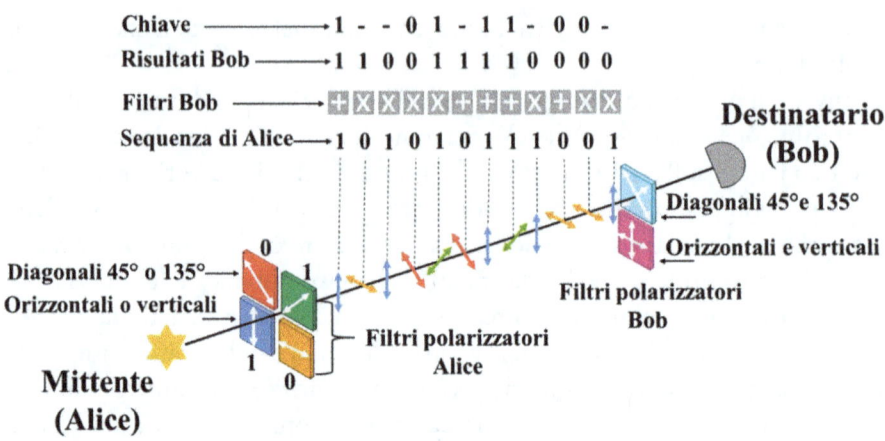

Figura 4.9 Schema del protocollo di crittografia quantistica BB84 basato sull'utilizzo di singoli fotoni polarizzati. Un eventuale intruso nel determinare la polarizzazione dei fotoni inviati da Alice, commetterà inevitabilmente degli errori. Pertanto, l'intruso invierà a Bob una chiave sicuramente diversa da quella di Alice e poiché prima di iniziare la trasmissione Alice e Bob confrontano una parte della chiave, nel caso ci sia stata un'effettiva intromissione essi se ne accorgeranno

te opportuni filtri lungo 4 direzioni: verticale, orizzontale, obliquo a 45° e a 135°. Ai fotoni con polarizzazione verticale e obliqua a 45° si attribuisce generalmente il valore 1 e a quelli con polarizzazione orizzontali e obliqui a 135° il valore 0 (Fig. 4.9).

La chiave segreta viene inviata al destinatario mediante una sequenza di singoli fotoni con diverse polarizzazioni e viaggianti generalmente su fibre ottiche. I fotoni, dopo aver attraversato ulteriori filtri disposti casualmente dal destinatario, vengono rivelati da particolari rivelatori in grado di rivelare anche un singolo fotone e determinare la polarizzazione. I filtri usati dal destinatario sono di tipo ortogonale ossia sia orizzontale/verticale oppure obliqui ossia sia a 45° che a 135°.

Per le leggi della meccanica quantistica, è impossibile osservare lo stato dei fotoni senza modificarli. Pertanto, non sapendo a priori lo stato di polarizzazione dei fotoni, nel momento in cui si utilizza un filtro diverso da quello del mittente si introduce una inevitabile modifica dello stato di polarizzazione del fotone. Ad esempio, se il mittente (Alice) invia un fotone con polarizzazione verticale e il destinatario (Bob) usa un filtro ortogonale il fotone passerà conservando la sua polarizzazione, se invece utilizza un filtro obliquo si ottiene un fotone polarizzato a 45° oppure uno a 135° con una probabilità del 50% dal momento che un fotone verticale o orizzontale è in una sovrapposizione dei due stati a 45° e 135°. Per determinare l'esatta polarizzazione dei fotoni Bob può utilizzare ulteriori filtri: nel caso abbia posto un filtro ortogonale, può utilizzare un filtro verticale e osservare se il fotone passa o meno. Se passa, si tratta sicuramente di un fotone con polarizzazione verticale al quale attribuire il valore 1, nel caso in cui non passa, il fotone è sicuramente di tipo orizzontale al quale attribuire il valore zero. Un procedimento analogo può essere svolto per determinare la polarizzazione a 45° o 135° nel caso si sia utilizzato un filtro obliquo. Ovviamente se il fotone inviato da Alice è di tipo verticale o orizzontale (obliquo a 45° o 135°) e Bob utilizza un filtro ortogonale (obliquo), sarà in grado di determinare esattamente la polarizzazione del fotone di partenza. In caso contrario la probabilità è del 50%. Quindi Bob commetterà una serie di errori nella ricezione del messaggio valutabili in una percentuale pari al 25%, cioè la sequenza degli 1 e 0 conterrà mediamente un quarto di valori sbagliati. Per eliminarli, Bob contatta Alice, anche su un canale poco sicuro, e gli comunica la sequenza dei filtri utilizzati; a questo punto Alice indica a Bob i filtri sbagliati ma non la polarizzazione dei fotoni. Con questa informazione il destinatario può eliminare i valori non coincidenti e la sequenza rimanente coincide con quella del mittente. La sequenza così ottenuta, più piccola di quella inviata, rappresenta la chiave grezza o segreta.

Cosa succede se c'è un intruso che si interpone tra Alice e Bob provando a intercettare la sequenza inviata dal mittente? Ovviamente, anch'egli commetterà degli errori e trasmetterà a Bob una sequenza diversa da quella trasmessa di Alice. La probabilità che ha l'intruso di ricostruire la sequenza esatta inviata da Alice è di $(3/4)^n$, dove n è il numero di fotoni. Per $n = 50$, la probabilità è meno di uno su un milione; quindi, l'intruso invierà una chiave a Bob sicuramente diversa da quella di Alice. Prima di avviare la trasmissione, Alice e Bob confrontano una parte o più parti della chiave, ad esempio i primi dieci numeri e/o gli ultimi dieci. Se queste sottosequenze coincidono, possono essere sicuri che non c'è stata nessuna intromissione e iniziare la trasmissione del messaggio; viceversa in caso di differenze anche di un solo numero, possono ripetere l'operazione daccapo oppure trovare soluzioni alternative. Naturalmente le parti di chiave trasmesse sul canale non sicuro, non vengono utilizzate nella chiave segreta definitiva.

A differenza del sistema classico RSA, il protocollo BB84 permette solo di scambiarsi in modo sicuro le chiavi per la decodifica del messaggio che può essere inviato utilizzando un cifrario molto sicuro come quello di Vernam. Per questo motivo, quando si parla di crittografia quantistica, spesso si utilizza il termine *Quantum Key Distribution* (QKD) ovvero distribuzioni di chiavi quantistiche.

Un altro importante protocollo di crittografia quantistica è stato sviluppato da Artur Ekert nel 1991 (E91), ed è basato sull'*entanglement* quantistico. In questo caso una sorgente emette particelle o fotoni *entangled* con spin opposti e diretti ai due interlocutori che eseguono delle misure di spin o di polarizzazione. La procedura per generare la chiave segreta è molto simile a quella utilizzata per il protocollo BB84. In questo caso l'inviolabilità della chiave è assicurata dall'entanglement delle particelle: infatti se un intruso tentasse di leggere lo stato dei fotoni/particelle distruggerebbe le correlazioni quantistiche, determinando una diversa misura dello spin o della polarizzazione compiute dai due interlocutori (Alice e Bob), i quali dedurrebbero la presenza dell'intruso.

La prima transazione di valuta protetta da crittografia quantistica è stata eseguita nel 2004 tra due banche austriache; nello stesso anno è stata realizzata sia a Cambridge (Inghilterra) che a Boston (USA) la prima rete di crittografia quantistica su fibre ottiche basata sul protocollo BB84, nota come *DARPA Quantum Network*, che ha funzionato ininterrottamente per tre anni.

Utilizzando il satellite *Micius* e connessioni in fibra ottica, nel 2017 la Cina è riuscita ad effettuare una videoconferenza della durata di 75 minuti e protetta dalla crittografia quantistica, tra la città cinese di Xisinglong (a circa 300 km da Pechino) e la città austriaca di Graz distanti tra loro circa 7600 km, dimostrando la possibilità di realizzare una rete quantistica globale.

In occasione del G20 di Trieste nel 2021, è stata testata la prima rete quantistica inter-Europa basata anch'essa sul protocollo BB84 e che collega l'Italia, la Slovenia e la Croazia. La rete è stata realizzata grazie alla collaborazione del CNR, dell'Università di Firenze e dell'Università della Danimarca con il supporto di varie aziende.

Ad inizio del 2024, è stata inaugurata la rete di comunicazione quantistica metropolitana di Napoli, che collega l'area di ricerca del CNR di Pozzuoli con il Campus Universitario Federico II di San Giovanni a Teduccio presso il Centro di Competenza Meditech ed i Laboratori di Leonardo a Pomigliano. La suddetta rete si basa su una tecnologia completamente italiana, sviluppata dalla collaborazione tra CNR, l'Istituto Nazionale di Ricerca Metrologica (INRIM), l'Università degli studi di Napoli e varie aziende italiane (Quantum Telecommunications Italy, TIM, ThinkQuantum, Cisco, Exprivia).

Sempre in Italia, il progetto QUID (Quantum Italy Deployment), guidato dall'Istituto Nazionale di Ricerca Metrologica in collaborazione con 18 tra istituzioni scientifiche pubbliche e aziende private, ha l'ambizioso obiettivo di realizzare una infrastruttura nazionale di comunicazione quantistica utilizzando fibre ottiche installate sulla *Italian Quantum Backbone* (IQB), un'infrastruttura di fibra ottica che ricopre il territorio italiano da nord a sud.

Essendo la sicurezza informatica un settore strategico, molte grandi aziende, come IBM, Toshiba e TIM stanno investendo in queste avanguardistiche tecnologie di comunicazione.

Uno dei problemi della crittografia quantistica, quando si considerano grandi distanze, è l'attenuazione del segnale che è impossibile da amplificare senza distruggere le informazioni quantistiche.

Una soluzione a questo problema potrebbe arrivare dal *teletrasporto quantistico,* proposto per la prima volta nel 1993 da Charles Bennett e il suo gruppo di ricerca. A differenza di quanto suggerirebbe il roboante nome, il teletrasporto quantistico non ha niente a che fare con quello delle fiction ed in particolare della famosa serie televisiva *Star Trek*. Nel caso del teletrasporto quantistico non c'è trasferimento di materia, anche perché impedito dal punto di vista fisico dal principio di indeterminazione: le informazioni da trasportare per la ricostruzione della materia che si vorrebbe teletrasportare verrebbero per lo più distrutte durante la fase di misura rendendo impossibile la materializzazione. Lo scopo del teletrasporto quantistico è quello di trasferire uno stato da un punto all'altro utilizzando ancora una volta il fenomeno dell'*entanglement.*

Supponiamo che Alice voglia trasferire lo stato di un fotone X a Bob. Lei esegue la seguente procedura che riportiamo in una versione estremamente semplificata: si serve di una coppia di fotoni *entangled* che raggiungono lei e Bob; lo stato del fotone X da trasferire a Bob viene fatto interagire con il fotone A della coppia ricevuto da Alice che effettua una misura sulla coppia X-A. Per effetto dell'entanglement, la misura effettuata da Alice si ripercuote istantaneamente sullo stato del fotone B di Bob. A questo punto Alice chiama Bob tramite un canale classico (telefono, e-mail) per comunicargli l'esito della sua misura e Bob con opportune operazioni sottrae l'effetto della coppia di fotoni *entangled* e trasforma lo stato del fotone B in uno identico al fotone X. In altri termini, si riproduce una copia identica di uno stato anche a grandissime distanze senza alcun trasferimento. Si noti che non c'è nessuna violazione dei principi della Relatività ristretta, in quanto il processo si completa con un canale di comunicazione classico.

Oggi il teletrasporto quantistico è una realtà assodata. Dai primi esperimenti effettuati sui fotoni nel 1997–1998, si è passati al teletrasporto di stati atomici nel 2004, fino ad arrivare nel 2017 al teletrasporto di singoli fotoni su lunghe distanze (1400 km) tramite satelliti.

4.4.3 Altre tecnologie quantistiche

Le nuove tecnologie quantistiche non si riferiscono solo ai computer, alla crittografia e alle comunicazioni, ma anche ad altri settori come i sensori quantistici, *l'imaging quantistico* e la simulazione quantistica tramite atomi freddi.

I sensori quantistici permettono di ottenere delle sensibilità straordinarie limitate solo dai principi della fisica quantistica. Sono tipicamente utilizzati per misurare deboli campi magnetici, segnali elettrici, frequenza, tempo, campo gravitazionale, ma anche il momento magnetico (spin) di singole particelle elementari e piccoli spostamenti. Per evitare di scendere in particolari troppo tecnici, non illustreremo i dettagli dei principi di funzionamento dei sensori quantistici ma ci limiteremo solo a menzionare i principali sensori quantistici e le loro applicazioni.

Nel terzo capitolo, già abbiamo visto qualche esempio di sensore quantistico, lo SQUID, che sfruttando il tunnel di coppie di elettroni e l'interferenza della funzione d'onda, riesce a misurare campi magnetici così piccoli da rilevare persino i debolissimi campi magnetici prodotti dalle correnti neuronali all'interno del nostro cervello. Ma esistono altri tipi di sensori magnetici quantistici, come quelli atomici basati sull'interazione tra il campo magnetico da misurare e gli spin elettronici di un vapore di atomi alcalini (sodio, potassio). Avendo una sensibilità in campo magnetico molto elevata e non richiedendo liquidi criogenici per il loro funzionamento, questi sensori atomici in futuro potrebbero sostituire i consolidati sensori SQUID che, essendo costituiti da superconduttori, richiedono l'utilizzo di elio o azoto liquido. Ci sono poi i sensori basati sulle *vacanze* di atomi di azoto in diamanti, particolarmente interessanti per la loro sensibilità nel misurare momenti magnetici di nanoparticelle magnetiche o di singole molecole ma possono essere utilizzati anche per misure di temperatura, pressione e piccolissime rotazioni. Sensori quantistici particolarmente interessanti sono anche quelli basati su atomi ultra-freddi per misure ultrasensibili di tempo, frequenza e accelerazione di gravità oppure i sensori a celle atomiche utilizzati con successo per realizzare giroscopi ad altissima precisione.

Infine, particolarmente importanti ai fini delle stesse tecnologie quantistiche come i computer quantistici fotonici e la crittografia quantistica, sono i rivelatori di singoli fotoni. Questi straordinari sensori si basano in gran parte sull'effetto fotoelettrico, ma quelli più performanti utilizzano i nano-fili superconduttori o le cavità ottiche.

Un altro esempio di tecnologia quantistica molto interessante è *l'imaging quantistico*, che consente di vedere anche oggetti illuminati così debolmente da sembrare invisibili. Quando scattiamo una fotografia, sappiamo bene che, in caso di scarsa illuminazione, la foto risulta sfocata e poco nitida. Questo è dovuto essenzialmente al fatto che il numero di fotoni che raggiunge il sensore della macchina fotografica è così piccolo e fluttuante da generare un rumore (*shot noise*) responsabile della poca risoluzione e nitidezza dell'immagine. Sfruttando la correlazione quantistica dei fotoni è possibile acquisire delle buone immagini anche in presenza di questo rumore ottico. Si sfrutta una tecnologia nota come *imaging plenottico quantistico*: i pochi fotoni provenienti dal soggetto vengono divisi in due fasci da un'opportuna lente ed inviati a due sensori che riproducono le immagini a fuoco di due piani diversi della scena tridimensionale che si vuole acquisire. In sostanza si acquisiscono contemporaneamente immagini con prospettive diverse. La misura della correlazione spaziale e temporale dei due fasci e la relativa elaborazione consentono di ricostruire la scena tridimensionale senza perdere la risoluzione e la profondità di campo. Naturalmente questa tecnologia non si limita solo alle fotografie ma può essere applicata ad un qualsiasi dispositivo che acquisisce immagini come i microscopi, le telecamere, i satelliti e gli strumenti biomedicali.

Di grande interesse è la simulazione quantistica tramite atomi ultra-freddi. Questa tecnologia quantistica consente di simulare sistemi molto complessi utilizzando degli atomi raffreddati a una temperatura prossima allo zero assoluto. Come visto nel capitolo precedente, quando abbiamo discusso della condensazione di Bose-Einstein, a temperature così basse gli atomi sono praticamente immobili e tramite un'opportuna manipolazione possono assumere precise posizioni geometriche come avviene per i nuclei all'interno dei solidi cristallini. Si può quindi ricostruire un sistema fisico molto simile a quello che si vuole studiare con la differenza che esso può essere controllato e manipolato a nostro piacimento. La simulazione quantistica basata su atomi ultra-freddi è usata per studiare materiali magnetici e superconduttori ma anche per simulare e migliorare le prestazioni di alcuni tipi di laser come quello a cascata quantica in cui la conoscenza della dinamica degli elettroni è fondamentale per ottimizzare le prestazioni del laser.

Anche se non ne parleremo vanno sicuramente menzionati anche la metrologia quantistica e i nuovi materiali quantistici che offrono interessanti prospettive da un punto di vista applicativo.

4.4.4 Il settore strategico delle tecnologie quantistiche

Come visto, le nuove tecnologie quantistiche riguardano, oltre al computer quantistico, anche altri campi strategici come la crittografia, le comunicazioni, internet e la sensoristica avanzata. Per questo motivo, le tecnologie quantistiche sono già considerate un settore strategico sul quale investire e molto probabilmente in futuro diventeranno importanti come il campo dei semiconduttori per i quali ci sono chiari interessi economici e geopolitici. Basti pensare all'importanza strategia dei due maggiori centri di tecnologie dei semiconduttori, Silicon Valley negli Stati Uniti e Taiwan.

Sulle tecnologie quantistiche, oltre alle grandi aziende, ci sono ingenti quantità di soldi investiti anche dalla ricerca pubblica di tutti i paesi industrializzati, soprattutto dalla Cina e dagli USA che recentemente hanno investito decine di miliardi di dollari in questo settore strategico. L'unione Europea ha dato via nel 2018 ad un progetto bandiera sulle tecnologie quantistiche con un finanziamento di circa 1 miliardo di euro. Nel 2022 l'Italia, nell'ambito del piano nazionale di ripresa e resilienza, ha finanziato un progetto di circa 320 milioni di euro per la realizzazione di una infrastruttura digitale nazionale di ultimissima generazione dedicata alla elaborazione di big data e alla computazione quantistica ed un progetto di circa 120 milioni di euro per la costituzione di un consorzio italiano che svolgerà attività di ricerca competitiva e innovativa nel campo delle scienze e tecnologie quantistiche. Entrambi i progetti prevedono la partecipazione di Università, Enti pubblici di ricerca e aziende private.

L'ultima domanda che ci poniamo è: quando saranno disponibili sul mercato le nuove tecnologie quantistiche? Il computer quantistico è potenzialmente uno strumento straordinario e rappresenta sicuramente un salto notevole nel campo della computazione, ma attualmente è ancora difficile fare una previsione di quanto tempo occorra per avere dei calcolatori quantistici di uso comune o addirittura commerciali. Ci sono ancora diversi problemi da risolvere come la decoerenza che distrugge gli stati correlati e rende un computer quantistico uguale ad uno classico. Gli approcci di correzione di errori dovuti alla decoerenza sono sicuramente efficaci, ma attualmente la probabilità di leggere i risultati giusti alla fine di un'operazione quantistica non è ancora soddisfacente. Invece le altre tecnologie quantistiche come la crittografia, i sensori e l'imaging hanno già dimostrato il loro funzionamento e la loro efficacia lasciando prevedere una commercializzazione in tempi rapidi.

In effetti Feynman aveva intuito bene, infatti a partire dal pionieristico esperimento di Aspect, iniziò la seconda rivoluzione quantistica che partendo da fenomeni come l'entanglement e la coerenza quantistica ha portato allo sviluppo delle nuove tecnologie quantistiche, battezzate tecnologie quantistiche 2.0.

In conclusione, possiamo affermare che nella fisica e più in generale nella scienza, nessuna congettura o idea va trascurata e liquidata con superficialità, in quanto, in molti casi, dietro ad un'idea apparentemente poco interessante, si nascondono delle vere e proprie rivoluzioni. Quando nel 1946, Felix Bloch e Edward Purcell scoprirono la risonanza magnetica nucleare, non avrebbero mai immaginato che un giorno quel fenomeno avrebbe cambiato il mondo della diagnostica per immagini, oppure quando nel 1915 Einstein presentò la sua teoria della Relatività generale non avrebbe mai pensato che un giorno, grazie alle correzioni relativistiche, i GPS ci avrebbero guidato verso le nostre destinazioni con una precisione di pochi centimetri o anche la scoperta dell'effetto transistor nel 1947 non avrebbe mai fatto immaginare la nascita dell'elettronica a semiconduttore, che si può considerare, senza esagerare, la più importante rivoluzione tecnologica del ventesimo secolo.

Le nuove tecnologie quantistiche sono nate da speculazioni filosofiche sui fondamenti concettuali della meccanica quantistica e nessuno avrebbe mai pensato che da quei dibattiti filosofici e a tratti metafisici, sarebbe nata una seconda rivoluzione quantistica destinata, molto probabilmente, a cambiare ancora una volta il nostro modo di vivere.

Con buona probabilità possiamo affermare che il ventunesimo secolo sarà caratterizzato dalle tecnologie quantistiche 2.0 e dall'intelligenza artificiale che negli ultimi anni ha fatto passi da gigante. A differenza di quest'ultima che tende a sostituire l'uomo, le tecnologie quantistiche saranno con buona probabilità al servizio dell'uomo in quanto strumenti per capire e risolvere problemi complessi, per proteggere e trasmettere dati in tutta sicurezza, per acquisire immagini sempre più nitide e risolute, per misurare quantità fisiche e rivelare oggetti con precisione senza precedenti e tante altre cose che la cosiddetta seconda rivoluzione quantistica ci sta consentendo di sviluppare. Non è tuttavia escluso che le potenzialità del calcolo quantistico possano rendere ancora più performante e per certi versi più inquietante l'intelligenza artificiale, ma ci auguriamo che il buon senso dell'homo sapiens sappia controllare gli eventuali effetti collaterali delle potenti tecnologie con cui avremo a che fare in futuro.

Riferimenti bibliografici

Teoria della Relatività ristretta e generale

1. Asimmetrie (rivista divulgativa dell'Istituto Nazionale di Fisica Nucleare), *Gravità*, numero 30, 2021 https://www.asimmetrie.it
2. Asimmetrie (rivista divulgativa dell'Istituto Nazionale di Fisica Nucleare), *Le onde Gravitazionali*, numero 5, 2007 https://www.asimmetrie.it
3. Balbi A. (2021), *Inseguendo un raggio di luce. Alla scoperta della teoria della Relatività*, Milano, Rizzoli (EAN: 9788817159128).
4. Barone V. (2016), *Albert Einstein. Il costruttore di universi*, Roma, Laterza (ISBN 9788858124666).
5. Ferreira P. G. (2014), *La teoria perfetta. La Relatività generale: un'avventura lunga un secolo*, Milano, Rizzoli (EAN: 9788817075749).
6. Hawking S. (2015), *Dal big bang ai buchi neri. Breve storia del tempo*, Milano, Rizzoli (EAN: 9788817079754).
7. Laudisi F. (2015), *Albert Einstein e l'immagine scientifica del mondo*, Roma, Carrocci (ISBN 884307721X).
8. Pais A. (2012), *Einstein. Sottile è il Signore…. La scienza e la vita di Albert Einstein*, Torino, Bollati Boringhieri (ISBN 9788833922911).
9. Penrose R. (2023), *Dal Big Bang all'Eternità. I cicli temporali che danno forma all'universo*, Milano, Rizzoli (ISBN: 8817180122).
10. Renn J. (2016), *Sulle spalle di giganti e nani. La rivoluzione incompiuta di Albert Einstein*, Bollati Boringhieri (ISBN 9788833927978).
11. Rinaldi E. (2017), *Einstein & associati, il coworking della Relatività*, Milano, Hoepli (ISBN 8820379155).
12. Rovelli C. (2014), *Sette brevi lezioni di fisica*, Milano, Adelphi (ISBN 9788845929250).
13. Rovelli C. (2023), *Buchi Bianchi*, Milano, Adelphi (ISBN 9788845937538).

14. Styer D. F. (2012), *Capire davvero la Relatività. Alla scoperta della teoria di Einstein*, Bologna, Zanichelli (EAN: 9788808194954).
15. Toscano F. (2016), *Il genio e il gentiluomo. Einstein e il matematico italiano che salvò la teoria della Relatività generale*, Milano, Sironi (EAN: 9788851802622).

Fisica Quantistica

16. Aczel A. D. (2004), *Entanglement. Il più grande mistero della fisica*, Milano, Raffaello Cortina Editore, 2004 (ISBN 9788870788860).
17. Al-Khalili J. (2014), *La fisica dei Perplessi – L'incredibile mondo dei quanti*, Torino, Bollati Boringhieri (ISBN 8833933806).
18. Al-Khalili J. (2015), *La fisica della vita. La nuova scienza della biologia quantistica*, Torino, Bollati Boringhieri (ISBN 8833923002).
19. Al-Khalili J. (2020), *Il mondo secondo la fisica*, Torino, Bollati Boringhieri (ISBN 8833934772).
20. Asimmetrie (rivista divulgativa dell'Istituto Nazionale di Fisica Nucleare), *Il Bosone di Higgs*, numero 8, 2009 https://www.asimmetrie.it
21. Asimmetrie (rivista divulgativa dell'Istituto Nazionale di Fisica Nucleare), *Quanti*, Numero 33, 2023. https://www.asimmetrie.it
22. Aspect A. (2023), Einstein e le rivoluzioni quantistiche, Bari, Edizioni Dedalo (ISBN 9788822016232).
23. Baggott J. (2013), *Il bosone di Higgs*, Milano, Adelphi, (ISBN 9788845927850).
24. Barone V. (2013), *L'ordine del Mondo. Le simmetrie fisiche da Aristotele a Higgs*, Torino, Bollati Boringhieri (ISBN 9788833922621).
25. Barone V., Bianucci P. (2017), *L'infinita curiosità. Breve viaggio nella fisica contemporanea*, Bari, Edizioni Dedalo (ISBN 8822057015).
26. Bell J. (2010), *Dicibile e indicibile in meccanica quantistica*, Milano, Adelphi (ISBN 9788845924637).
27. Bird K. e Sherwin M. J. (2007), *Robert Oppenheimer, il padre della bomba atomica. Il trionfo e la tragedia di uno scienziato*, Milano, Garzanti, (ISBN: 881174019).
28. Eredidato A. (2017), *Particelle elementari*, Milano, Il Saggiatore, (ISBN: 884282352X).
29. Feynman R. P. (1993), *La legge Fisica*, Torino, Bollati Boringhieri (ISBN 9788833902616).
30. Feynman R. P. (2000), *Sei pezzi facili*, Milano, Adelphi (ISBN 9788845915512).
31. Feynman R. P. (2010), *QED. La strana teoria della luce e della materia*, Milano, Adelphi (ISBN 9788845925344).
32. Gilmore R. (1996), *Alice nel paese dei quanti. Le avventure della fisica*, Milano, Raffaello Cortina (EAN: 9788870784060).
33. Granata C. (2022), *Dal dibattito tra Einstein e Bohr al premio Nobel per la Fisica 2022. Idee e fatti che hanno portato alla "Seconda Rivoluzione Quantistica"*, in

Quaderni di Comunicazione Scientifica, vol. 3, pp. 35–39, Torino, Rosenberg e Sellier (ISBN: 9791259931696).
34. Granata C., Della Penna S. (2024), *Sensori quantistici per studiare il cervello*, SAPERE anno 90° n. 1, pag.16–21, Bari, edizioni Dedalo (ISNN: 0036-468).
35. Kane G. (1997), *Il giardino delle particelle. Come e perché la fisica delle particelle sta cambiando il nostro modo di concepire l'Universo*, Milano, Longanesi; (ISBN: 8830414352).
36. Lederman L. M. e Christopher H. T. (1995), *La particella di Dio*, Milano, Mondadori (ISBN 9788804371564).
37. Lederman L. M. e Christopher H. T. (2013), *Fisica Quantistica per Poeti*, Torino, Bollati Boringhieri (ISBN 9788833923314).
38. Rovelli C. (2020), *Helgoland*, Milano, Adelphi (ISBN 9788845935053).
39. Schrödinger E. (2017), *L'immagine del mondo*, Torino, Bollati Boringhieri (EAN: 9788833928579).
40. Silvestrini P. (2022), *La fisica Sincronica*, Youcanprint (ISBN 9791220371797).
41. Tonelli G. (2017), *La nascita imperfetta delle cose. La grande corsa alla particella di Dio e la nuova fisica che cambierà il mondo*, Milano, Rizzoli (EAN:9788817092746).
42. Tonelli G. (2023), *Materia. La magnifica illusione*, Milano, Feltrinelli (EAN: 9788807493515).

Indice analitico

A

Adleman, Leonard, 175
adroni, 77, 134
adroterapia, 130
Agostini, Pierre, 119
Akasaki, Isamu, 120
Albert, David, 146
algoritmo di Deutsch-Jozsa, 165
algoritmo di Groove, 167
algoritmo di Shor, 166
algoritmo RSA, 175
Allen, John F., 108
Amano, Hiroshi, 120
Anderson, Carl, 72
Anderson, Philip, 113
annichilamento, 73, 74
antielettrone, 71, 72, 74, 77
antimateria, 72–75, 77, 78, 91
antineutrone, 74
antiprotone, 74
Aristotele, 13, 20
ascensore di Einstein, 20
Aspect, Alain, 143
assioni, 111
astronomia gravitazionale, 44
atomi artificiali, 140

B

Bardeen, John, 103, 104
Barish, Barry, 44
Basov, Nikolay, 115
Bawendi, Moungi, 140
Becquerel, Alexandre Edmond, 122
Bednorz, Georg, 105
Bell, John, 157
Bennett, Charles, 175, 179
Bethe, Hans, 85
Bianchi, Luigi, 25
Big Bang, 38, 39, 44, 50, 63, 90
Binnig, Gerd, 139
bit logico, 171
Bloch, Felix, 100, 125
Bohm, David, 156
Bohr, Niels, 47, 54, 57, ix
Boltzmann, Ludwig, 60
Born, Max, 64
Bose, Satyendra, 59
bosone di Higgs, 87, 91, 95, 96
bosoni, 59–62, 72, 79, 95, 96, 106, 110
bosoni di Goldstone, 90
Brassard, Gilles, 175
Brattain, Walter, 103
Briatore, Luigi, 32
Brout, Robert, 87

Brus, Louis, 140
buchi neri, 33, 35, 40–42, 82, viii

C

campo di Higgs, 87–90, 96
campo scalare, 18
campo *vettoriale*, 18
campo, concetto di, 17
carbonio 14, 131, 132
Carswell, R.F., 30
Casimir, Hendrik, 81
cavo superconduttore, 133
cellule fotoelettriche, 121
centrali nucleari, 15, 78
Chamberlain, Owen, 74
chip H100, 115
cifrario a *sostituzione*, 174
cifrario di Vernam, 174
Cirac, Ignacio, 170
circuiti integrati, 115
Clauser, John F., 143
Clausius, Rudolf, 60
coalizione di buchi neri, 42
coerenza quantistica, 145
collasso della funzione d'onda, 146, 147, 149, 154, 156, 157
collasso gravitazionale, 41
colore, mumero quantico, 92
Compton, Arthur, 52
Computer quantistico, 163
condensazione di Bose-Einstein, 106, 108, 110, 181
confinamento dei quark, 94
confinamento inerziale, 16
confinamento magnetico, 16, 134
connettività cerebrale, 137
contrazione dello spazio, 7, 11, 12
Cooper, Leon, 104
coppie di Cooper, 104, 105, 135
coppie EPR, 152
Cornell, Eric, 106
corpo nero, 48

correlazione quantistica, 152, 154, 158, 168, 180
costante cosmologica, 38, 39, 82
costante di Boltzmann, 61
costante di Planck, 50, 54, 56, 57, 63, 68, 80, 98, 116
Coulomb, Charles, 4
Cowan, Clyde, 78
criptocromi, 162
crittografia asimmetrica, 174
crittografia quantistica, 173
crittografia simmetrica, 174
cromodinamica quantistica, 93, 95
cryo-TEM, 138
Cygnus X-1, 35

D

DARPA Quantum Network, 178
datazione con il *carbonio 14*, 131
De Broglie, Louis, 57
decadimento alfa, 65
decadimento beta, 78, 83, 132
decoerenza quantistica, 98, 150
DES (Data Encryption Standard), 167
deuterio, 15, 134
deviazione dei raggi luminosi, 28, 29
diagrammi di Feynman, 85
diamagneti perfetti, 104
difetto di massa, 15
dilatazione del tempo, 9, 11, 34
diodo, 102, 114, 119–121
Dirac, Paul Adrien Maurice, 70
distribuzione di Maxwell-Boltzmann, 61
disuguaglianze di Bell, 158
doppia fenditura, esperimento, 57
drogaggio semiconduttore, 119
Drude, Paul, 99
D-Wave, 171
Dyson, Freeman, 85

E

eccitoni, 140
Eddington, Arthur, 28
Edison, Thomas, 47
effetto Casimir, 81
effetto Compton, 52
effetto fontana, 109
effetto fotoelettrico, 50, 51, 121, 122, 180
effetto Hall quantistico, 111
effetto Josephson, 135, 137
effetto Joule, 99, 133
effetto Meissner, 104
effetto Seebeck, 99
effetto tunnel, 65, 66, 69, 113, 114, 135, 137–139
effetto Unruh, 82
effetto Zenone quantistico, 151
Einstein, Albert, 5, 61, 106, 182, vii–ix
Ekert, Artur, 177
Ekimov, Alexei, 140
elettrodinamica quantistica, 10, 75, 85, 86, 94, 148
elettron-Volt, 55
emissione stimolata, 116
Englert, François, 87
entanglement quantistico, 143, 152, 177
equazione di campo, 25–27, 31, 33, 75, 85
equazione di Dirac, 70, 72, 75, 111, 113
equazione di Klein-Gordon, 70
equazione di Schrödinger, 64, 65, 67–69, 75, 97, 100, 143, 144, 147, 151, 156, viii
error rate, 171
esplosioni di *supernovae*, 39
etere, 4, 5, 7, 42, 88
evento transiente di distruzione mareale, 35
Everett III, Hugh, 157

F

Fabrikant, Valentin, 115
Faraday, Michael, 4
fattore giromagnetico, 59
Fermi, Enrico, 59
fermioni, 59–63, 79, 83, 99
fermioni di Dirac, 113
fermioni di Majorana, 111
Feynman, Richard, 57, 85
fissione nucleare, 15
fluordessoglucosio (FDG), 129
fluorescenza, 140
Foley, Henry, 75
fononi, 105
forza di Coulomb, 16, 77, 79
forza nucleare debole, 77, 80, 83, 91, 95, 96
forza nucleare forte, 16, 66, 77, 80, 84, 85, 87, 91, 92, 95, 96
forze apparenti, 19
frequenza di Larmor, 125–127
Friedman, Jerome, 92
Friedmann, Alexander, 38
funzione d'onda, 64
fusione nucleare, 15, 17, 66, 74, 134

G

Gabor, Dennis, 118
galassia Virgo A, 35
Galileo, Galilei, 1–7, 20–22, 70, 84
Galle, Johann, 28
gap energetica, 101
gate fidelity, 171
gatto di Schrödinger, 149, 150, 152, 155, 161, 163, 164
Gauss, Carl Friedrich, 25
Gejm, Andrej, 111
Gell Mann, Murray, 92
geodetica, 23, 31
Gerlach, Walther, 58
Ghirardi, Giancarlo, 155
gigante rossa, 17

giunzione PN, 115, 119, 123
Glasgow, Sheldon, 87, 91
Global Position System, 32
gluoni, 93–96
Goldstone, Jeffrey, 88
Google, 171
Gordon, Walter, 70
grafene, 111–113
grandezza *scalare*, 18
gravitational lensing, 29, 31
Greenberg, Oscar, 92
Greene, Brian, 150
Gross, David, 94
Grossman, Marcel, 25
Grover, Lov, 167

H

Hafele, Joseph, 9
Haldane, Duncan, 110
Hawking, Stephen, 82
Heisenberg, Werner, 63
Henry, Joseph, 4
Hertz, Frederick, 4
Higgs, Peter, 87, 91, 113
Hilbert, David, 27, 52
Horovitz, Karl, 102

I

Iadi, stelle, 28
IBM, 171
ID Quantique, 178
imaging quantistico, 179, 180
Infeld, Leopold, 40
Intel, 171
interpretazione a molti mondi, 157
interpretazione della funzione d'onda, 64, 144
Interpretazione di Copenaghen, 143–146, 148–150, 153, 155–157, 163
interpretazione di De Broglie-Bohm, 156

interpretazione *relazionale*, 162
invarianti, 2–4, 7, 85
inversione di popolazione, 116, 117
iodio 131, 131
IonQ, 171
Irwin, James, 21
isospin forte, 86, 87
isotopi, 73
ITER, 16

J

Josephson, Brian, 135
Jourdan, Pascual, 82
Jozsa, Richard, 165

K

Kapica, Pëtr, 108
Keating, Richard, 9
Kelvin, Lord, 1, 47
Kendall, Henry, 92
Kilby, Jack, 115
Kirchhoff, Gustav, 48
Klein, Oskar, 70
Klitzing, Klaus von, 111
Kosterlitz, Michael, 110
Krausz, Ferenc, 119
Kusch, Polykarp, 75

L

lagrangiana, 86
Lamb shift, 75, 85
Lamb, Willis, 75
Laser, 115
laser all'attosecondo, 119
Lasinio, Giovanni, 88
Lattes, Cesar, 84
Lauterbur, Paul, 127
Lavoisier, Antoine, 15
Le Verrier, Urbain Jean Joseph, 28
LED, 119–122, 163, ix
legge di gravitazione universale, 21

legge di Hubble, 38, 39
legge di spostamento di Wien, 48
legge di Stefan-Boltzmann, 50
legge di Wiedemann-Franz, 100
leggi di Ohm, 98, 99, 102
Leibniz, Gottfried, 1
Lemaitre, George, 38
Lenard, Philipp Von, 52
lente gravitazionale, 29
leptoni, 77, 95
Leschiutta, Sigfrido, 32
Levi Civita, Tullio, 25
levitazione magnetica, 104, 134
libertà asintotica, 94
LIGO, 42
Lorentz, Hendrik Antoon, 7
lunghezza d'onda di De Broglie, 58, 138
lunghezza propria, 13
L'Huillier, Anne, 119

M

MAGLEV, 134
magneti superconduttori, 16, 133, 134
magnetoencefalografia, 136
Maiman, Theodore, 115
mare di Dirac, 71, 72
massa del neutrino, 78
Maxwell, James Clerk, 4
meccanica ondulatoria, 64
meccanica quantistica, 47, 64
meccanismo di Higgs, 87, 95
medicina nucleare, 69, 123, ix
Meissner, Walther, 103
Mendeleev, Dmitri, 92
Mercurio, pianeta, 27
Merli, Pier Giorgio, 57
mesone π, 84
metrica, 25
Michelson, Albert, 4
microscopio a scansione ad effetto tunnel, 138

microscopio elettronico a scansione, 138
microscopio elettronico a trasmissione, 138
Mills, Robert, 87
Minkowski, Hermann, 6
Misener, Don, 108
missione Apollo 15, 21
Missiroli, Gian Franco, 57
modello atomico di Bohr, 54
modello di Drude, 99
modello planetario di Rutherford, 54
momento magnetico, 59
Morley, Edward, 4
Müller, Alex, 105

N

Nakamura, Shuji, 120
Nambu, Yoichiro, 88
nana bianca, 17
Nettuno, pianeta, 28
Neumann, John von, 155
neutrini solari, 79
neutrino, 77–79, 95
Newton, Isac, 1, 13
Noether, Emmy, 85
Novosëlov, Konstantin, 111
numeri quantici, 66, 67
numero di Avogadro, 53, 101, 155
Nvidia, 115

O

Occhialini, Giuseppe, 84
Ochsenfeld, Robert, 103
Ohm, Georg, 98
Olbers, Heinrich Wilhelm, 38
olografia, 118
onde gravitazionali, 39–42, 44, 108, viii
One Time Pad (OTP), 174
Onnes, Kamerlingh, 103
Oppenheimer, 34
orbitale atomico, 66

orizzonte degli eventi, 33, 34, 82
orologio a luce, 8
oscillatore armonico, 67, 68
oscillazioni del neutrino, 79

P

pannelli fotovoltaici, 121, 123
paradosso dei due gemelli, 10
paradosso del gatto di Schrödinger, 149
paradosso dell'amico di Wigner, 154
paradosso di Olbers, 38
paradosso EPR, 152, 153
pardosso della freccia di Zenone, 151
particelle mediatrici, 80, 84, 87
particelle W^+, W^- e Z^0, 91
Pauli, Wolfang, 58
Penrose, Roger, 35
Penzias, Arno, 39
Perlmutter, Saul, 39
Perrin, Jean Baptiste, 53
pettirosso quantistico, 162
Physics World, rivista, 57
picco di Bragg, 131
pinzette laser, 169
pione, 84
Planck, Max, 50, 52
Plateau Rosa, 32
plum pudding model, 53
Plutonio, 15
Podolsky, Boris, 152
polarizzazione della luce, 159
Politzer, David, 94
pompaggio ottico, 117
porta *quantistica* CNOT, 170
positrone, 72, 74, 77, 91
potassio 40, 73, 77, 78
potenziale di Higgs, 89
Powell, Cecil Frank, 84
Pozzi, Giulio, 57
precessione del perielio, 17, 27
primo principio della dinamica, 13
Principe, isolati, 28

principi della Relatività, 5
principio di complementarietà, 57
principio di equivalenza, 19, 20, 22, 23
principio di esclusione di Pauli, 59, 60, 67, 72, 92
principio di gauge, 86
principio di indeterminazione, 63
principio di Relatività galileiana, 2
principio di sovrapposizione, 144
prisma ottico, 56
processore quantistico Condor, 171
processore quantistico Osprey, 171
processore quantistico Sycamore, 171
Prokhorov, Aleksandr, 115
protocollo BB84, 175
protocollo E91, 177
pulsar, 41
Pulse, R.A., 42
punti quantici, 140
Purcell, Edward, 125

Q

QED, 75, 85, 95
QLED, 141
quantum dots, 140
Quantum Key Distribution, 177
Quantum State Hall systems, 111
quark, 92, 94–96
quark down, 92
quark up, 92
quasar, 30, 31, 40
qubit, 164, 168, 170–172
qubit a ioni intrappolati, 169
qubit superconduttori, 168
quenching, 133
QUID (Quantum Italy Deployment), 178

R

radiazione cosmica di fondo, 39, 49, 73
radiazione di Hawking, 82
radiofarmaci, 123, 130

raggi gamma, 74
raggi X, 37, 62, 124, 125, 130, 132
raggio beta, 78
raggio di Schwarzschild, 33
reattore ITER, 134
regione di *svuotamento*, 120
Reines, Frederick, 78
resistività, 99, 102, 103, 133
Retherford, Robert, 75
Ricci-Curbastro, Gregorio, 25
Riemann, Bernhard, 25
Riess, Adam, 39
Righetti, 171
Rimini, Alberto, 155
risonanza magnetica nucleare (RMN), 125–127, 182
Rivest, Ron, 175
Robertson, Howard Percy, 40
Rohrer, Heinrich, 139
Röntgen, Wilhelm Conrad, 124
Rosen, Nathan, 40, 152
rottura spontanea della simmetria, 88, 90
Rovelli, Carlo, 162
Ørsted, Hans, 4
Rubbia, Carlo, 91
Rutherford, Ernest, 53

S

Sacra Sindone, 132
Salam, Abdus, 91
Sant'Agostino, 6
satellite COBE, 49
Schmidt, Brian P., 39
Schrieffer, Robert, 104
Schrödinger, Erwin, 64, 143
Schwarzschild, Karl, 33
Schwinger, Julian, 85
scintigrafia, 130
scorie radioattive, 15, 74, 78
Scott, David, 21

seconda rivoluzione quantistica, 163, 182, 183, vii
secondo principio della dinamica, 14
SEEQC, 171
Segrè, Emilio, 74
Shamir, Adi, 175
Shockley, William, 103
Shor, Peter, 166
shot noise, 180
Sirio, stella, 11, 12
sistema di riferimento inerziale, 2
Sobral, comune di, 28
Sommerfeld, Arnold, 99
sonda Parker, 9
spaghettizzazione di una stella, 36
spazi interni, 86
spettro di assorbimento, 56
spettro di emissione, 56
spin, 58
SQUIDs, 135, 136
statistica di *Bose-Einstein*, 61
statistica di Fermi-Dirac, 61
statistica di Maxwell-Boltzmann, 61
stelle di neutroni, 40–42
Stern, Otto, 58
struttura fine, 75
superconduttività, 103, 105, 106, 108, 110, 133, 135
superconduttori ad alta temperatura critica, 105
supercorrente Josephson, 135
superfluidità, 108–110
supremazia quantistica, 171

T

Taylor, J. H., 42
Taylor, Richard, 92
tecnologie quantistiche 2.0, 163, 182, 183
telescopio Hubble, 31, 35
teletrasporto quantistico, 173, 179, ix
temperatura critica, 103–108

tempo proprio, 9
tensore di Einstein, 26
tensore energia-massa, 26
teorema di Goldstone, 90
teoria BCS, 104, 105
teoria dei gruppi, 85
teoria delle bande, 100
teoria di Sommerfeld, 99, 100
teoria di Yang e Mills, 87
teoria elettrodebole, 95
teoria GRW, 155
teoria quantistica dei campi, 72, 77, 79, 83, 94
teorie di gauge, 85, 86, 91, 94
terzo principio della dinamica, 14
Thomson, Joseph John, 53
Thomson, William, 1
Thorne, Kip, 44
Thouless, David, 110
TOI 700 d, pianeta, 10
tomografia a emissione di positroni (PET), 128
tomografia assiale computerizzata (TAC), 124
tomografia computerizzata da emissione di singolo fotone, SPECT, 130
Tomonaga, Sin-Itiro, 85
topologia, 111
Toshiba, 178
Townes, Charles Hard, 115
transistor, 69, 102, 103, 105, 114, 115, 164, 168, 183
transizioni topologiche, 110
trasformazioni di Galileo, 3
trasformazioni di Lorentz, 7, 85
trizio, 15, 134
Tryon, Edward, 82

U

Uranio, 15
Urano, pianeta, 28

V

valenza, elettroni di, 99
vantaggio quantistico, 173
variabili nascoste, 148
vaso di Rubin, 145
velocità di fuga, 33
vettore, 18
via dell'ottetto, 92
Via Lattea, 35, 36
Vilenkin, Alexander, 82
Virgo, 44
vuoto quantistico, 81, 82

W

Walsh, D., 30
Weber, Tullio, 155
Weinberg, Steven, 91
Weiss, Rainer, 44
Weyl, Hermann, 86, 113
Weyman, R. J., 30
Wheeler, Archibald, 23
Wieman, Carl, 106
Wien, Wilhelm, 48
Wigner, Eugene, 86
Wilczek, Frank, 94
Wilson, Robert, 39
Wybourne, B.G., 91

X

Xanadu, 171

Y

Yang, Chen Ning, 87
YBCO, 106
Young, Thomas, 51
Yukawa, Hideki, 84

Z

Zeilinger, Anton, 143
Zenone di Elea, 151
Zoller, Peter, 170
Zwicky, Fritz, 30

GPSR Compliance

The European Union's (EU) General Product Safety Regulation (GPSR) is a set of rules that requires consumer products to be safe and our obligations to ensure this.

If you have any concerns about our products, you can contact us on

ProductSafety@springernature.com

In case Publisher is established outside the EU, the EU authorized representative is:

Springer Nature Customer Service Center GmbH
Europaplatz 3
69115 Heidelberg, Germany

www.ingramcontent.com/pod-product-compliance
Lightning Source LLC
LaVergne TN
LVHW010341260326
834688LV00036B/819